Unity 2D与3D 手机游戏开发实战

吴雁涛　叶东海　赵 杰　编著

清華大学出版社
北 京

内 容 简 介

本书基于Unity 2020，详细讲解Unity的主要功能和用法，以及游戏开发的方法和技巧,并剖析了3个实战项目：一个简单的2D打砖块游戏、一个3D动作RPG游戏和一个3D对战射击游戏。通过以上内容，帮助读者掌握Unity制作游戏的方法，以快速进入Unity 2D与3D游戏开发之门。

本书分为13章，内容包括Unity 2020的安装和基本界面，理解Unity的世界生成，脚本基础，界面及输入，2D游戏开发，制作2D打砖块游戏，3D物理、动画和导航，Unity 3D开发的简单框架及常用技巧，3D动作游戏示例，更复杂的3D动作游戏，Unity其他功能，简单的3D射击游戏实战，商城资源等。

本书适合Unity 3D游戏开发初学者、游戏与数字孪生开发人员阅读，也适合作为高等院校、中职学校和培训机构计算机游戏开发相关专业师生的教学参考书。

图书在版编目（CIP）数据

Unity 2D与3D手机游戏开发实战/吴雁涛，叶东海，赵杰编著. —北京：清华大学出版社，2022.7（2025.1重印）
ISBN 978-7-302-61261-2

Ⅰ. ①U… Ⅱ. ①吴… ②叶… ③赵… Ⅲ. ①手机软件－游戏程序－程序设计
Ⅳ. ①TP317.67

中国版本图书馆CIP数据核字（2022）第119017号

责任编辑：夏毓彦
封面设计：王　翔
责任校对：闫秀华
责任印制：宋　林
出版发行：清华大学出版社

网　　址：https://www.tup.com.cn, https://www.wqxuetang.com
地　　址：北京清华大学学研大厦A座　　**邮　　编：**100084
社 总 机：010-83470000　　**邮　　购：**010-62786544
投稿与读者服务：010-62776969，c-service@tup.tsinghua.edu.cn
质量反馈：010-62772015，zhiliang@tup.tsinghua.edu.cn

印 装 者：三河市君旺印务有限公司
经　　销：全国新华书店
开　　本：190mm×260mm　　**印　　张：**13.25　　**字　　数：**358千字
版　　次：2022年8月第1版　　**印　　次：**2025年1月第4次印刷
定　　价：89.00元

产品编号：095378-01

前　言

Unity 3D（简称 Unity）是由 Unity Technologies 公司制作的互动内容多平台综合型开发工具，不仅在游戏开发、动画制作方面广泛应用，而且越来越多地应用于增强现实、虚拟现实、数字孪生等内容的开发。

本书面向的读者是没有接触过 Unity 游戏开发的初学者，读者可以通过本书快速掌握 Unity 游戏开发的常用技术，并且能够参照书中的示例游戏制作出自己的作品。

本书内容介绍

第 1～4 章介绍 Unity 的安卓应用发布、相关的基础概念和常用的界面操作、脚本基础内容、Unity 的 UI 和输入等。

第 5、6 章介绍 Unity 的 2D 游戏开发并通过一个 2D 打砖块游戏让读者学习基础的 Unity 程序开发方法。

第 7、8 章介绍 Unity 的 3D 物理、动画系统和导航系统等内容，并通过第 8 章介绍 Unity 开发简单游戏时如何组织构建开发框架。

第 9、10 章以一个简单的 ARPG（动作角色扮演类）游戏为例介绍如何控制人物及 NPC 的移动、动画、设置状态、实现战斗过程、场景切换和数据读取等内容。

第 11、12 章介绍 Unity 的其他功能插件，并且通过一个简单的射击对战游戏的制作介绍如何使用各种插件在少量代码的情况下实现一个射击对战游戏，包括人物控制、动画播放、NPC 的 AI 实现、武器射击效果、如何通过插件实现网络对战。

第 13 章介绍很多热门的商城资源，包括通用的子系统和一些特定游戏开发的资源，无论是作为学习还是直接使用这些资源开发游戏都是不错的选择。

示例源码下载与答疑服务

本书配套源码、PPT 课件、数据集、开发环境需要使用微信扫描右侧的二维码下载，也可按页面提示把链接转发到自己的邮箱中下载。如果下载有问题或者在阅读中发现问题，请联系 booksaga@163.com，邮件主题为“Unity 2D 与 3D 手机游戏开发实战”。

本书的特点

- 快速上手：以直接、细致的方法指导读者快速掌握Unity的使用方法和Unity游戏的开发方法，基础内容章节还提供了视频。
- 理解架构：书中通过结构图、流程图、思维导图等方式帮助读者理解并掌握Unity的概念、结构以及游戏开发的思路。
- 实战引导：通过实际游戏项目示例介绍简单且实用的Unity游戏开发框架，让第一次使用Unity开发的读者不至于面对项目不知所措。这种框架不仅可以用于游戏开发，也可以用于其他一些小型项目的开发。

本书读者

本书适合Unity游戏开发初学者、游戏与数字孪生开发人员阅读，也适合作为高等院校、中职学校和培训机构计算机游戏开发课程的教学参考书。

本书作者

吴雁涛，2000年毕业于西北工业大学，从事计算机软件开发相关工作，包括Web前端、Web后端、Unity 3D开发等。著有《Unity 3D平台AR与VR开发快速上手》《Unity 3D平台AR快速开发上手——基于EasyAR 4.0》《Unity 2020游戏开发快速上手》。

叶东海，2012年毕业于云南大学，从事网络安全和信息化建设与管理工作，研究数据挖掘和Unity应用开发，有7年的教学工作经验，指导过多项人工智能竞赛和创新创业项目。著有《数据库系统应用》《Unity 3D平台AR快速开发上手——基于EasyAR 4.0》《Unity 2020游戏开发快速上手》。

赵杰，2003年毕业于云南大学软件工程专业，负责软件工程专业、网络工程专业和数字媒体专业本科生创新创业指导工作。有15年教学工作经验，指导过多项大学生创新创业项目。著有《Unity 3D平台AR快速开发上手——基于EasyAR 4.0》《Unity 2020游戏开发快速上手》。

作者

2022年5月

目　录

第 1 章 Unity 的安装和基本界面

Unity 3D（后文简称 Unity）最初是一款为了让所有人能简单制作游戏的游戏引擎，随着近年来的发展已成为一款实时互动内容创作和运营平台。

1.1 Unity 的安装

1.1.1 Unity ID

Unity ID 有 3 个作用，即激活 Unity、在商城购买插件资源以及登录社区。

打开 Unity 中国官网（https://unity.cn），单击右上角的图标，在下拉列表中选择“创建 Unity ID”，填写相关信息等，然后单击“立即注册”即可，如图 1-1 所示。

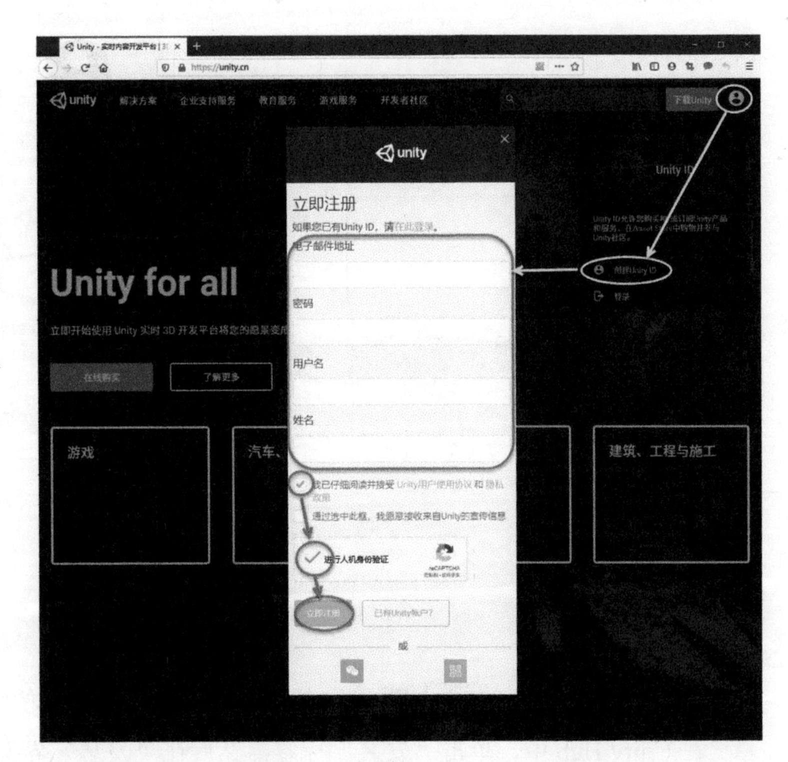

图 1-1

1.1.2 Unity Hub 的安装和使用

1. Unity Hub 的安装

登录官网以后，单击“下载 Unity”就能打开 Unity 的下载页面，然后单击“下载 Unity Hub”或者“从 Hub 下载”都可以。任意版本的 Unity Hub 都是一样的。这里也可以只下载具体的 Unity 版本，通常情况下不推荐。

安装 Unity 时要注意不要使用中文目录。本质上是不要使用特殊字符，通常出现的情况是使用了中文目录。在生成安卓 APK 的时候，生成过程对路径很敏感。无论是 Unity Hub 还是 Unity 的安装目录，SDK 所在的目录都不要出现中文，最好都是英文目录。

2. 登录 Unity Hub

安装完 Unity Hub 以后，打开 Unity Hub，单击右上角的图标，在下拉列表中单击“登录”按钮，在弹出的窗口中登录。可以用邮件登录，也可以用手机或者微信登录，如图 1-2 所示。必须登录 Unity Hub 以后才能进行安装、激活、新建打开项目等操作。

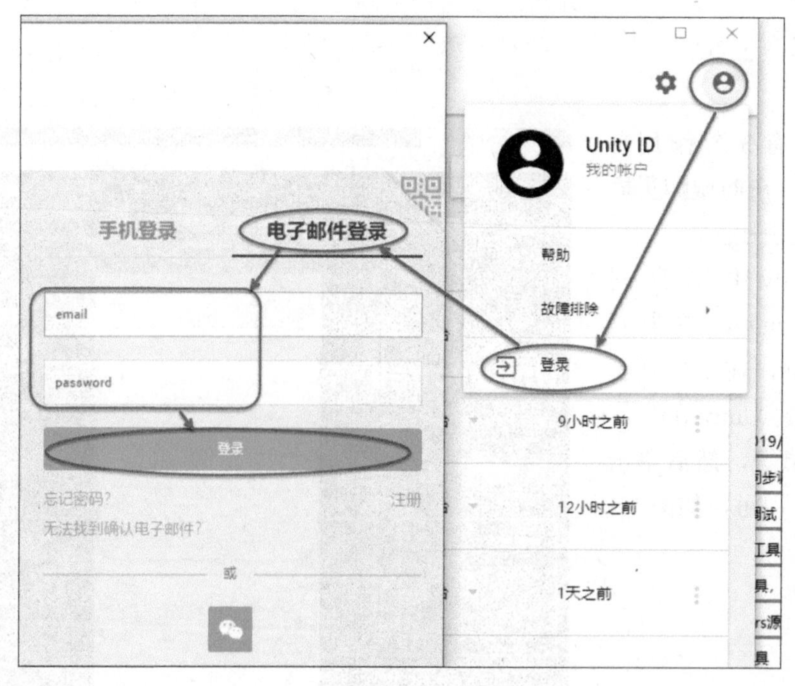

图 1-2

3. 使用 Unity Hub 安装 Unity

在 Unity Hub 中，单击“安装”标签，然后在“安装”界面中单击“安装”按钮就可以进行安装。

Unity 的版本不是越高越好，对于初学者，“无论”是学习还是实际开发都建议使用 LTS（长期支持）版。LTS 版的 Bug 会一直修复直到生命周期结束，简单地说，LTS 版是最稳定、最不容易出问题的版本。

Unity 现在默认使用 Microsoft Visual Studio 2019 作为编辑器，还可以使用 Visual Studio 之外的脚本编辑器，例如很多人用的 Visual Studio Code，使用起来也很方便。Visual Studio 安装慢、启动慢、耗资源，但是好在简单、稳定，适合新手，VS Code 小巧不占资源，但是配置比较麻烦，而且有时候会出奇怪的问题，适合有经验的人。

如果是在 Windows（Mac）下安装 Unity，不需要添加发布平台模块即可发布 Windows（Mac）下运行的程序。网页、iOS 和安卓平台都需要添加对应的模块才能生成。Windows 平台生成的是可执行文件；WebGL 平台生成的是网页；iOS 平台生成的是 XCode 项目；Android 平台可以生成 APK，也可以生成 Android 项目。

至于界面语言，基本上是机器翻译的半成品，不要有太多期望。对于初学者，建议尽量使用英文界面。因为很多参考说明都是英文界面，另外官方长期没有标准，导致不同的作者翻译的不一样，官方的翻译有时候会把不需要翻译的内容也翻译了。为了一致起见，本书将以英文界面作为基本界面进行介绍。

另外，一台计算机可以安装多个不同版本的 Unity。

4. 激活许可证

在 Unity Hub 中，单击右上角的⚙图标，选择“许可证管理”标签，然后选择“激活新许可证”，如图 1-3 所示。

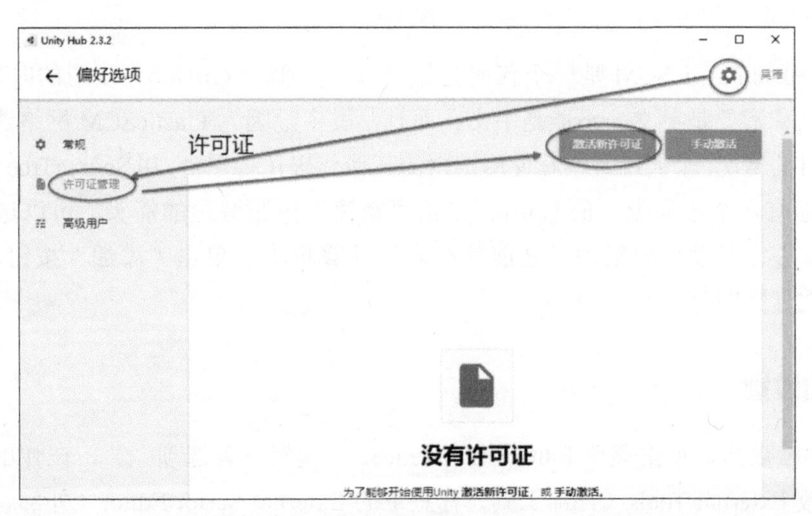

图 1-3

Unity 个人版是有条件免费的，加强版和专业版需要付费，用户可根据自己的情况选择对应的版本。虽然 Unity 会自动更新许可证，但是有时会因为网络问题，许可证没更新导致项目无法打开。这个时候，到许可证界面更新或者重新激活一下就可以了。

5. Unity 项目操作

在 Unity Hub 中单击“项目”标签，然后单击“新建”按钮，在弹出的窗口中添加“项目名称”，设置“位置”之后，单击“创建”按钮即可，如图 1-4 所示。

左边的模板保持默认的 3D 就可以了，对于初学者，不用理会其他内容。

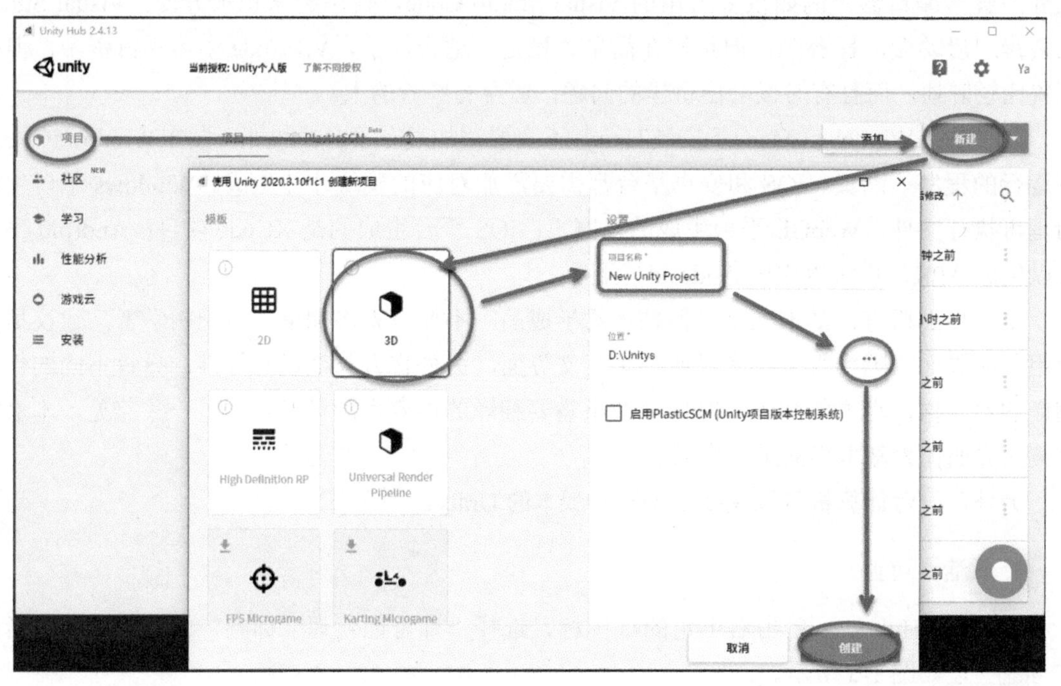

图 1-4

Unity 自带的 PlasticSCM 是一个代码托管平台，类似于 GitHub。使用的时候，Unity ID 用户信息的名称需要是英文，不能是中文。而且，发生过因为 PlasticSCM 网络连接不上导致无法打开项目的情况。个人还是推荐使用国内的其他代码托管平台，用 SourceTree 来进行管理。

如果本地有多个不同版本的 Unity，单击“新建”按钮旁边的箭头，可以选择使用哪个版本的 Unity 进行开发。如果项目之前就在本地计算机上，单击“添加”按钮，选择 Unity 项目所在的文件夹即可。

1.1.3 基础设置

打开 Unity 以后，单击菜单 Edit → Preference...（编辑→首选项 ...），在弹出的窗口中，可以通过修改 External Tools（外部工具）标签下的 External Script Editor（外部脚本编辑器）选项来修改当前默认的脚本编辑器。

如果 Unity 安装了语言模块，单击菜单 Edit → Preference...（编辑→首选项 ...），在弹出的窗口中，可以通过修改 Languages（语言）标签下的 Editor Language（编辑器语言）选项来修改当前编辑器界面显示的语言。

1.1.4 提示和总结

Unity 2020 的安装到此结束，先在自己的设备上尝试安装 Unity 吧。

Unity Hub 需要登录并且激活许可证后才能使用 Unity。如果长时间没使用，则需要重新登录、重新激活。

当无法打开 Unity 项目的时候，首先重启 Unity Hub，检查是否需要重新登录和重新激活。

Unity 安装相关视频链接（虽然是 2019 版，但基本内容一致）：https://space.bilibili.com/17442179/favlist?fid=1215557079&ftype=create。

1.2 Unity 的基本界面

Unity 的界面包括很多窗口、视图以及插件，用户可以根据需要添加自定义的菜单、窗口等。本节介绍常用的窗口和相关菜单。Unity 项目运行过程中常用窗口如图 1-5 所示。

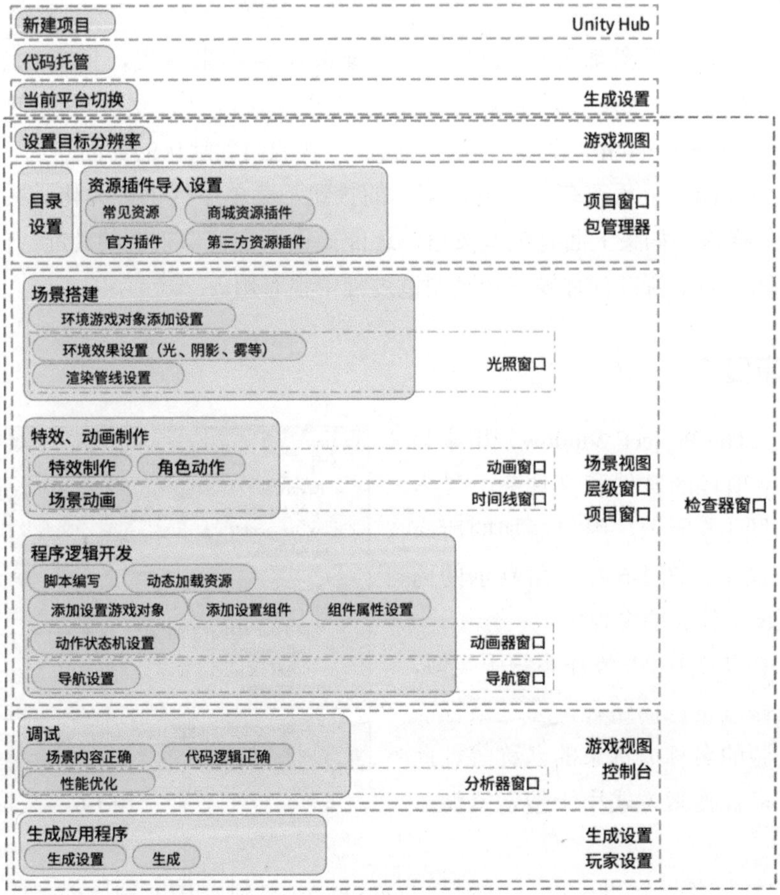

新建项目
代码托管
Unity Hub
当前平台切换
生成设置
设置目标分辨率
游戏视图
目录设置
资源插件导入设置
常见资源
商城资源插件
官方插件
第三方资源插件
项目窗口
包管理器
场景搭建
环境游戏对象添加设置
环境效果设置（光、阴影、雾等）
渲染管线设置
光照窗口
特效、动画制作
特效制作
角色动作
场景动画
动画窗口
时间线窗口
场景视图
层级窗口
项目窗口
检查器窗口
程序逻辑开发
脚本编写
动态加载资源
添加设置游戏对象
添加设置组件
组件属性设置
动作状态机设置
动画器窗口
导航设置
导航窗口
调试
场景内容正确
代码逻辑正确
性能优化
分析器窗口
游戏视图
控制台
生成应用程序
生成设置
生成
生成设置
玩家设置

图 1-5

这是 Unity 默认的界面，包括 7 个窗口 / 视图，这也是使用最多的界面。各个窗口 / 视图的作用说明如表 1-1 所示。

表 1-1 主要窗口作用说明

窗口 / 视图	作用说明
The Project Window（项目窗口）	部分资源的导入、导出、新建、删除，以及资源内容的目录管理
The Scene View（场景视图） The Hierarchy Window（层级窗口）	当前打开场景的设置：添加、删除、修改游戏对象的位置、层级等
The Inspector Window（检查器窗口）	修改查看选中资源的属性。 修改查看选中游戏对象的属性。 修改查看选中游戏对象上的组件的属性
The Game View（游戏视图）	查看场景、项目运行后的效果
Console Window（控制台窗口）	返回项目静态或运行后的信息、警告及错误
Asset Store（资源商城） Package Manager（包管理器）	获取、添加 / 导入、删除由官方或其他第三方提供的资源和插件

1.2.1 共有操作

Unity 所有的窗口视图都可以通过鼠标左键按住名称来拖曳，所有的窗口视图都可以修改大小和位置，每个人可以根据习惯来定义并保存自己喜欢的界面布局。单击菜单 Window → Layouts → Default（窗口→布局→默认）就能回到默认的界面布局。

在所有窗口视图右上角都有一个下拉菜单的按钮，菜单中提供最大化、关闭窗口视图、添加窗口视图等操作，如果上面有锁型按钮，还能提供锁定窗口视图的功能。Unity 允许同一个窗口重复出现，多个窗口有时候在开发调试过程中很有用。

1.2.2 项目窗口

项目窗口（The Project Window）用来显示和管理 Unity 项目的文件和文件夹，导入导出资源，如图 1-6 所示。用户添加的所有资源都在这里显示。图 1-6 左下角显示的内容是项目 Assets 文件夹的内容。

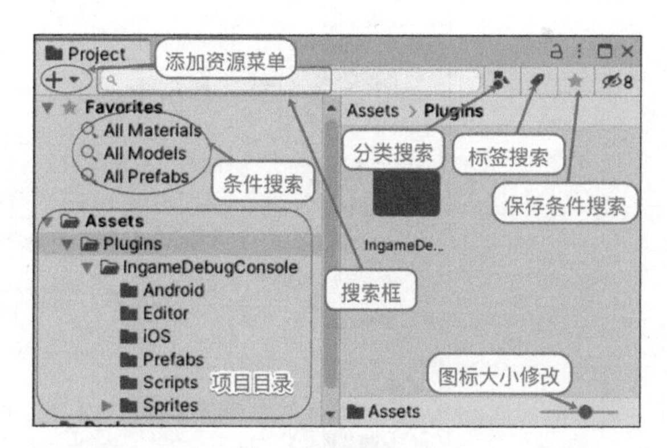

图 1-6

项目窗口中的操作和在操作系统中类似，可以通过拖曳修改资源的路径，通过鼠标右键菜单修改资源的名称或目录的名称等。此外，还提供了多种搜索方式用于搜索资源，如图 1-7 所示。

Unity 中的复制有两个，即 Copy（复制）和 Duplicate（复制），中文翻译都一样。在项目窗口，Copy 没用，只能使用 Duplicate，即不能用 Ctrl+C 的复制，只能用 Ctrl+D 的复制。

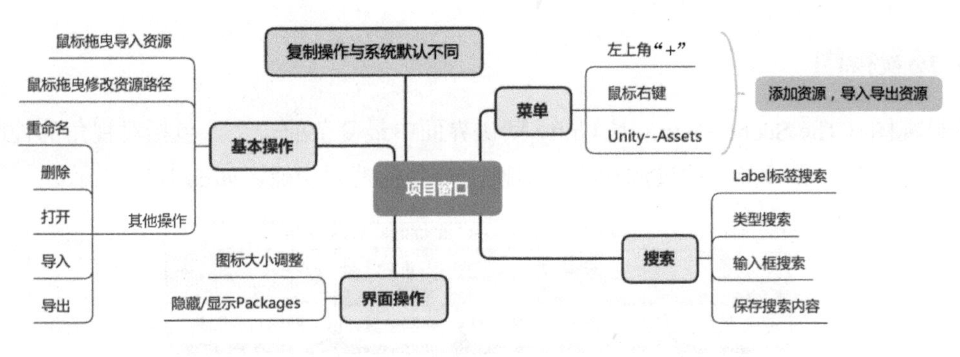

图 1-7

1.2.3 层级窗口

层级窗口（The Hierarchy Window）会用树状列表的形式列出当前打开的场景（可以打开多个场景）中的所有游戏对象，如图 1-8 所示。这个窗口的主要目的是查看和调整各个游戏对象之间的层级关系。其中，场景、游戏对象和 Prefab 预制件的名称和图标各不相同。如果一个游戏对象没有子对象，则前方没有图标。

图 1-8

层级窗口的主要用途是查看场景中游戏对象的层级关系，也可以通过拖曳修改场景中游戏对象的层级关系，通过菜单添加游戏对象，或者将资源拖曳到该窗口实现添加游戏对象，如图 1-9 所示。

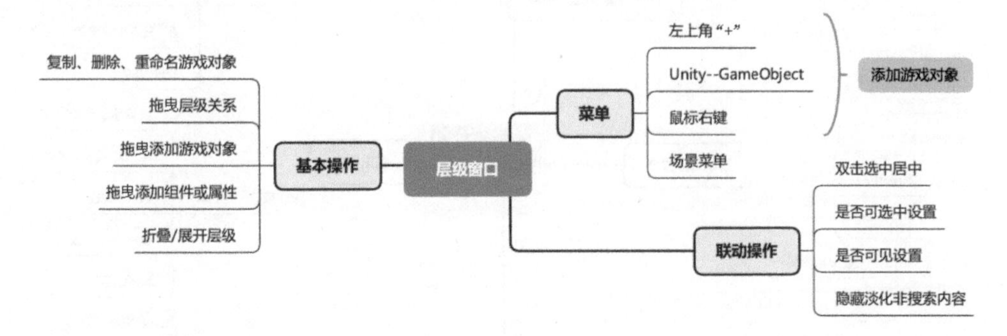

图 1-9

在层级窗口中通过双击鼠标左键可以选中游戏对象，并且使其整体显示在场景视图的中心位置。这是在场景视图找到并查看一个游戏对象的常用方法。

在层级窗口的输入搜索框中输入内容以后，只会显示符合搜索内容的游戏对象，同时在场景视图，不符合搜索内容的游戏对象会显示为灰色。当场景中存在很多游戏对象，特别是存在很多相同的游戏对象的时候，这种方法很有用。

1.2.4 场景视图

场景视图（The Scene View）是 Unity 默认界面中最复杂的一个，包括对视角的控制，对游戏对象的控制，各种类型的过滤和模式切换，还包括搜索功能，如图 1-10 所示。

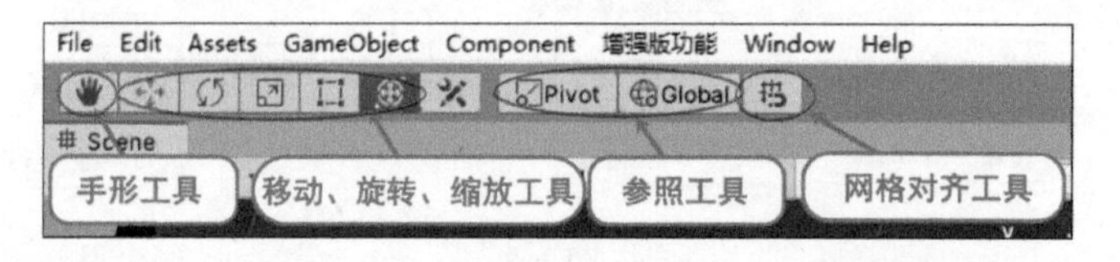

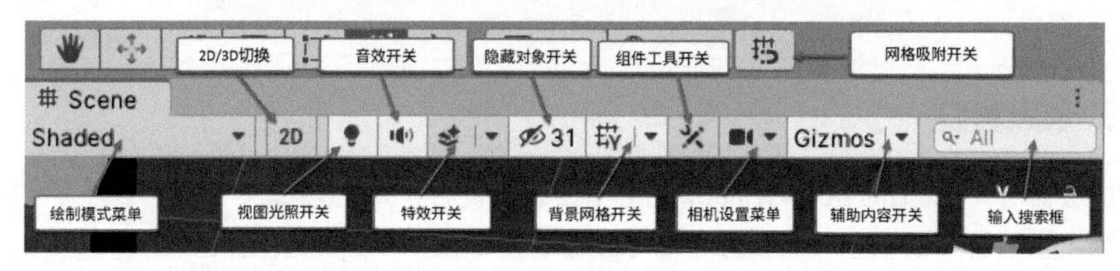

图 1-10

场景视图可以从不同位置查看游戏对象及其位置关系，并通过选中操作工具对游戏对象的位置、角度、缩放进行修改。此外，还有各种辅助按钮用于显示、隐藏场景中的游戏对象或辅助内容。常用操作如图 1-11 所示。

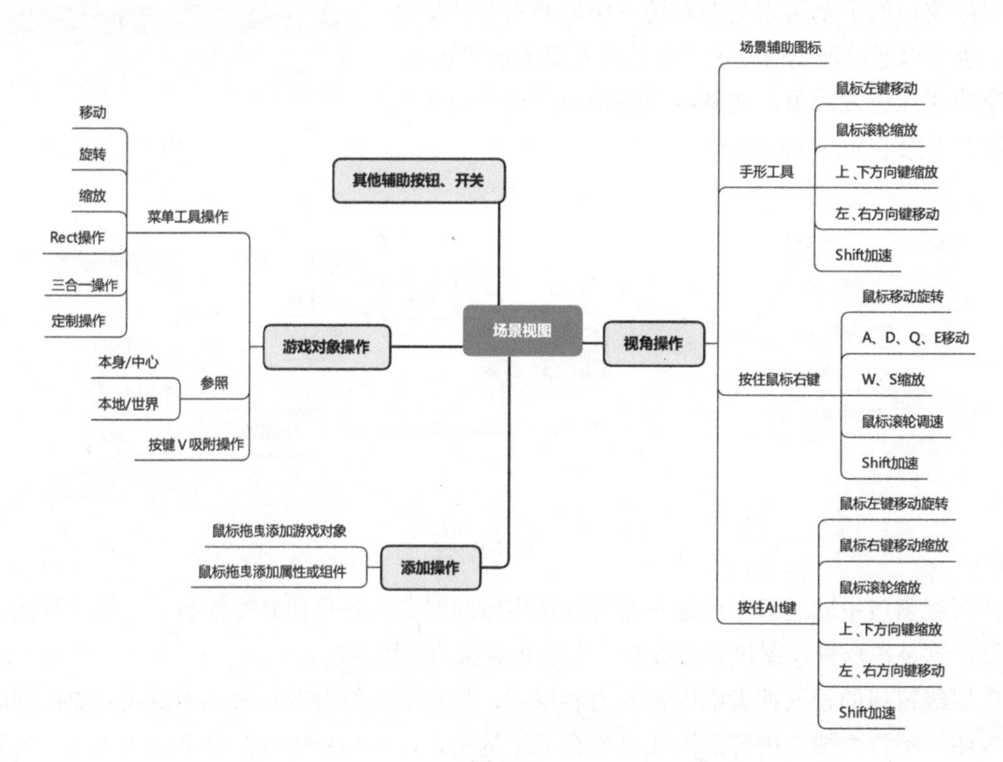

图 1-11

2D/3D 切换最常用在做 UI 的时候，UI 多数是 2D 的，这个时候需要切换到 2D 显示，在做其他的 3D 内容的时候再切换回 3D 界面。

场景视图的输入搜索框的功能和层级窗口中的输入搜索框的功能一样，而且是联动的。输入搜索内容以后，在场景视图没被搜索到的内容会变成灰色，层级窗口中没被搜索到的内容会隐藏。

选中游戏对象后，按键盘上的 V 键，可以开启定点吸附功能。这个时候可以选择游戏对象的一个角，轻松地将游戏对象拖曳到其他游戏对象的表面，在制作场景布置道具的时候经常会用到。

1.2.5 检查器窗口

检查器窗口（The Inspector Window）有点类似于操作系统中的属性面板，用于查看设置各种内容的属性，包括游戏对象、组件、资源，如图 1-12 所示。

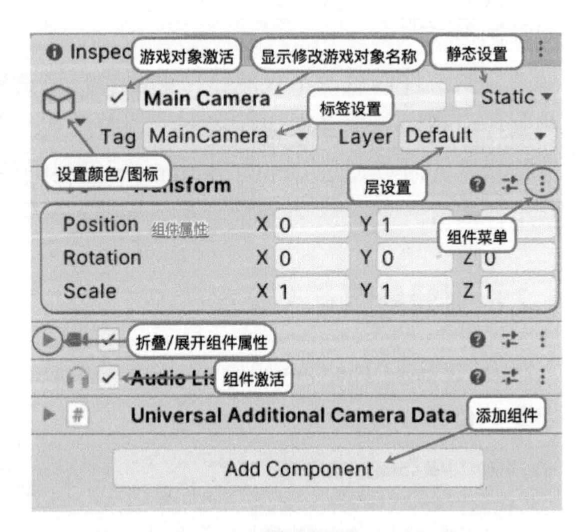

图 1-12

检查器窗口最常用的是设置游戏对象的激活、名称、分类，添加 / 删除组件，设置组件的属性，如图 1-13 所示。其中颜色和图标设置只在场景视图中显示，用于辅助场景编辑。

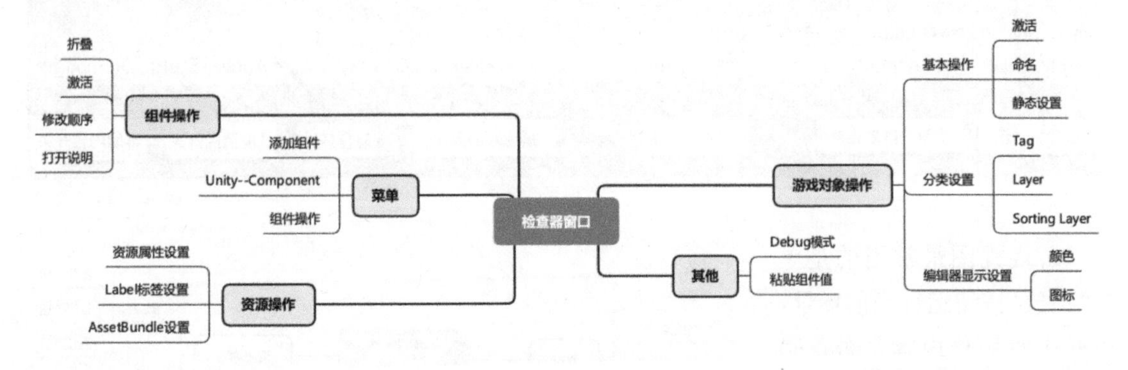

图 1-13

静态设置可以将场景中不移动的游戏对象设置成静态，主要用于光照烘焙、不可见遮挡，以此提升性能和显示效果。

Tag（标签）主要使用在程序中，用于对游戏进行分类。例如通过游戏对象的标签来判断是否进行攻击。Layer（图层）主要用于绘制方面，使用 Camera 指定哪些游戏对象要被画出来，使用 Light 指定哪些游戏对象要被照明，使用物理射线确认哪些游戏对象要被侦测到。

选中游戏对象以后，单击检查器窗口右上角的 ⋮ 图标，如图 1-14 所示，在弹出的菜单中选择 Debug（模式），默认是 Normal（法线）（中文这里确实是翻译错误，只有在使用着色器贴图的时候，Normal 才翻译成法线，这也是推荐使用英文界面的原因）。在 Debug 模式下可以查看到组件更多的信息，如果是脚本，则能查看到脚本的私有变量，在调试的时候很方便。

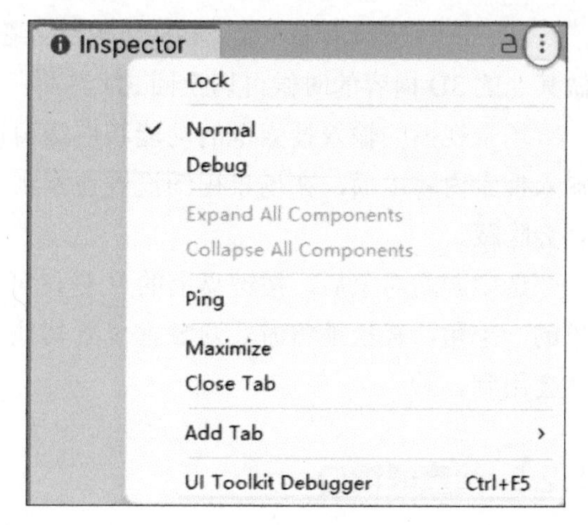

图 1-14

复制组件以后，不仅能够粘贴组件，还能粘贴组件的值。通常是在编辑状态下调整游戏对象，但是偶尔也会在运行状态下调整游戏对象。这个时候想把调整结果保存下来，可以在运行状态的时候通过 Copy Component 复制组件，停止以后再通过 Paste Component Values 粘贴组件的值。

1.2.6 游戏视图

游戏视图（The Game View）用于模拟最终游戏运行的情景，在视图顶部有众多开关选项，如图 1-15 所示。

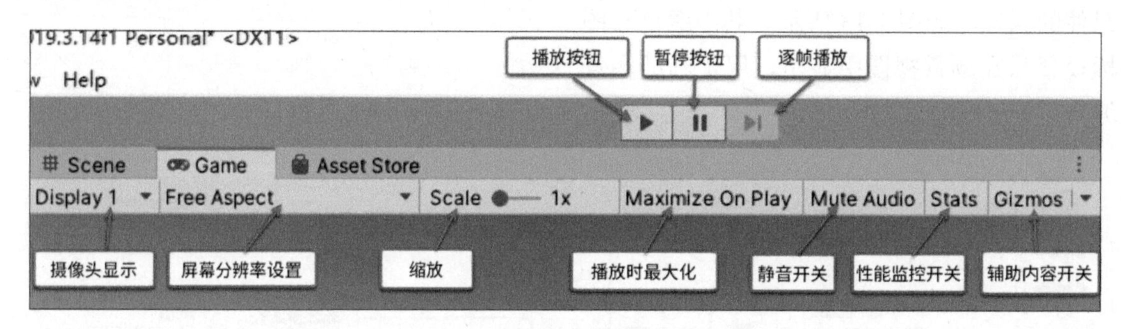

图 1-15

游戏视图最常用的是单击“播放”按钮运行当前场景，以此来对场景内容是否正确进行确认。常用操作如图 1-16 所示。

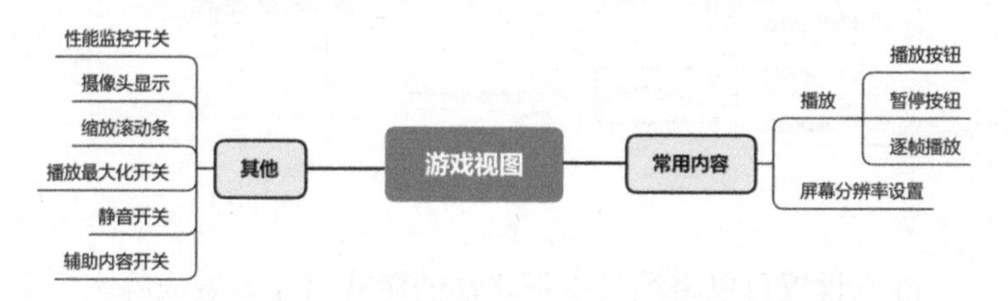

图 1-16

通常在项目开始时会针对项目设定一个默认分辨率，这样在制作界面调试场景的时候，能确保看到的界面更接近实际运行时显示的情况。

1.2.7 控制台窗口

控制台窗口（The Console Window）用于显示程序相关的消息，是开发调试时的重要窗口。

控制台窗口顶部是工具栏，中间是消息记录。消息记录分为普通消息、错误和警告 3 种，如图 1-17 所示。单击具体的消息记录，可以在窗口底部看到消息的全文。

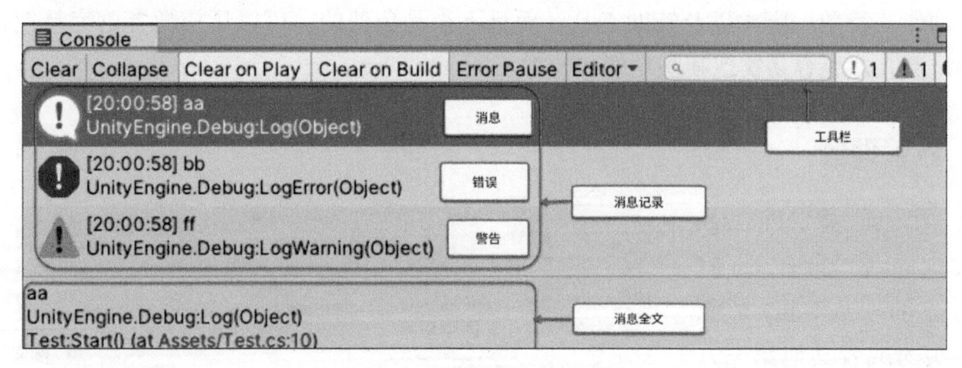

图 1-17

双击具体的消息还可以打开脚本，跳转到代码中弹出消息所对应的地方。在非播放状态下的错误消息必须解决，否则无法正常播放或者发布。

工具栏顶部也有很多开关按钮，如图 1-18 所示。

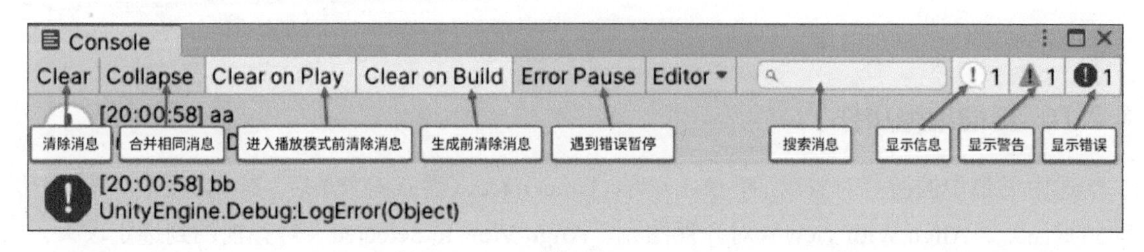

图 1-18

在工具栏最左边分别有显示普通消息、警告消息和错误消息的开关。为了方便查找，还提供了搜索消息的输入文本框。常用操作如图 1-19 所示。

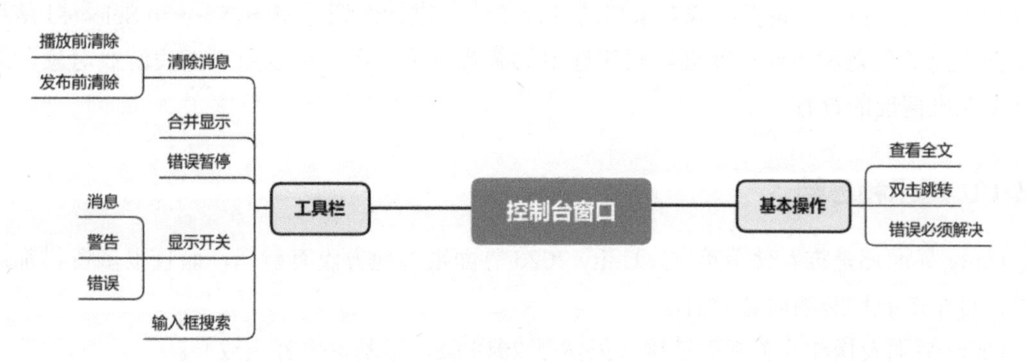

图 1-19

1.2.8 资源商城

资源商城（Asset Store）的主要功能是对商城的资源进行查找和购买，这些操作都在浏览器中完成。从Unity 2020开始不再提供直接导入功能，而需要从Package Manager导入。

资源商城并不是Unity编辑器本身的功能，但是对于初学者而言，资源商城提供了很多模型、动作、特效、脚本以及辅助工具，而且不少是免费的，可以让初学者更容易把自己的项目做得漂亮，更容易实现某些功能和特效。

1.2.9 包管理器

包管理器（Package Manager）可以添加/删除来自官方的、从Unity资源商城购买的或者其他第三方的资源或插件。单击菜单Window → Package Manager（窗口→包管理器）就可以打开包管理器窗口，如图1-20所示。

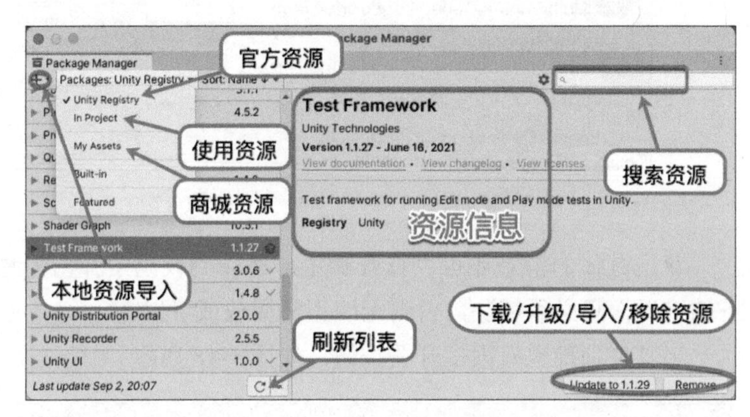

图1-20

1.2.10 其他常用操作

选中场景中的游戏对象以后，单击菜单GameObject（游戏对象）后，有Move To View（移动到视图）、Align With View（对齐视图）、Align View to Selected（对齐视图到选定项）。

Move To View选项是将选中的游戏对象移动到场景视图的中间，这种方法常用于找到游戏对象以便于修改。Align With View是将选中的游戏对象的位置和方向角度设置到和场景视图视角一致的位置和方向角度，这种方法常用于设置游戏对象，在较大的场景中，先通过调整视角获得大概位置，再把游戏对象移动到视角位置进行微调。Align View to Selected是将场景视图视角的位置和方向角度设置到和选中的游戏对象一致，可以用于查找游戏对象，或者不同摄像机情况的查看。

1.2.11 提示和总结

Unity界面还是推荐使用英文，Unity 2020界面很多地方没有翻译，而且很多资料都是英文的，这个是我们必须面对的情形。

Unity界面及操作相关视频链接（虽然是2019版，但基本内容一致）：

https://space.bilibili.com/17442179/favlist?fid=1215613579&ftype=create

第 2 章
理解 Unity 的世界并生成第一个应用

要想掌握 Unity 开发，首先需要理解 Unity 的世界。本章将展开讲解 Unity 虚拟世界所涉及的基本要素、项目结构、坐标、项目目录等知识，以及第一个 Unity 应用的生成方法。

2.1 理解 Unity 的世界

对 Unity 整体的结构、基本概念有所了解将有助于学习后面的内容。

2.1.1 虚拟的三维世界

和现实世界类似，Unity 创造的世界空间也是三个维度。其实，Unity 只能创造三维的世界，尽管 Unity 也能创造二维的内容，但那只是看上去是二维的，本质上还是三维的。

Unity 的虚拟世界使用的是左手坐标系，这和一些 3D 软件使用的右手坐标系不一样，某些情况下导入模型的时候需要注意。

左手坐标系和右手坐标系如图 2-1 所示。

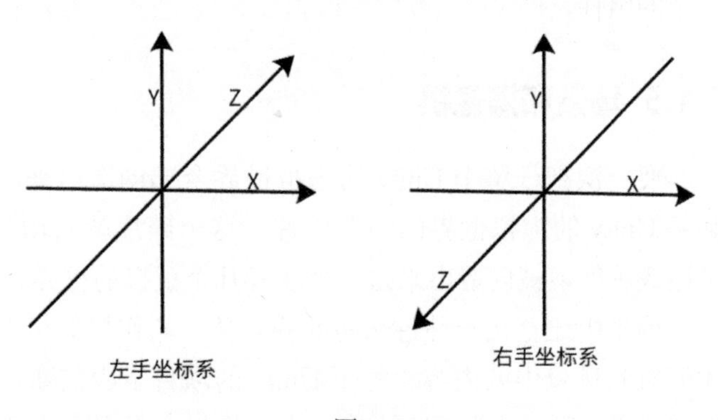

图 2-1

Unity 虚拟世界的长度单位是米，这个在做 AR 和 VR 的时候要特别注意。一些 3D 建模软件的单位长度是可以设置的，导出的时候也需要注意将单位设置为米。

2.1.2 游戏对象和 Transform

任何存在于现实世界的物体或者东西都有一个位置，例如，在地球范围，任何物体或东西的位置都可以用经度、纬度和海拔来确定。Unity 的虚拟世界也是类似的，任何东西都可以用（X, Y, Z）来确定位置。

在 Unity 的虚拟世界里，任何物体或东西都有一个统称，叫 GameObject（游戏对象）。每一个游戏对象都有一个 Transform。Transform 不仅包含位置信息，还包含旋转和缩放的信息。每个游戏对象都有 Transform 信息，但是仅凭 Transform 信息无法直观了解到各个游戏对象之间的位置关系，这个时候就需要场景视图来直观地了解并设置各个游戏对象之间的位置关系。

2.1.3 游戏对象的层级结构

现实中，很多东西都有层级结构。例如，计算机由 CPU、内存、输入 / 输出等部件组成，而 CPU 又由运算器、寄存器、控制器等部件组成。Unity 的虚拟世界也是一样的，也有层级结构。每个游戏对象都可以有子游戏对象。上级游戏对象的 Transform 位置旋转和缩放会影响到下级游戏对象。层级窗口可以用来了解并设置各个游戏对象的层级关系。

2.1.4 组件决定游戏对象

现实世界中，不同的东西是由不同的物质或者元素组成的。Unity 的虚拟世界也是类似的，只不过组成游戏对象的东西叫作组件（Component）。不同的组件组成了不同的游戏对象，使其拥有了不同的功能。Transform 是组件，开发者写的代码，也就是脚本（Scripts）也是一种重要的组件。

检查器窗口很重要的一个作用就是：用来查看和设置游戏对象是由哪些组件组成的。例如，默认的 Camera（摄像机）游戏对象有 3 个组件，分别是 Transform 组件、Camera 组件和 Audio Listener 组件。Transform 也是一个特殊的组件，而且是每个游戏对象必然会有且只有一个的组件。

2.1.5 场景和摄像机

要一次把一整个 Unity 的虚拟世界全部创造出来，很累，也没有必要，所以每次创造的都是 Unity 的虚拟世界的一个碎片，这个碎片就叫场景（Scene）。Unity 通过不同的场景来讲述或者展现被创造出来的一个或者几个虚拟的世界。

场景中还存在一种特殊的游戏对象，叫作摄像机（Camera），现实世界必须通过摄像机才能看到场景中的内容。每个 Unity 的项目至少需要一个场景，否则不能正确生成应用或者程序。每个场景中必须至少有一个摄像机，否则不能显示任何内容。

2.1.6 资源

Unity 世界中的内容最终都是由一种叫资源（Asset）的东西组成的。一个资源可以是一个场景，也可以是一个游戏对象，或者是一个组件，或者是组件的一个组成部分。凡是没有成为资源的内容是无法直接进入场景的（动态加载除外）。

计算机上的文件是不能直接拖曳到场景窗口中的，必须先拖曳到项目窗口中，导入 Unity 项目成为资源以后，才能被拖曳到场景窗口中使用。

2.2 Unity 的项目结构

Unity 的项目结构如图 2-2 所示。

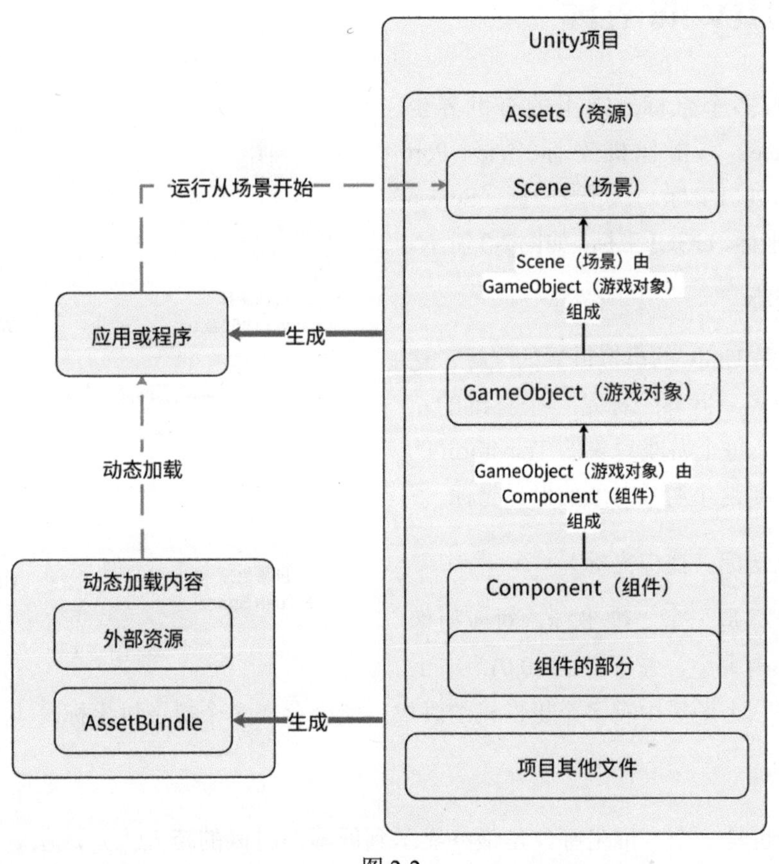

图 2-2

◎ 项目：包含整个工程所有内容，表现为一个目录。Unity 不像其他软件项目有一个单独的文件作为整个项目的中心或者说起点，Unity 项目就是一个目录。

◎ 场景：一个虚拟的三维空间，以便游戏对象在这个虚拟空间中进行互动，表现为一个文件。

◎ 游戏对象：场景中进行互动的元素，依据其拥有的组件不同而拥有不同的功能。有些游戏对象是单独的文件，有些不是。

◎ 组件：组成游戏对象的构件。有些组件是单独的文件，如脚本。

◎ 资源：项目中用到的内容。资源可以是构成组件的一部分，例如贴图、材质；也可以本身就是组件，例如脚本；也可以是游戏对象，例如模型和预制件；也可以是场景本身，例如场景文件。每个资源由导入或者生成的文件和其他一些辅助的文件构成。

Unity 项目的结构简单而言就是：资源是基础，组件构成游戏对象，游戏对象构成场景，场景构成项目，项目可以生成不同平台的可运行的程序或应用。

Unity 生成的应用或者程序可以动态加载一些外部资源，比如常见的视频、音频、图片和一些文字内容，也可以加载由 Unity 生成的 AssetBundle，这是一种专门给 Unity 应用或者程序提供的资源包。

2.3 Unity 的坐标

Unity 中有多个坐标，常用的有世界坐标（World Space）、摄像机坐标（View Port Space，或者叫视口坐标）、屏幕坐标（Screen Space）、GUI 坐标、UGUI 坐标，如图 2-3 所示。

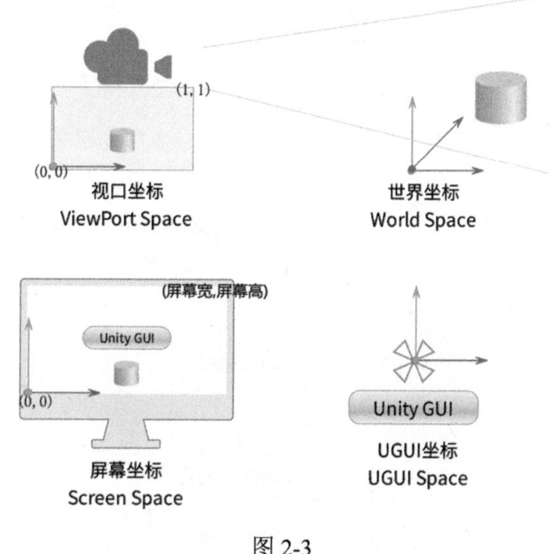

图 2-3

1. 世界坐标

世界坐标是 Unity 的虚拟世界的坐标，这个坐标用得最多。世界坐标是一个三维的左手坐标系坐标，每个游戏对象的 Transform 的 position 属性就是这个游戏对象的世界坐标。

2. 摄像机坐标（视口坐标）

摄像机坐标是一个二维坐标，对应摄像机观察到的范围大小，左下角为 (0,0)，右上角为 (1,1)。当一个场景中有多个摄像机的时候，就会存在多个摄像机坐标。

3. 屏幕坐标

屏幕坐标也是一个二维坐标，是最终显示到屏幕的时候的范围大小，左下角为 (0,0)，右上角为 (screen.width,screen.height)，即屏幕分辨率的宽和高。

4. GUI 坐标和 UGUI 坐标

GUI 坐标和屏幕坐标相似，不同的是该坐标以屏幕的左上角为 (0,0)，右下角为 (Screen.width,Screen.height)。不过，Unity 从 2017 版以后，GUI 坐标用得越来越少，即将退出舞台。

现在 Unity 界面用得更多的是 UGUI。UGUI 的坐标和其他坐标都不同，是一个相对坐标。坐标原点是锚点，高和宽由父节点的高和宽决定。

世界坐标、摄像机坐标和屏幕坐标可以通过 Camera 类下的方法相互转换。

坐标转换的用途如下：

（1）当需要判断一个游戏对象是否在某个摄像机的视野中，或者是否在屏幕中的时候，可以将该游戏对象的世界坐标转换为摄像机坐标后进行判断。

（2）当需要通过屏幕点击来选中某个游戏对象的时候，通常是将被点击的屏幕坐标转换为世界坐标，然后发出射线。射线照射到的游戏对象即认为是被点击对象。

2.4　Unity 项目目录说明

2.4.1 项目目录

在 Unity 项目下有很多目录，其中关键的是 Assets、Packages、UserSettings 和 ProjectSettings。这 4 个目录是最基础的内容，项目目录下的其他目录和内容，都可以在项目打开过程中由 Unity 编辑器通过这 4 个目录自动生成（当项目很大的时候，生成过程会很慢）。

当需要复制项目给别人或者进行版本管理的时候，只需要提供这 4 个目录及其内容即可。如果 Unity 出现奇怪的退出，也可以通过删除这 4 个目录以外的所有目录来重建项目。

导入 Assets 目录中的资源并不会直接被使用，而是会被转换以后放在 Library 目录下，因此在 Assets 目录中可以使用中文命名。

2.4.2 Assets 下的特殊目录

在 Assets 目录下有一些特殊的目录，在新建项目其他目录的时候，不要冲突。这里的目录名，大小写相关。

Unity 资源目录下的特殊目录信息如表 2-1 所示。

表 2-1　资源目录下的特殊目录说明

目 录 名	是否唯一	说　明
Editor	否	编辑器脚本目录
Editor Default Resources	是	编辑器脚本动态资源目录
Gizmos	是	场景视图图标目录
Plugins	是	.dll 等插件目录
Resources	否	动态加载资源目录
Standard Assets	是	官方标准资源目录
StreamingAssets	是	非压缩动态资源目录

2.5 生成第一个应用

安装完 Unity 以后，第一件事情应该是立即 添加一个项目并生成，目的是验证安装内容是否正确。平台的模块可以在 Unity Hub 安装 Unity 的时候安装，也可以在使用之前通过 Unity Hub 添加。生成不同平台的应用或程序需要添加不同平台的支持。

2.5.1 生成设置和玩家设置

新建的 Unity 项目默认会有一个空的场景，用这个来生成应用即可。

Build Settings 窗口用于设置使用到的场景和切换目标平台，单击菜单 File → Build Settings...（文件→生成设置 ...）即可打开。

一个 Unity 项目中可以有多个场景，但是只有添加 Scenes In Build（Build 中的场景）列表中的场景才能被应用程序使用。可以从 Project（项目）窗口将场景资源拖曳到列表中，也可以单击 Add Open Scene（添加已打开场景）将当前打开的场景添加到场景列表中。

Platform（平台）列表中可以选择 Unity 能够生成应用程序的不同平台。如果选中的是当前平台，单击 Build（生成）按钮，即可生成当前平台的应用程序。

单击 Build Settings 窗口中的 Player Settings...（玩家设置）按钮，或者单击菜单 Edit → Project Settings...（编辑→项目设置 ...），就能打开 Project Settings 窗口，选中其中的 Player 标签，将能看到玩家设置。在这里有针对当前平台的更多细节设置。

2.5.2 生成第一个应用

Unity 生成不同平台的应用需要的支持和方法不完全一致，常规支持和方法如图 2-4 所示。

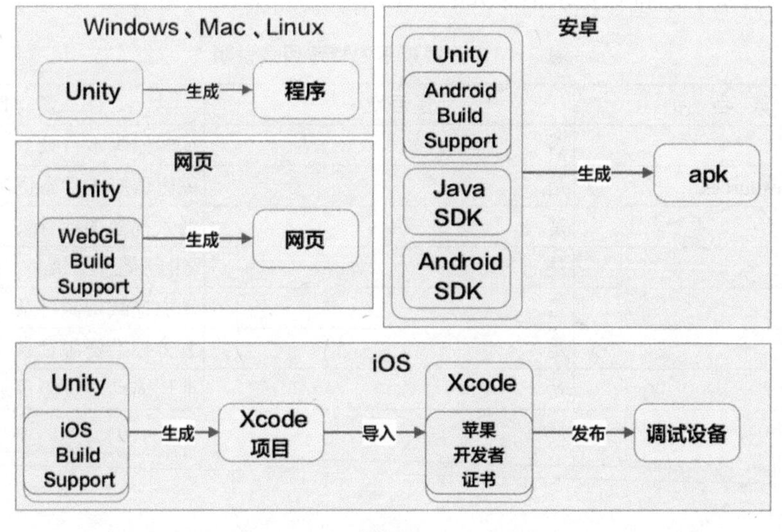

图 2-4

生成 Window、Mac 和 Linux 的应用，只需要在对应操作系统下安装 Unity，设置好以后，单击 Build Settings 窗口的 Build（生成）按钮即可。网页和安卓应用可以在上面的任意平台生成。安卓应用除了需要安装对应模块，还需要本机有 Java SDK 和 Android SDK。iOS 应用稍微复杂，建议在 Mac 系统上安装 Unity 和对应模型，生成 Xcode 项目以后，再用 Xcode 发布到调试设备或者上架商城。

安卓应用第一次生成的时候需要良好的网络环境，会下载约 75MB 的相关内容。

2.6　提示和总结

Unity 安装完以后，先用空的场景生成对应平台的应用程序，以保证安装正确。这样可以避免在后面的开发中生成出错，无法判断是 Unity 安装的问题还是项目或程序的问题。

生成网页应用需要将目录放到 Web 服务器后通过浏览器查看。建议生成的时候，设置 Publishing Settings 里面的 Compression Format 为 Disabled，即不压缩。这样会让 Web 服务器配置起来简单一些，但是发布的文件会更大一些。

第一次生成安卓应用，有点看运气。如果生成失败，可以多换几个网络环境试试。如果计算机环境过于复杂，例如安装了很多软件，也会有影响，理想状态是新装完系统的计算机。

生成 iOS 应用最麻烦的是要有苹果开发者证书，但是这个不是 Unity 的问题，不在这里讨论。

安卓应用的 Package Name 和 iOS 应用的 Bundle Identifier 一定要按规范命名，一些 SDK 会和这个进行绑定，命名不规范将导致绑定出错。

Unity 生成应用程序相关视频链接（虽然是 2019 版，但基本内容一致）：

https://space.bilibili.com/17442179/favlist?fid=1215614279&ftype=create

第3章 Unity 脚本基础内容

在这里主要介绍 Unity 常用脚本的基础内容，部分涉及具体组件系统的脚本在介绍常用功能的时候再作说明。

当某些不常用的功能在 Unity 的文档中无法找到的时候，可以查找 C# 的文档寻求解决方法。例如文件的读取和写入、数据库访问在 Unity 的开发中比较常用，但是这部分内容在 Unity 的文档中没有，只有通过查找 C# 的文档才能获得。

在这里主要介绍 Unity 常用脚本的基础内容，部分涉及具体组件系统的脚本在介绍常用功能的时候再进行说明。

3.1 C# 基础

这里不对 C# 的具体内容进行说明，只是列出学习 Unity 3D 的脚本之前需要掌握的 C# 内容，包括基本语法、变量、常量、运算符、分支（if、if...else、switch）、循环（while/do...while、for/foreach）、面向对象（类和类的继承）的基本内容。Bool、Int、Float、String 是 Unity 3D 脚本开发用得最多的数据类型，Char、Double 使用得少很多，Decimal、Long、Sbyte、Short、Uint、Ulong、Ushort 很少使用。此外，经常用到的数据类型还包括 array（数组）、list（列表）和 enum（枚举），泛型、箭头函数、注解也经常会用到。

接口（Interface）、事件（Event）、委托（Delegate）需要使用的情况不多，但是要会使用。正则表达式和异常处理偶尔会用到，反射和多线程初学者不用考虑。C# 脚本基础内容简单总结如图 3-1 所示。

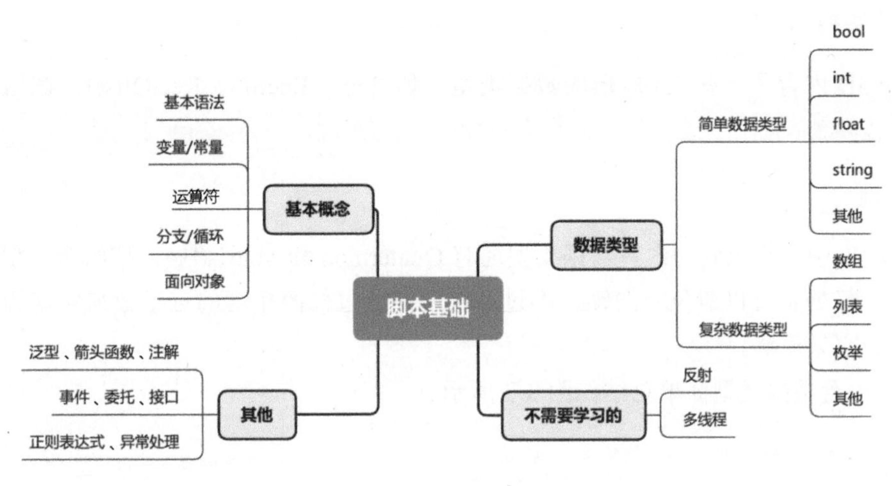

图 3-1

3.2 Unity 3D 的内置数据类型

1. 多维数

Unity 的多维数包括 Vector2、Vector2Int、Vector3、Vector3Int、Vector4，用于表示二、三、四维数。二维数（Vector2、Vector2Int）和三维数（Vector3、Vector3Int）常用于表示一个向量或者空间中的一个点。四维数（Vector4）常用于表示网络切线或者着色参数。在 Unity 中，三维数（Vector3）用得最多，一个游戏对象的位置、旋转、缩放都使用三维数表示。

Vector3 还提供了一些缩写，在初始化、移动、旋转的时候使用起来很方便。Vector3 的缩写与对应值如表 3-1 所示。

表 3-1 Vector3 的缩写与对应值

缩 写	对 应 值
Vector3.right	Vector3(1, 0, 0)
Vector3.left	Vector3(-1, 0, 0)
Vector3.up	Vector3(0, 1, 0)
Vector3.down	Vector3(0, -1, 0)
Vector3.forward	Vector3(0, 0, 1)
Vector3.back	Vector3(0, 0, -1)
Vector3.zero	Vector3(0, 0, 0)
Vector3.one	Vector3(1, 1, 1)

2. 颜色

Color 和 Color32 都用于表示一个 RGBA 的颜色，区别只是 Color 的各项取值是 0~1，而 Color32 的各项取值是 0~255。

3. 2D 矩形

Unity 3D 内置了一些 2D 矩形的数据类型，如 Rect、RectInt、RectOffset，在用户界面中使用得比较多。

4. 其他

Unity 3D 中经常见到的内置数据类型还有 Quaternion 和 Matrix4x4，这两个类型主要用来实现旋转，好处是可以避免万向锁。不过通常还是通过修改角度的三维数来实现旋转，比较直观，而且容易理解。

Unity 内置数据类型简单总结如图 3-2 所示。

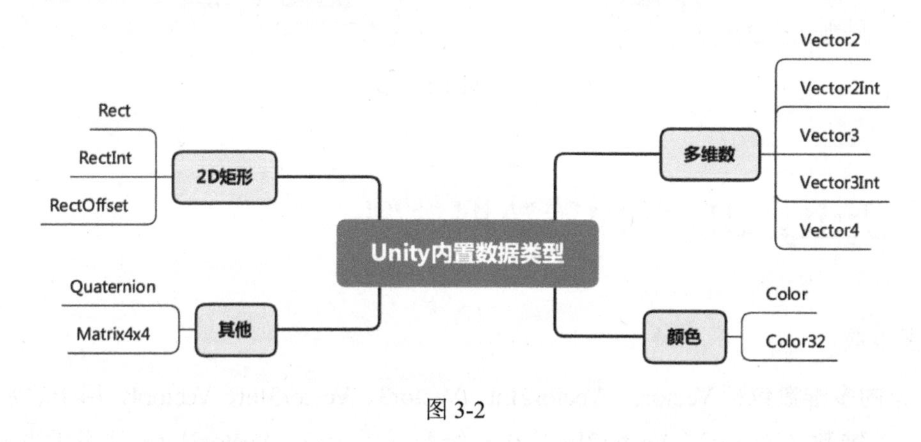

图 3-2

3.3 MonoBehaviour 类

3.3.1 脚本组件

MonoBehaviour 是 Unity 中重要的类，在 Unity 中新建的脚本默认继承该类。同时，只有继承了 MonoBehaviour 类的脚本才能成为脚本组件，才能被添加到游戏对象中。

Unity 中并不是所有的脚本都必须继承 MonoBehaviour 类才能参与运行，还可以 C# 的方式参与运行。但是想要成为脚本组件的脚本，必须继承 MonoBehaviour 类。

3.3.2 特殊赋值方式

脚本组件有独有的变量赋值方式，即公共变量可以在 Unity 编辑器中进行赋值。这是 Unity 中很常用的赋值方式。

在脚本中定义公开变量，并将脚本拖曳到游戏对象上成为其组件以后，可以在 Inspector（检查器）窗口中对变量进行赋值。值类型变量可以直接设置，引用类型变量可以通过拖曳或者选择进行赋值，如图 3-3 所示。

图 3-3

这些属性不但能在编辑时修改，还能够在编辑器调试运行的时候修改，调试运行的时候修改的结果不会保留。

在 Unity 中使用这样的赋值方式可以有效减少脚本之间的耦合，特别是在脚本属性有其他游戏对象或者组件的时候。但是，这样的赋值方式会增加场景的复杂程度，当需要这样赋值的属性很多的时候，非常容易出错，而且难以排查。

3.3.3 Unity 基础事件

继承了 MonoBehaviour 类的脚本就可以响应并处理 Unity 基础事件。默认每个脚本新建的时候都会添加 Start 和 Update 事件。

基础事件的简化版如图 3-4 所示。

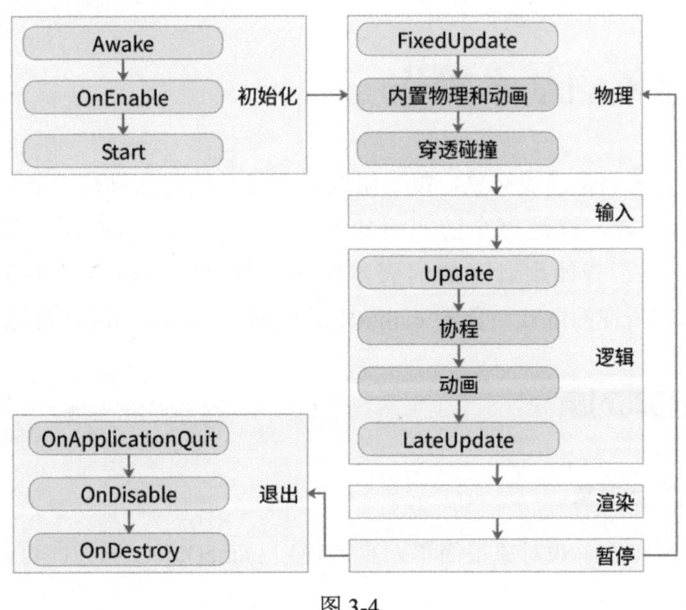

图 3-4

在初始化时，Start 事件用得最多，但是也会用到 Awake 事件。官方推荐把初始化赋值尽量放在 Awake 事件中处理，除非有相互依赖。另外，Start 事件是游戏对象激活后调用的，如果初始化赋值的内容必须在激活后才能进行，也需要放到 Start 事件中。

Update 事件也是新建脚本后默认会添加的方法。该方法每帧调用一次，用于处理游戏逻辑、交互、动画等内容。LateUpdate 的常见用途是跟随第三人称摄像机，这样可以确保角色在摄像机跟踪其位置之前已完全移动。

FixedUpdate 与 Update 和 LateUpdate 最大的区别是调用频率。Update 和 LateUpdate 是每帧调用，会受硬件和场景内容的影响，即每次调用之间的间隔是不确定的；而 FixedUpdate 是以相对固定的时间来调用的。

游戏逻辑通常放在 Update 事件中，某些情况下，需要再放到 LateUpdate 中。只有物理相关的逻辑，例如给游戏对象施加力的时候，才放到 FixedUpdate 事件中。

Update、LateUpdate 和 FixedUpdate 的运行都很消耗资源，如果一个脚本中的 Update、LateUpdate 和 FixedUpdate 事件中没有内容，则需要删除这些事件。而且，尽量避免在这 3 个事件中出现循环等消耗性能的操作

3.4 Debug 类

Debug 类是调试中经常用到的类，可以把相关信息输出到控制台。这样比通过脚本编辑器启动调试模式更方便。最常用的是 Debug.Log(object message) 方法，可以将对象的信息输出，无论是属性、对象还是简单的文本。除了 Debug.Log，类似的还有 Debug.LogWarning（输出为警告）和 Debug.LogError（输出为错误），效果就是输出信息前面的图标变了。

3.5 游戏对象的基本操作

场景中的每个元素都是游戏对象，每个游戏对象又必然有且只有一个 Transform 组件。

从脚本的视角来看，就是每个游戏对象都有一个 gameObject 属性和 transform 属性，无论这个游戏对象是否有使用者添加的脚本组件。每个组件也有一个 gameObject 属性和 transform 属性，和其所在的游戏对象的 gameObject 属性和 transform 属性相同。

3.5.1 获取指定游戏对象

1. 脚本所在的游戏对象

获取当前脚本所在的游戏对象很简单，直接使用 gameObject 属性即可。

2. Unity 编辑器赋值

通过 Unity 编辑器赋值也是获取游戏对象常用的方法，而且这种方法可以降低脚本之间的耦合，通常用在较小的项目或者预制件内部。如果要获取多个游戏对象，可以使用数组或者列表。

3. GameObject.Find

GameObject.Find 方法可以根据游戏对象的名称或者游戏对象的层次结构（以路径的方式表示）查找到当前所有运行场景中激活的游戏对象，如果失败则返回 null。

GameObject.Find 是使用频率蛮高的一个方法，使用的时候需要注意两点：

（1）当有多个同名的游戏对象或者同一个层级位置有相同名称的游戏对象的时候，会出错。Unity 自动生成的游戏对象会通过添加数字后缀避免重名。在场景搭建的时候，尽量用完整路径，避免同一个层级位置有相同名称的游戏对象。

（2）该方法性能很差，不要频繁调用，特别是在 Update（LateUpdate, FixedUpdate）事件中使用。通常是在 Start 或者 Awake 事件中调用该方法，将获取到的游戏对方赋值给具体某个游戏对象属性，然后在 Update 事件中处理。

4. FindWithTag 和 FindGameObjectsWithTag

GameObject.FindWithTag 可以根据游戏对象的 Tag 标签返回对应激活的游戏对象。这里需要设置游戏对象的 Tag 标签，如图 3-5 所示。

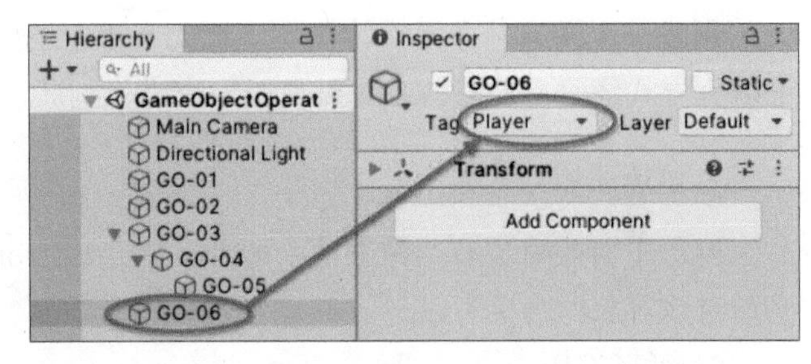

图 3-5

游戏对象默认的标签是 Untagged。如果场景中没有对应标签的游戏对象，则返回 null。如果没有对应的标签，则报错：“UnityException: Tag: XXX is not defined.”。

GameObject.FindGameObjectsWithTag 和 GameObject.FindWithTag 的用法是一样的，区别只是返回的是一个游戏对象数组。如果场景中没有对应标签的游戏对象，则返回空数组。

5. FindObjectOfType 和 FindObjectsOfType

FindObjectOfType 实际上返回的是某种类型的组件，只不过 Unity 所有组件都有 gameObject 属性指向组件所在的游戏对象，所以也被用来获取游戏对象。当场景中某个组件只有一个，例如场景中只有一个摄像机的时候，就会用这种方法来获取摄像机的游戏对象。

6. transform.Find

transform.Find 方法返回的是当前游戏对象下的一个 Transform 类型的组件，同样，因为 Unity 所有组件都有 gameObject 属性指向组件所在的游戏对象，所以也被用来获取游戏对象。

transform.Find 方法可以获取到未被激活的游戏对象，这是前面 3 种方法做不到的。

几种获取指定游戏对象的方法总结如表 3-2 所示。

表 3-2 获取游戏对象的常用方法

方　法	获取途径	适用范围	获取非激活	获取多个
.gameObject	自身	当前对象	否	无
编辑器赋值	编辑器设置	当前场景	可	游戏对象数组 / 列表
GameObjec.Find	名称 / 路径	当前场景	否	无
FindWithTag	Tag 标签	当前场景	否	FindGameObjectsWithTag
FindObjectOfType	组件类型	当前场景	否	FindObjectsOfType
transform.Find	路径	子游戏对象	可	无

3.5.2 其他操作

游戏对象常用程序操作还包括设置 / 获取名称、设置 / 获取激活状态、调整层级结构、创建和删除游戏对象。

1. 为空检查

判断一个游戏对象是否为空不需要与 null 比较，可以直接判断。因为 Unity 的基于组件的编程方式经常需要对游戏对象是否为空进行判断，以保证程序不出错。

2. 遍历子游戏对象

遍历子游戏对象有两种方法，即 foreach 或者 for 遍历。无论使用哪种方法，都只能遍历当前游戏对象的直接子级。

for 循环遍历：

```
for(int i = 0; i < transform.childCount; i++)
{
    transform.GetChild(i).gameObject;
}
```

foreach 循环遍历：

```
foreach(Transform item in transform)
{
    item.gameObject;
}
```

游戏对象的基本操作总结如图 3-6 所示。

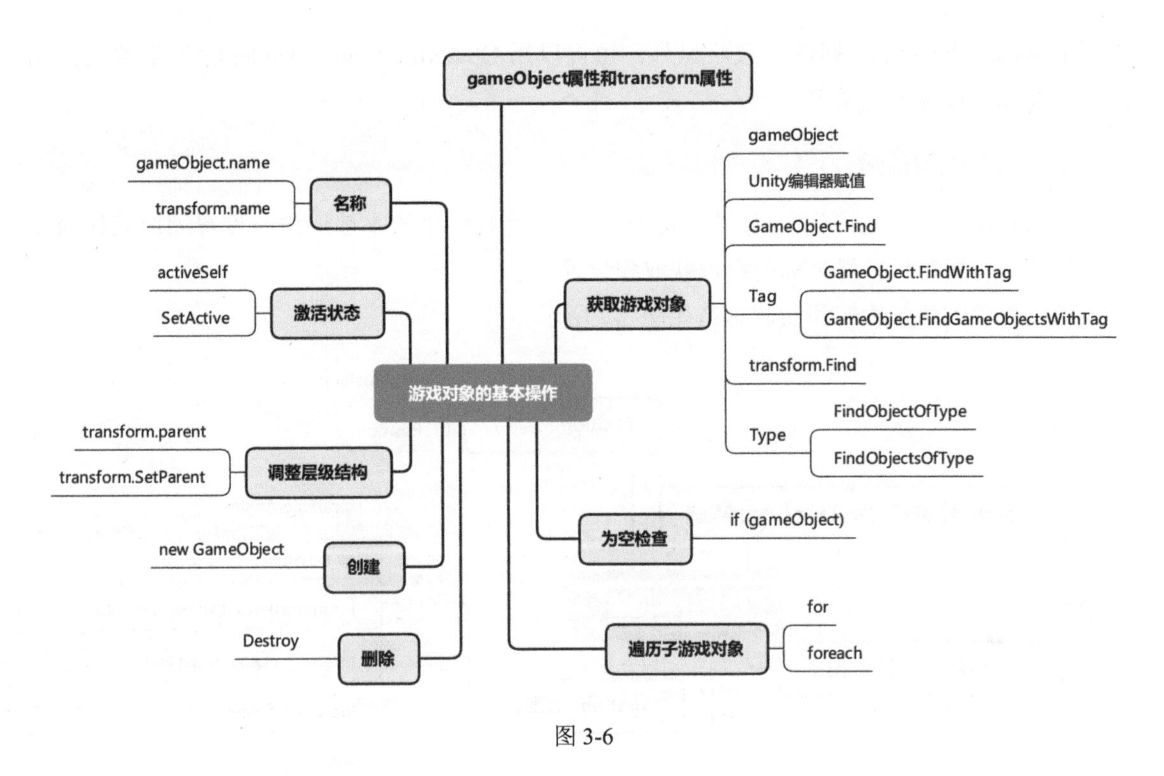

图 3-6

3.6 游戏对象位置的旋转和缩放

参照官方翻译，Position 为位置，Rotation 为旋转，Scale 为缩放。

游戏对象的位置、旋转和缩放的获取以及设置都是在 transform 类下进行的，也可以理解为 transform 是游戏对象必然有的关于位置、旋转和缩放的特殊组件。位置、旋转和缩放可以获取其整体的值，也可以单独获取其中某个分量，但是设置的时候只能设置其整体的值。

在 Inspector（检查器）窗口查看和设置的位置、旋转和缩放值都是基于游戏对象自身的本地坐标。

1. 获取并设置坐标

localPosition 属性可以获取并设置 transform 所在游戏对象的本地位置。获取的值等于 Inspector（检查器）窗口 Position（位置）属性的 X 值。Position 属性可以获取并设置所在游戏对象相对于 Unity 世界的坐标值，获取和设置的方式和 localPosition 属性一致。

2. 获取并设置旋转

localEulerAngles 属性可以获取并设置 transform 所在游戏对象的本地旋转值。eulerAngles 属性可以获取并设置所在游戏对象相对于 Unity 世界的角度值，获取和设置的方式和 localEulerAngles 属性一致。另外，也可以用 Quaternion. eulerAnglcs 来获取旋转，用 Quaternion.Euler 来设置旋转。

3. 获取并设置缩放

localScale 属性可以获取并设置 transform 所在游戏对象的本地缩放。设置缩放只针对本地坐标，没有相对于世界坐标的缩放获取和设置。

游戏对象的位置旋转和缩放总结如图 3-7 所示。

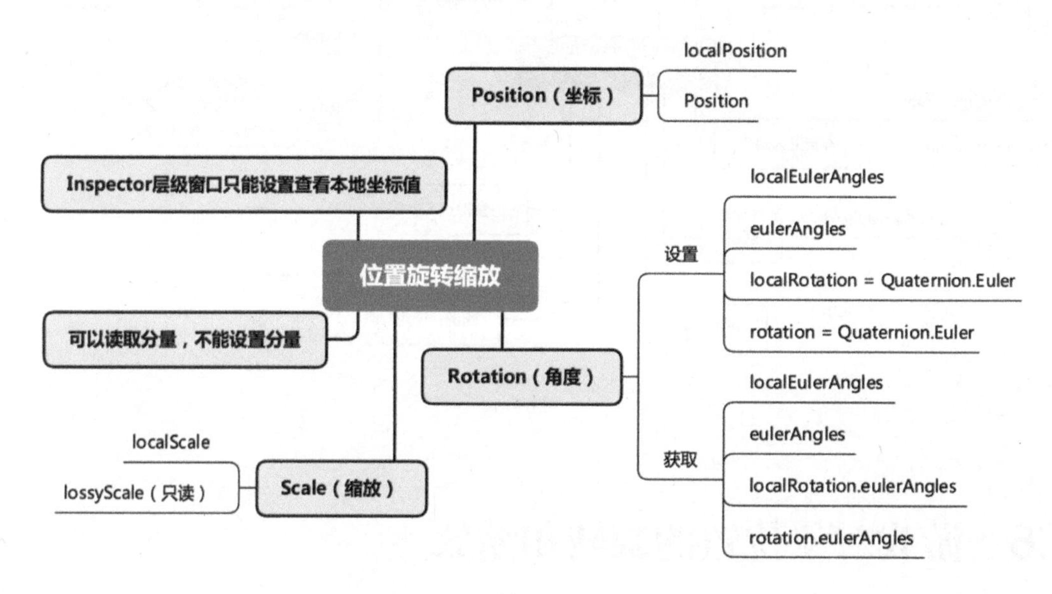

图 3-7

3.7 Time 和移动、旋转、缩放

3.7.1 Time 的 3 个常用属性

1. Time.time

只读属性，返回一个浮点数，表示游戏启动直至当前时刻的时间，单位为秒。想要计时或者判断时间的先后顺序的时候会用到。当然，这种情况下也可以用 C# 的 DateTime.Now 来代替。

2. Time.timeScale

该属性可以设置时间流逝缩放，默认值为 1。若该值大于 1 则快进，若该值小于 1 则慢放，若该值等于 0 则停止。通常通过将该属性设置为 0 来暂停游戏，以显示用户界面。

3. Time.deltaTime

只读属性，自上一帧完成之后的时间。该属性可以将以帧为单位的变换转换成以时间为单位的变换。

游戏逻辑的变换（如移动、旋转）通常是在 Update 事件中进行的。Update 事件是每帧执行的，因为每帧之间的时间间隔会因为内容等因素的影响而不同，看上去的效果就是运动变换速度不均匀。通过 Time.deltaTime 可以将每帧变换转换成以时间为单位的变换，看上去运动变换速度就会更接近现实情形。

3.7.2 移动

1. transform. Translate

transform.Translate 方法可以让游戏对象沿某个方向移动。这个方法通常写在 Update 事件内。如果沿轴线移动，可以用 Vector3 的属性或者 Vector3 的特殊缩写来指示方向。

（1）沿游戏对象自身轴线移动。

```
transform.Translate(Vector3.right * speed * Time.deltaTime);
transform.Translate(speed * Time.deltaTime, 0, 0);
```

（2）沿世界坐标轴线移动。参数 Space 可以设置参照是本地还是世界，默认为本地。

```
transform.Translate(Vector3.right * speed * Time.deltaTime,Space.World);
transform. Translate(speed * Time.deltaTime, 0, 0, Space.World);
```

（3）沿其他游戏对象轴线移动。参数 relativeTo 可以将参照对象修改为其他游戏对象。

```
transform.Translate(Vector3.right * speed * Time.deltaTime,tfRelative);
transform.Translate(speed * Time.deltaTime, 0, 0, tfRelative);
```

2. 坐标矢量相加

通过让 transform 的坐标加上一个矢量的方式也可以实现移动。

```
tfs[4].localPosition += transform.right * speed * Time.deltaTime;
tfs[5].position += transform.right * speed * Time.deltaTime;
```

3. Vector3.MoveTowards

Vector3.MoveTowards 方法可以用于从一个点到另一个点的移动。

从当前位置移动到 target 的位置：

```
transform.position = Vector3.MoveTowards(transform.position, target.position, 
speed * Time.deltaTime);
```

在 Vector3 下，和 MoveTowards 类似的方法还有 Lerp 和 Slerp。

3.7.3 旋转

1. transform. Rotate

transform.Rotate 方法可以让游戏对象沿某个轴线旋转。这个方法通常写在 Update 事件内。可以用 Vector3 的属性或者 Vector3 的特殊缩写来指示轴线。

对应的写法有两种，参数是 Vector3 或者 3 个浮点数，本质是一样的。

（1）沿游戏对象自身轴线移动。

```
transform. Rotate (Vector3.right * speed * Time.deltaTime);
transform. Rotate (speed * Time.deltaTime, 0, 0);
```

（2）沿世界坐标轴线移动。参数 Space 可以设置参照是本地还是世界，默认为本地。

```
transform. Rotate (Vector3.right * speed * Time.deltaTime,Space.World);
transform. Rotate (speed * Time.deltaTime, 0, 0, Space.World);
```

2. transform.RotateAround

该方法是让游戏对象围绕某个点进行旋转。

```
transform. RotateAround(new Vector3(3, 3, 3), Vector3.up, speed * Time.
deltaTime);
```

3. transform.LookAt

这是一个比较常用的特殊转动，可以让游戏对象的 X 轴正方向永远指向目标点（或者游戏对象）。

（1）游戏对象对准 target（Transform 类型）游戏对象。

```
transform.LookAt(target);
```

（2）游戏对象对准世界坐标的（1, 1, 1）点。

```
transform.LookAt(new Vector3(1, 1, 1));
```

3.7.4 缩放

缩放很简单，就是直接对向量操作。

对游戏对象进行放大：

```
transform.localScale += Vector3.one * speed * Time.deltaTime;
```

游戏对象的移动方法还包括在引入物理效果后添加力。游戏对象更复杂的旋转是用 Quaternion 类的四元数来控制的。上面所讲的移动旋转和缩放只是基本的功能。在实际使用中，更推荐使用插件来实现移动、旋转和缩放，这样做效率更高，效果也更好。

Time 和移动、旋转、缩放的总结如图 3-8 所示。

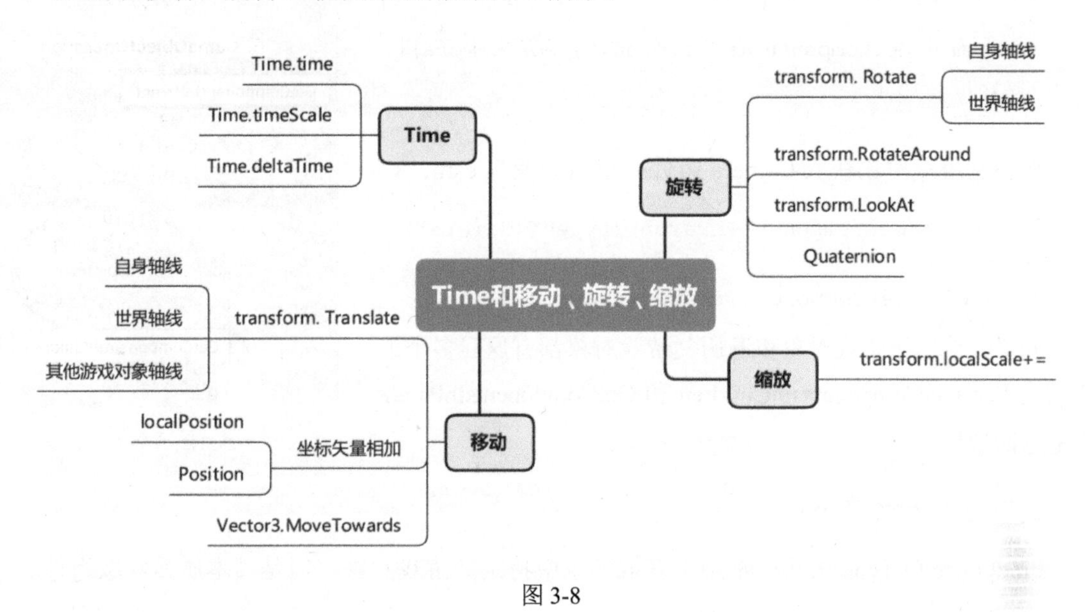

图 3-8

3.8 组件获取和基本操作

在 Unity 中，不仅要对游戏对象的位置、角度、大小进行控制，还需要对组件进行控制。因为组件类型很多，这里只介绍组件的基本操作，具体到不同组件的操作，后面再具体介绍。

3.8.1 获取指定组件

1. GetComponent

GetComponent 是用得最多的获取组件的方式，可以获取当前游戏对象下指定类型的组件，写法可以用泛型。如果查找的组件不存在，则返回 null。

```
var cam = GetComponent(typeof(Camera)) as Camera;
var cam = GetComponent<Camera>();
```

GetComponents 和 GetComponent 的用法是一样的，区别只是返回的是一个组件数组。如果当前游戏对象下没有对应的组件，则返回空数组。

2. GetComponentInChildren 和 GetComponentInParent

这两个方法和 GetComponent 类似，都是查找对应的组件，区别只是一个在子游戏对象中查找，一个在父游戏对象中查找，查找过程都会遍历所有子游戏对象或者父游戏对象，如图 3-9 所示。

遍历子游戏对象获取 Camera 组件并赋值给变量 cam：

```
var cam = GetComponentInChildren(typeof(Camera))
as Camera;
var cam = GetComponentInChildren<Camera>();
```

遍历父游戏对象获取 Camera 组件并赋值给变量 cam：

```
var cam = GetComponentInParent(typeof(Camera))
as Camera;
var cam = GetComponentInParent<Camera>();
```

同样，遍历子游戏对象和遍历父游戏对象都有返回多个组件的方法，GetComponentsInChildren 和 GetComponentsInParent 都是返回数组。

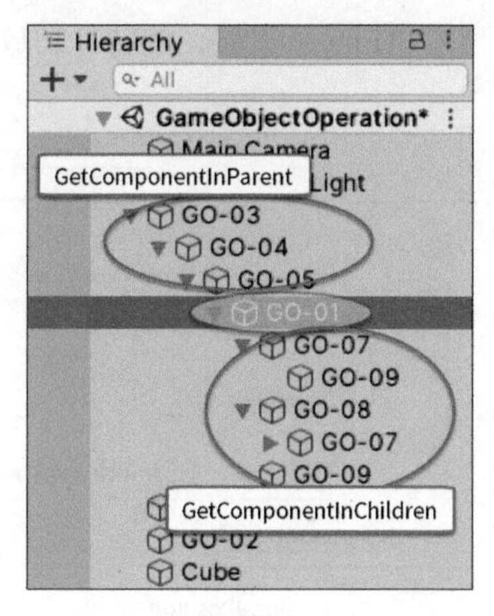

图 3-9

3. FindObjectOfType

FindObjectOfType 虽然经常用于获取场景中特定的游戏对象，但是其本质是获取组件。

```
var cam = (Camera)FindObjectOfType(typeof(Camera));
var cam = FindObjectOfType<Camera>();
```

FindObjectsOfType 和 FindObjectOfType 的用法是一样的，区别只是返回的是一个组件数组。如果当前游戏对象下没有对应的组件，则返回空数组。

3.8.2 组件的基本操作

1. enabled 属性

不是所有组件都有 enabled 属性，例如 Transform 和 Rigidbody 组件就没有 enabled 属性。有 enabled 属性的组件可以通过该属性获取组件是否激活的状态，并且可以通过设置该属性实现启用 / 禁用组件对应组件的功能。

2. 添加和删除

gameObject.AddComponent 方法可以为游戏对象添加组件，其中包括自己写的脚本组件。

```
gameObject.AddComponent(typeof(Camera));
gameObject.AddComponent< Camera >();
```

删除游戏对象下的组件使用 Destory 方法，输入参数如果是组件，则会删除对应组件。

```
Destroy(GetComponent< Camera >());
```

3. 为空检查

判断一个组件是否为空不需要与 null 比较，可以直接判断。

```
if (GetComponent< Camera >())
```

组件的基础操作总结如图 3-10 所示。

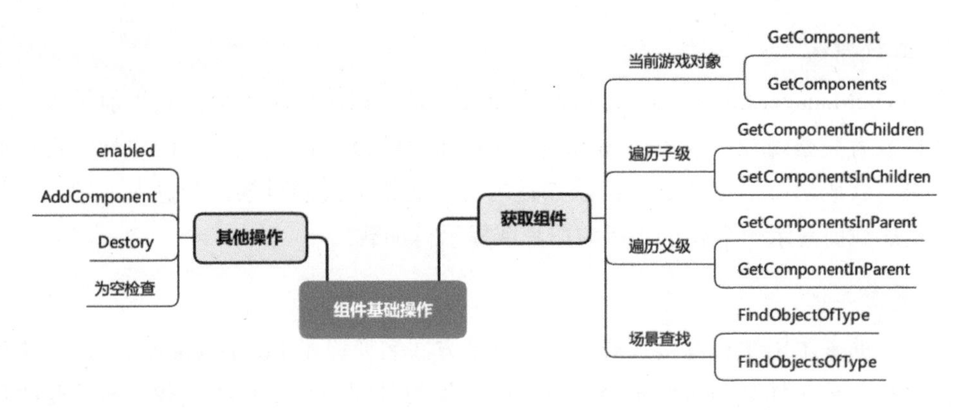

图 3-10

3.9 应用退出和场景控制

3.9.1 应用退出

使用 Application.Quit() 方法就能退出应用，但是这个方法在编辑器模式下不起作用。在编辑器模式下无法测试这个语句，必须打包以后才能测试。在编辑器模式下，可以用 UnityEditor.EditorApplication.isPlaying = false; 来实现退出运行模式。

3.9.2 场景加载

1. 场景加载准备

场景如果要加载，首先必须单击 File → Build Settings...（文件→生成设置 ...）打开 Build Settings 窗口，确保目标场景在 Scenes In Build（Build 中的场景）列表中，否则会出错，如图 3-11 所示。其次，场景加载使用的是 SceneManager 类的方法，使用的时候需要引用 UnityEngine.SceneManagement。

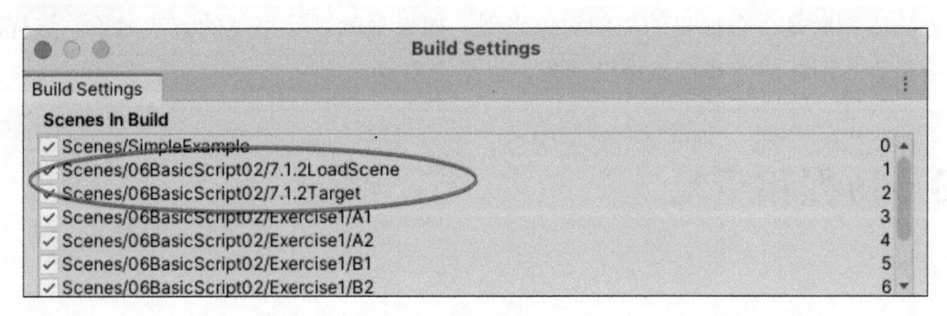

图 3-11

2. 场景加载的方法

（1）直接加载

使用 SceneManager.LoadScene 方法即可加载场景。默认情况下会卸载当前场景。参数是场景的名称或者完整路径，或者在 Scenes In Build（Build 中的场景）中的序号。直接加载的优点是简单，代码运行后立即加载；缺点是当目标场景很大的时候，会进入卡顿。简单的处理方法就是加载前显示一个要求等待的图片或提示再加载。

（2）异步加载

异步加载的基本用法和直接加载类似，只是方法名变成了 LoadSceneAsync，用法和直接加载方法一样。异步加载的时候不会出现卡顿，加载时间会长于直接加载。最重要的是，如果加载过程需要显示进度条，只能使用异步加载。异步加载并显示进度需要用到协程。

（3）同时加载多个场景

Unity 同时打开的场景可以不止一个。LoadScene 和 LoadSceneAsync 方法可以通过添加 LoadSceneMode 参数实现同时加载多个场景。LoadSceneMode.Single 表示关闭所有当前加载的场景并加载一个场景。LoadSceneMode.Additive 表示将场景添加到当前加载的场景。

3. 获取当前活动场景

通过 GetActiveScene 方法可以获得当前活动场景。获取当前场景可以在多场景切换的时候用于判断。同时，获取到当前场景以后，还可以用 Scene.GetRootGameObjects 方法获取所有根一级的游戏对象。之后通过遍历就能获取场景中所有的游戏对象。

3.9.3 DontDestroyOnLoad 和单实例

场景切换的时候，原有场景的内容会被卸载并销毁。DontDestroyOnLoad 方法可以使指定的游戏对象在场景切换的时候继续保留，通常写在 Awake 或者 Start 事件中。

这样做可以让一些脚本、数据、功能能够在多个场景共享而不需要在每个场景添加。但是如果只是简单地使用 DontDestroyOnLoad 方法会有另一个问题，当场景回到最初的带有 DontDestroyOnLoad 方法的场景的时候会重复加载。这时候的解决办法就是采用单实例。在 Awake 方法中判断是否有重复的当前对象出现，如果有就删除重复的游戏对象。这样就能保证场景中该脚本所在的游戏对象不被卸载，也不会重复。

3.10 协程和重复

1. 协程

在 Unity 中，有些内容需要在等待处理的时候继续当前的内容，通常使用的是协程。协程需要一个返回类型为 IEnumerator 的方法，并通过 StartCoroutine 方法来引用启动。如果需要停止正在进行的协程，需要用 StopCoroutine 或者 StopAllCoroutines 方法。

```
void Start()
{
    Debug.Log("start→>"+Time.time);
    StartCoroutine("LearnCoroutine");
    Debug.Log("end start→>" + Time.time);
}
IEnumerator LearnCoroutine()
{
    Debug.Log("start Coroutine→>"+Time.time);
    yield return new WaitForSeconds(1);
    Debug.Log("end Coroutine→>" + Time.time);
}
```

上面代码的执行效果如图 3-12 所示。

程序不会等 LearnCoroutine 方法执行完再执行 Debug.Log("end start->"+Time.time); 语句，而是会先执行之后的内容，等延时时间到再执行 Debug.Log("end Coroutine->" + Time.time); 语句。协程经常用在异步加载场景、资源以及网络中。

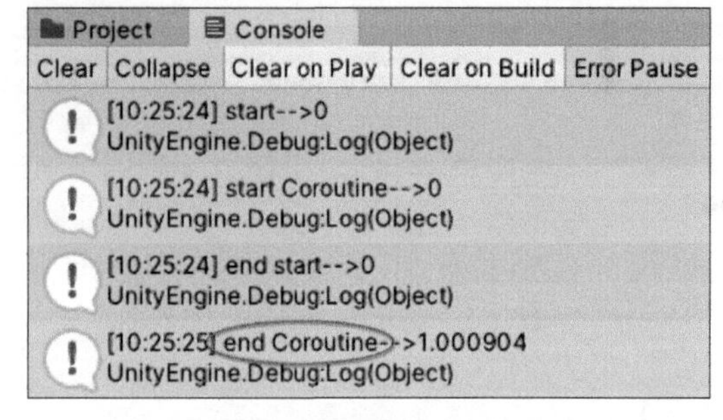

图 3-12

2. 延时调用

Unity 中可以用 Invoke 方法延时调用函数或方法。输入的字符串是需要调用的方法的名称。如果在调用前需要取消，则使用 CancelInvoke 方法。

3. 重复调用

InvokeRepeating 可以实现对方法或函数的重复调用，某些时候需要重复进行操作，但又不需要放置在 Update 方法中频繁调用的时候可以使用。

本节总结如图 3-13 所示。

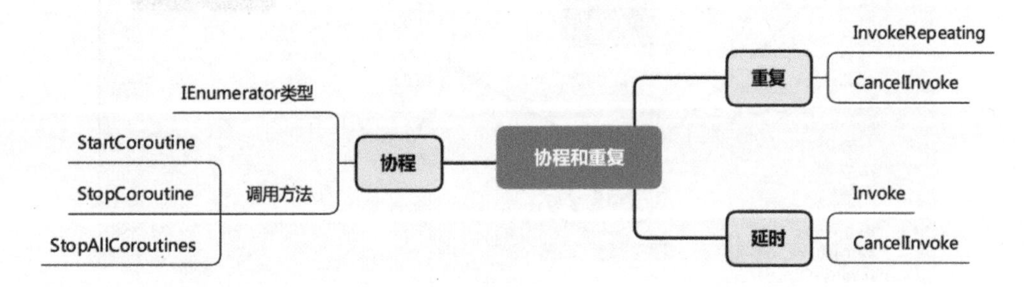

图 3-13

3.11 ScriptableObject

继承了 ScriptableObject 的类可以被保存为一个资源，这个资源可以被程序调用，通常用于各种配置。ScriptableObject 的数据在 Unity 编辑器开发的时候，在运行时候的修改会反馈到资源文件上，一旦发布为应用或者程序，则不会被修改。ScriptableObject 脚本中也可以有函数方法、事件等，在运行的时候被其他类调用。

1. 新建脚本

新建脚本必须继承 ScriptableObject 类，以添加公开属性。同时需要添加 CreateAssetMenu 注解。新建脚本，代码如下：

```
[CreateAssetMenu]
public class SOObject : ScriptableObject
{
    public string soName;
    public int soNumber;
    public Color soColor;
    public Vector3 soPoint;
    public float[] soFs;
}
```

保存以后，在 Project（项目）窗口选中路径，右击，在 Create（创建）菜单中会多出一个和脚本类名（这里是 SOObject）一样的选项，单击选项即可添加。另外，在 Unity 菜单的 Assets 中也会多出对应的选项。添加完以后会多出一个资源，选中资源，即可在 Inspector（检查器）窗口中设置具体属性，如图 3-14 所示。

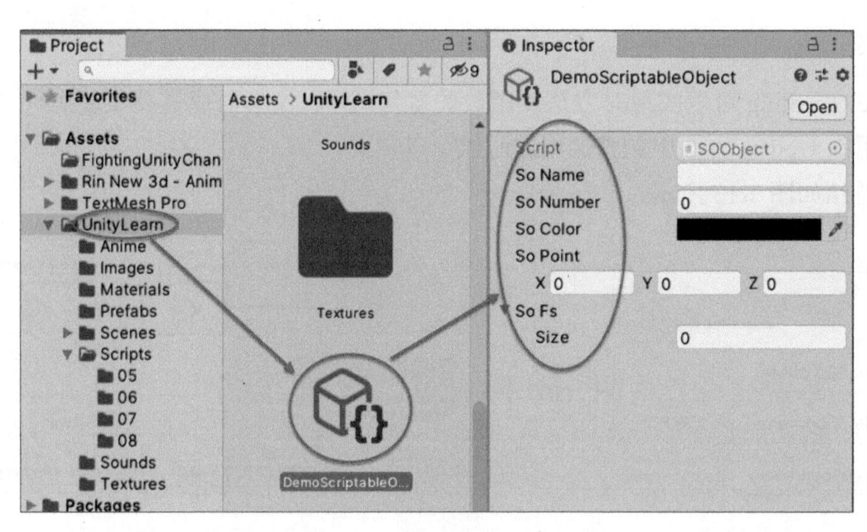

图 3-14

2. 使用脚本

在脚本中定义一个对应类型的变量，就可以和其他的资源一样，在 Inspector（检查器）窗口通过拖曳等方式进行设置。

脚本调用和其他类的调用一样，如果在场景中，一个配置供多个游戏对象使用，例如敌人的配置，直接使用会导致所有游戏对象共用同一个数据，即一个敌人掉血则所有敌人掉血。这个时候，需要在使用前用 Instantiate 语句实例化一个副本，使用副本来避免数据共用。

```
public SOObject soTemplate;
public SOObject soObject;
void Awake()
{
    soObject = Instantiate(soTemplate);
}
```

除了设置在 Assets 菜单中，还可以通过 MenuItem 注解将新增资源的操作添加到主菜单中。如果是自定义类型，需要用 Serializable 注解序列化以后才能在 Inspector（检查器）窗口中显示对应内容。数据字典默认是不能在 Inspector（检查器）窗口中显示并设置的，但是 Unity 商城中有插件可以让数据字典能够在 Inspector（检查器）窗口中显示并设置。

本节总结如图 3-15 所示。

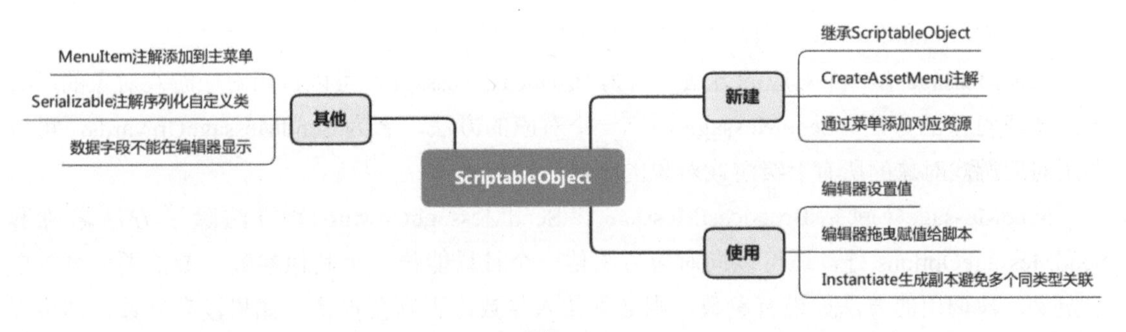

图 3-15

3.12 其他

1. Instantiate 实例化

Instantiate 实例化可以将传入的对象克隆一个出来。传入的可以是简单的游戏对象（例如 GameObject 或者 Transform），这样会返回创建出来的游戏对象（GameObject 或者 Transform），也可以是包含特定组件的游戏对象（例如 VideoPlayer），这样返回的是 VideoPlayer 组件，省去了获取组件的过程。此外还可以传入 Scriptable Object 对象，传入内容可以是当前场景中已有的内容，也可以是预制件。

最简单的用法是通过语句 Instantiate(prefab) 生成对应内容。也可以通过 var clone = Instantiate(prefab) 获得生成后的游戏对象，在之后的代码中继续使用。生成的时候，还可以通过参数来指定生成后的游戏对象的位置、旋转及其父节点。

2. PlayerPrefs 保存获取的数据

PlayerPrefs 类可以用于保存简单的数据类型，包括整型（Int）、浮点型（Float）和字符串（String）。这种方法会将数据保存到硬件中，即使程序退出后依然有效，但是清理缓存（如浏览器清理缓存、应用清理缓存）的时候会把数据清理掉。

保存数据的方法有 SetString、SetInt、SetFloat，参数包括一个 key 和要保存的值。获取数据的方法和保存数据的方法对应，有 GetString、GetInt、GetFloat。输入 key 作为参数，即可获取数据。

如果遇到大量数据或者复杂的数据，可以考虑保存到数据库或者文本文件中，也可以使用商城中的专门插件。

3. SendMessage

SendMessage 可以调用对应游戏对象上的方法，无论该方法是公开的还是私有的，无论该游戏对象上的组件中有多少个同名的方法都会被调用。SendMessage 是 GameObject 类下的方法，如果是直接使用 SendMessage，则调用当前脚本所在的游戏对象的方法；如果指定游戏对象 XXX.SendMessage，则在 XXX 游戏对象上调用方法。

SendMessage 有一个对应的方法，名为 BroadcastMessage，可以调用对应游戏对象的所有下级游戏对象的方法。SendMessage 还有一个对应的方法，名为 SendMessageUpwards，可以调用对应游戏对象的所有上级游戏对象的方法。

SendMessage（包括 BroadcastMessage 和 SendMessageUpwards）方法除了方法名称和 SendMessageOptions 外，还可以向对应方法传一个且只能传一个其他参数，参数类型可以自己定义。被调用的方法如果有参数，则必须传入参数，否则会报错。如果没有参数，则可以传入参数，不会报错。如果不确定对应游戏对象上是否有对应名称的方法，则可以通过传入参数 SendMessageOptions.DontRequireReceiver 来避免报错。

SendMessage（包括 BroadcastMessage 和 SendMessageUpwards）方法的优点是可以有效地对脚本进行解耦合，同时可以用一条语句调用多个游戏对象或者组件上的方法；缺点是只能传一个其他参数，而且因为遍历的缘故，性能很差，在一些关注性能的场景中并不适用，也不建议在 Update 这样的方法中频繁调用。

有性能要求或者要传多个参数的时候，可以通过获取组件的方法进行调用，或者利用事件或者事件系统进行调用。

4. 随机数

Unity 中提供了获取随机数的类 Random，下面有一些静态的方法和类，用于获取常见的随机类型。

Random.Range 方法可以用于获取某个范围内的随机整数或者浮点数。Random 类中还提供了获取随机颜色，球体内点的属性和方法。常用随机属性 / 方法如表 3-3 所示。

表 3-3 常用随机属性 / 方法

属性 / 方法	功 能	返 回 值
Range	获取随机数	Float/Int
insideUnitCircle	半径为 1 的圆形内的随机点	Vector2
insideUnitSphere	半径为 1 的球体内的随机点	Vector3
onUnitSphere	半径为 1 的球体表面上的随机点	Vector3
rotation	随机旋转	Quaternion
value	介于 0.0[含] 与 1.0[含] 之间的随机数	Float
ColorHSV()	通过 HSV 和 Alpha 范围生成随机颜色	Color

5. Mathf 类

在 Mathf 类中除了常见的三角函数、开方、幂等的计算方法，还有一些插值和比较的方法。下面的代码中，游戏对象以世界坐标从（0, 0, 0）移动到（5, 0, 0）位置。

```
transform.position = new Vector3(Mathf.Clamp(Time.time, 0.0f, 5.0f), 0, 0);
```

下面的代码中，游戏对象以世界坐标在（0, 0, 0）和（5, 0, 0）位置之间重复移动。

```
transform.position = new Vector3(Mathf.PingPong(Time.time, 5f), 0, 0);
```

6. 向量计算

在 Vector2、Vector3、Vector4 中有向量的计算方法，包括向量的长度，向量的点积、叉积、两点间的距离、向量间的夹角、平面投影等的计算方法。向量常用属性和方法如表 3-4 所示。

表 3-4 向量常用属性和方法

方法和属性	说 明
Normalized	标准化向量，使其方向不变，向量长度等于 1
sqrMagnitude	返回向量的长度。自动导航的时候，导航的速度是一个向量，具有方向，通过该方法获取其长度就能获得瞬时的速度值，用于设置动画。这个值不是严格计算的，如果严格计算用 magnitude 方法，但是性能较差
Angle	返回两个向量之间的角度
ClampMagnitude	返回原本向量的副本，副本的长度不大于输入值。这个常用于限制力的最大值
Distance	返回两点间的距离
Dot	向量的点积，常用于判断两个向量是否垂直，或者方向相同 / 相反
Project 和 ProjectOnPlane	向量在另一个向量和向量在其他平面的投影

7. 获取目录

Unity 脚本 Application 类下可以返回 4 个路径，即 dataPath（游戏数据目录路径），

persistentDataPath（持久数据目录路径），streamingAssetsPath（StreamingAssets 目录路径）和 temporaryCachePath（临时缓存路径）。

其中，用得比较多的是 streamingAssetsPath 和 persistentDataPath。

streamingAssetsPath 可以返回 StreamingAssets 目录路径，当有某些内容放置在 StreamingAssets 目录中需要读取的时候，就可以通过这个属性获取文件路径。在 WebGL 和 Android 平台下需要使用 UnityWebRequest 类来访问 StreamingAssets 目录下的资源，通常把较大的视频、音频或者图片放在里面。

persistentDataPath 返回的路径在移动设备是可写的，应用如果需要保存文件，在移动设备上 Unity 默认只能将文件保存在该目录下，例如截屏、相机拍摄。如果想要保存到移动设备的照片目录，需要插件。

8. 平台判断

通过 Application.platform 属性可以获得当前运行的平台，当需要根据不同平台进行判断和操作的时候，就可以用该属性来判断。

常用平台判断枚举如表 3-5 所示。

表 3-5 常用平台判断枚举

枚 举	说 明
OSXEditor	Mac 计算机上的 Unity 编辑器
OSXPlayer	Mac 计算机上的播放器中
WindowsPlayer	Windows 计算机上的播放器中
WindowsEditor	Windows 计算机上的 Unity 编辑器
IPhonePlayer	苹果移动设备
Android	Android 设备
WebGLPlayer	WebGL 网页程序

9. JsonUtility

Unity 2020 提供了 JSON 相关的类，可以将对象转换成 JSON 字符串或者将 JSON 字符串转换成对象。

下面的代码能够将当前对象转换成 JSON 字符串。

```
JsonUtility.ToJson(this);
```

下面的代码能够将 JSON 字符串转换并返回一个 PlayerInfo 类型的对象。

```
var obj = JsonUtility.FromJson<PlayerInfo>(jsonString);
```

下面的代码能够将 JSON 字符串转换并将数据加载到 playerInfo 对象中。

```
JsonUtility.FromJsonOverwrite(jsonString, playerInfo);
```

Unity 里的 JSON 最大的用途是扩展 PlayerPrefs 的存储。通过 JsonUtility 就能够在数据量不大的情况下将复杂的数据用简单的 PlayerPrefs.SetString 方法保存到设备并用 PlayerPrefs.GetString 方法读取。配合 ScriptableObject 脚本，可以很容易将类似游戏设置、玩家信息等内容保存到设备并读取。

10. 注解

Unity 的注解有些并不会对功能直接产生影响，但是可以减少操作上的失误。

常用的注解如表 3-6 所示。

表 3-6 常用注解说明

注　解	说　明	示　例
Space	变量间距	[Space(50)]
TextArea	文本输入行数	[TextArea(3,10)]
Header	属性标题	[Header(“血量设置”)]
Tooltip	属性提示	[Tooltip(“持有的货币的数量。”)]
RequireComponent	脚本必要组件	[RequireComponent(typeof(AudioSource))]

11. Gizmos

Gizmos 和注解类似，不会对实际运行的脚本的功能产生影响，仅仅是帮助使用者在编辑器中更方便地搭建场景。

Gzimos 常用的两个方法分别是 OnDrawGizmos（在编辑器中绘制）和 OnDrawGizmosSelected（当选中脚本所在游戏对象后绘制）。绘制的效果仅在 Unity 编辑器的 Scene（场景）视图中可见。

在这两个方法中，通常先通过 color 属性设置绘制内容的颜色，然后调用绘制内容的方法。常用的有 DrawCube（绘制实心方块）、DrawWireCube（绘制方框）、DrawSphere（绘制实心球体）、DrawWireSphere（绘制空心球体）、DrawLine（绘制线条）、DrawRay（绘制射线）。

本节总结如图 3-16 所示。

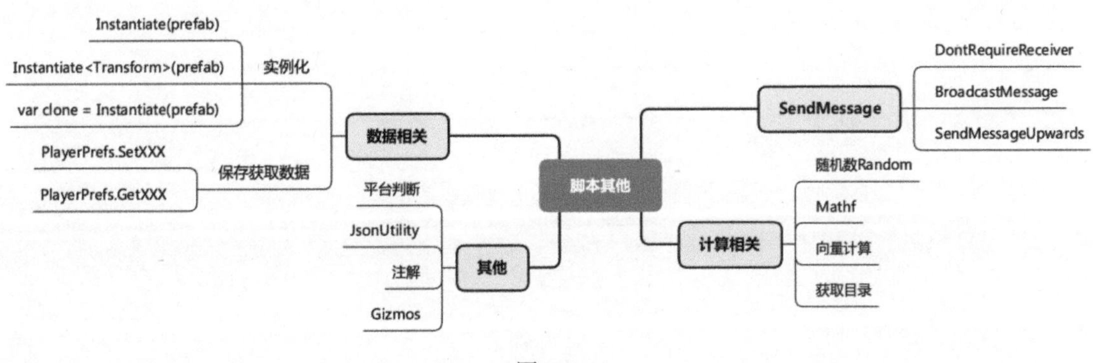

图 3-16

3.13 提示和总结

在 Unity 程序开发中，新手经常遇到一个错误：

NullReferenceException: Object reference not set to an instance of an object（调用的对象没有被实例化，是一个空对象）。

在其他的编程中，赋值多是在代码中完成的，通过编辑器的代码检查能够避免这类错误，而 Unity 基于组件的编程方式加上其灵活的赋值方式，不能直接通过编辑器的代码检查来避免这类错误，所以在使用中一不小心就会遇到这类错误。

这个错误出现的位置是游戏对象或者组件被使用的时候，但是要解决问题需要到游戏对象或者组件赋值的地方去解决，例如在 Update 方法中报错，却需要在 Start 或者 Awake 方法中解决。遇到该错误的时候，可以将报错行所有的对象用 Debug 输出到控制台，找到值为空的对象，然后检查修改其赋值的语言。

Unity 脚本基础相关视频链接（虽然是 2019 版，但基本内容一致）：

https://space.bilibili.com/17442179/favlist?fid=1215460379&ftype=create

第4章 Unity的UI和输入

Unity 程序开发，一部分工作是设置各种游戏对象的激活，通过 Transform 设置游戏对象的位置、大小、角度来设置游戏对象下组件的激活；另一部分工作是设置组件的值和调用组件的各种方法。

Unity 有很多组件，包含千千万万的属性和方法，不需要专门去记忆。在 Unity 的编辑器中，本身就能看到组件的名称和很多常用属性，和程序中是一样的。当写程序的时候发现不一样，再去查文档，多数情况都能搞定。用得多了，常用的方法和属性自然就会有印象。当然，会有一些内容处理起来比较复杂，这个时候再用搜索引擎来解决。

接下来通过 Unity 的 UI 和输入来熟悉这个过程，学习如何设置不同组件的属性来实现功能，并为后面的内容做准备。

4.1 常用资源导入后的设置

这里主要介绍图片、模型、音频和视频导入后的一些常用设置。这些资源都支持从系统拖曳到 Project（项目）窗口，或者单击菜单 Assets → Import New Asset...（资源→导入新资源 ...），或者在 Project（项目）窗口右击，选择 Assets → Import New Asset...（资源→导入新资源 ...）的方式导入。

导入的资源并不会被直接使用，会被处理后（如重新压缩以后）放到项目的 Library 目录中。所以，在 Unity 编辑器中对资源设置的修改只影响最终结果，不会对导入的内容进行修改。

在 Project（项目）窗口选中资源以后，可以在 Inspector（检查器）窗口对资源进行设置。单击并向上拖曳 Inspector（检查器）窗口底部的横条，可以对资源进行预览，如图 4-1 所示。

对资源设置修改以后，单击 Inspector（检查器）窗口底部的 Apply（应用）按钮，修改就会生效，通常还会有一个重新打包处理的过程。如果资源特别大，这个过程就会很长。

导入 StreamingAssets 目录的资源，都不能设置，也不会进行处理，会保持原有状态被生成到应用程序中。所以，放置在 StreamingAssets 目录下的资源，特别是音频资源和视频资源，要自己确保其格式编码在对应平台下可以被使用。

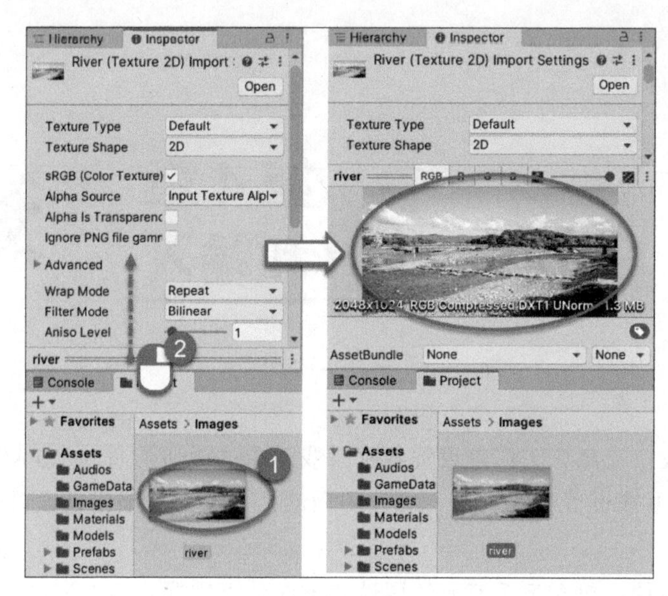

图 4-1

1. 图片资源设置

Unity 支持很多常用图片格式的导入，包括 BMP、GIF、JPG、PNG、PSD、TGA、TIFF 等。其中 PSD 图片可以通过 Skinning Editor 插件，根据 PSD 图片的图层把内容分开后，像使用 3D 模型一样使用 2D 角色图片。

导入图片后，首先要根据图片的用途设置图片的类型，单击 Texture Type（纹理类型）旁的下拉菜单设置即可。图片资源经常设置的还有底部的 Max Size（最大尺寸）选项。这个选项能影响实际使用的图片的大小，默认值是 2048。只有图片的长和宽的数值都是 2 的 n 次方的图片，才能通过修改该选项影响实际使用的大小，而且对减小最终应用有很大帮助。所以，导入 Unity 的图片，推荐宽和长的数值都是 2 的 n 次方，可以不是正方形图片。

2. 模型资源设置

Unity 使用得最多的模型文件格式是 FBX 和 OBJ。Unity 也支持其他（如 MAX、BLEND、MA 等）格式的模型，只是在设置使用过程中会更麻烦一些。通常情况下还是推荐导出为 FBX 格式的模型文件后再导入 Unity。

Unity 资源商城的模型通常不需要进行太多设置，有些模型会不小心把模式中的 Camera（摄像机）和 Light（光源）附带到模型中，通过取消 Model 标签下的 Import Cameras（导入相机）和 Import Lights（导入灯光）选项可以不导入这些内容。当场景中添加一个模型以后视角突然就变了的时候，说明模型上附带了摄像机。

一些模型的材质和纹理默认是在模型中的，如果需要对原有的材质和纹理进行修改，则需要通过 Materials 标签下的 Extract Textures...（提取纹理）或者 Extract Materals...（提取材料）按钮将纹理或者材质内容导入。

3. 音频资源设置

Unity 支持 AIFF、WAV、MP3 和 Ogg 等格式的音频文件导入，如果音频文件是 WAV 格式，则建议直接导入。运行时使用的音频格式由音频资源的设置决定，和导入格式无关。导入 WAV 格式不会影响最终运行使用的大小，MP3 在导入的时候反而会多一个解压过程。

Load Type（加载类型）是 Unity 运行时加载音频资源的方法，包括 3 种方式，默认为 Decompress On Load（加载时解压）。

◎ Decompress On Load：音频文件加载后立即解压缩。音频解压后会占用大量内存，因此不要对大文件使用此选项，建议用于音效文件，如枪声、脚步声等。

◎ Compressed In Memory（压缩内存）：声音在内存中保持压缩状态，播放时解压缩，建议用于对话。

◎ Streaming（流式处理）：即时解码声音。此方法使用最少的内存来缓冲从磁盘中逐渐读取并即时解码的压缩数据，建议用于背景音乐。

Compression Format（压缩格式）是 Unity 使用的音频压缩方式，默认为 Vorbis。

◎ PCM：此选项提供高质量，代价是文件内存变大，适用于内存小的声音效果。

◎ ADPCM：此格式适用于大量噪音和需要大量播放的声音（例如脚步声、撞击声、武器声音）。

相较于 PCM，压缩能力提高 3.5 倍，但 CPU 使用率远低于 Vorbis 格式，因此成为上述声音类别的最佳压缩方案。

◎ Vorbis：压缩使文件减小，但与 PCM 音频相比，质量降低。可通过 Quality 滑动条来配置压缩量。此格式最适合中等长度的音效和音乐。

4. 视频资源设置

Unity 支持 AVI、MP4、MOV 等多种格式的视频文件导入，视频资源设置不多，Transcode（转码）选项取消后，不会自动对视频资源转码，需要手动转码。Dimensions（尺寸）可以简单修改视频分辨率的大小。

4.2 预制件

预制件（Prefab）是一种特殊的资源，由使用者自己从场景中的游戏对象生成。预制件可以让相同功能的东西方便地在不同场景中使用和修改。在同一场景中，相同功能的东西使用预制件也可以提高性能。此外，预制件可以作为一个特定功能的集合，让整个项目代码更清晰。预制件经常用于游戏中的物品道具、敌人、武器等。

对预制件进行修改以后，所有场景中出现的预制件都会发生修改。Unity 还提供了预制件变体（Prefab Variant），让预制件能够像类一样进行继承。预制件通常通过 Instantiate 方法进行实例化，实现向场景中动态添加预制件。

1. 生成预制件

在场景中建立游戏对象，在 Hierarchy（层级）窗口选中要生成预制件的游戏对象，将其拖曳到 Project（项目）窗口中即可生成预制件。一般预制件默认坐标都是在原点，方便生成时控制其位置和角度。生成后的预制件和其他资源一样，可以通过拖曳到 Hierarchy（项目）窗口或者 Scene（场景）视图添加到场景中。

2. 预制件的编辑

选中 Hierarchy（层级）窗口中的预制件，单击 Inspector（检查器）窗口中的 Open（打开）按钮即可编辑。也可以选中 Project（项目）窗口中的预制件，单击 Inspector（检查器）窗口中的 Open Prefab（打开预制件）按钮来编辑。在编辑预制件的场景中，基本和普通场景的编辑一样，只是在 Hierarchy（层级）窗口的显示略微不同，在窗口左上角有一个箭头，单击后可以退出预制件的编辑。

3. 拆解预制件和生成预制件变体

选中 Hierarchy（层级）窗口中的预制件，右击，在弹出的菜单中选中 Unpack Prefab（解压缩）即可将场景中的预制件变成普通的游戏对象。这个操作不会影响资源中的预制件。选中 Project（项目）窗口中的预制件，右击，在弹出的菜单中选择 Create → Prefab Variant（创建→预制件变体）即可生成当前预制件的变体。预制件的变体的修改不影响预制件本身，但是预制件的修改会影响由其生成的所有变体，这个和类的继承很相似。

4. 预制件的编程

预制件最常见的用法之一是用 Instantiate 方法在场景中生成预制件，该方法可以在生成的时候设置预制件生成时的位置、角度、父节点等。同时该方法可以返回当前生成的预制件，用于进行更多的操作。

4.3 摄像机

通过 Unity 菜单可以添加一个包含摄像机（Camera）组件的游戏对象。这里为了方便说明，将 Unity 添加的包含摄像机组件的游戏对象暂时称为摄像机游戏对象。单击菜单 GameObject → Camera（游戏对象→摄像机）即可往场景中添加一个摄像机游戏对象。

摄像机游戏对象是 Unity 场景中最重要的游戏对象。每个场景至少需要一个激活的摄像机游戏对象，否则无法显示。玩家或者用户能看到的内容都是通过摄像机游戏对象来展示的。新建场景以后，默认都会有一个名叫 Main Camera 的摄像机游戏对象。

1. 投影

Unity 的摄像机提供了两种投影（Projection）模式，即透视（Perspective）模式和正交（Orthographic）模式。简单地说，透视模式就是 3D 的近大远小模式，正交模式就是 2D 的远近一样大模式。在 Camera 组件下的 Projection（投影）属性中可以选择具体的模式。

选中透视模式会出现 FOV Axis（FOV 轴）和 Field of View（视野）选项。

◎ FOV Axis：用于设置摄像机是水平（Horizontal）还是垂直（Vertical）模式，通常不需要设置。

◎ Field of View：可以设置视野的夹角，默认为 60°，和人眼的舒适视野基本一致。

在使用多个摄像机的时候需要调整，例如显示地图顶视图的摄像机会根据地图大小调整视野，常用于游戏中的望远镜或瞄准镜的设置。

选中正交模式会出现 Size（大小）选项。该选项可以设置可视区域的大小，但是具体的算法官方并未给出。

2. 剪裁平面

剪裁平面（Clipping Planes）用于设置摄像机看的距离，默认为 0.3~1000m。简单地说，就是只能看到距离 0.3~1000m 范围内的东西，太近了看不到，太远了也看不到。

3. 清除标识

清除标识（Clear Flags）用于处理屏幕没有渲染的部分显示什么内容，默认为天空盒（Skybox）。

◎ Skybox：默认选项，会显示一个类似于天空的效果，通常在 3D 场景中使用很多。

◎ Solid Color（纯色）：选中以后，可以通过下面的 Background（背景）属性来设置具体的颜色。纯色通常用在界面或者 2D 内容中。

◎ Depth only（仅深度）：简单地说就是背景透明，通常在场景中有多个摄像机的时候才使用。

4. 剔除遮罩

剔除遮罩（Culling Mask）可以根据游戏对象的图层（Layer）决定是否显示该游戏对象，默认为全部显示。

5. 深度和视口矩形

◎ Depth（深度）：用于设置多个摄像机的显示顺序。数值大的显示在前面；数值小的显示在后面；数值相同的时候，在 Inspector（层级）视图中，下面的显示在前。

◎ Viewport Rect（视口矩形）：用于设置显示范围。“X, Y”是起始坐标，取值范围是 0 ~ 1，屏幕左下角为 0，右上角为 1。“W, H”是高和宽，取值范围是 0 ~ 1。

利用这两个属性可以简单地实现画中画或者显示当前地图的功能。

6. 其他

场景默认的摄像机 Main Camera 游戏对象的 Tag（标签）默认值为 MainCamera。之后添加的摄像机默认的 Tag（标签）都是 Untagged。Tag（标签）为 MainCamera 的摄像机，激活时可以在脚本中用 Camera.main 的方式直接获取。如果有多个摄像机的 Tag（标签）为 MainCamera，则获取 Depth 数值最大的摄像机。

通过 Unity 菜单 GameObject → Camera（游戏对象→摄像机）添加的摄像机游戏对象，默认带有 Audio Listener 组件。该组件是判断声音源方向和距离的参照。每个场景中，只能有一个被激活的 Audio Listener 组件，否则运行时会不停地弹出消息提示。所以，当场景中有多个摄像机游戏对象时，必须删除或禁用多余的 Audio Listener。

4.4 Unity UI

Unity 提供了多种用户界面，包括 UIElements、Unity UI 以及 IMGUI。这里只介绍 Unity UI。因为之前有一个叫 NGUI 的界面插件使用很广泛，所以 Unity UI 也会被称为 UGUI。

通过 Unity 的菜单 GameObject → UI（游戏对象→ UI）或者 Hierarchy（层级）窗口的右键菜单，可以向场景中添加 Unity UI 游戏对象。

这些游戏对象分为 4 类，即用于显示的文本、图像等，用于交互的按钮、下拉菜单等，用于布局的画布、面板，以及用于事件响应的事件系统。

4.4.1 RectTransform

RectTransform 主要用于用户界面，和普通游戏对象的 Transform 区别很大。RectTransform 的旋转和缩放与 Transform 的旋转和缩放一样，没有变化。为了让同一个设置能够适应不同大小的屏幕，RectTransform 使用了锚点、位置字段、矩形偏移等多个概念来设置一个 UI 的大小和位置。操作确实很复杂，也确实在一定程度上实现了同一个设置能够适应不同大小的屏幕。

1. 轴心

轴心（Pivot）是以当前游戏对象为坐标系，左下角为（0, 0），右上角为（1, 1）的一个点。旋转、大小调整和缩放都是围绕轴心进行的，因此轴心的位置会影响旋转、大小调整或缩放的结果。

2. 锚点

锚点是当前游戏对象以父游戏对象为坐标系，左下角为（0, 0），右上角为（1, 1）的 4 个点。这 4 个点只能形成点、线或者矩形。表示的时候以左下角的点的坐标为 Min（X, Y），右上角的点的坐标为 Max（X, Y）来确定 4 个点在父节点的位置。锚点在 Scene（场景）视图中显示为 4 个小三角形控制柄。

锚点是当前游戏对象设置位置和大小时的参照对象，通过设置不同的锚点，参照对象可以是点、线或者矩形。Unity 提供了常见的几种锚点设置，即常见的点、线、矩形参照。除了使用官方提供的默认参照方式，也可以通过在 Inspector（检查器）窗口修改锚点的值，或者在 Scene（场景）视图中，单击拖曳锚点的标志小三角来设置参照。

3. 位置字段

RectTransform 有 5 个位置字段，其中，除 Pos Z（位置 Z）字段外，其他 4 个字段会因为锚点属性的变化而有所不同。通过设置除 Pos Z 字段外的位置字段，可以设置游戏对象的位置和大小。

4. 设置思路

RectTransform 的大小和位置受锚点和位置字段属性共同影响，设置的时候，除了本身的结构外，还需要考虑如何能够在屏幕大小、比例发生变化的时候，界面依然保持大致相同或者基本可用。可以简单地理解为当屏幕发生变化的时候，当前游戏对象的 4 个角到 4 个锚点的位置关系不变。

通常，一些按钮、头像、图标等可以考虑以距离较近的点作为参照，滚动条、底部文字对话框、整行的按钮等可以考虑以距离较近的水平或者垂直线作为参考，背景、外框等可以考虑以矩形作为参考。

不同的做法实现以后会有不同的效果，都能在一定程度上适应不同大小比例的屏幕。在设计的时候，多使用 Game（游戏）窗口的分辨率设置，在目标分辨率下进行设计测试，以保证 UI 界面良好可用。

4.4.2 RectTransform 的程序控制

RectTransform 设置游戏对象大小和位置的时候，不仅在 Unity 编辑器中与 Transform 不一样，程序控制也不一样。RectTransform 作为一个组件存在于游戏对象上，所有控制方法和属性都在该组件下。虽然 RectTransform 下的 rect 类可以获取游戏对象的宽（rect.width）和高（rect.height），但是不可以直接设置。

1. 轴心和锚点

RectTransform 类下的轴心可以用于获取和设置游戏对象的轴心。RectTransform 类下的 anchorMin 和 anchorMax 属性可以用于获取和设置游戏对象的锚点。

2. 锚点偏移

在脚本中，不可以直接设置位置字段，可以通过设置锚点偏移（offset）来设置游戏对象的大小和位置。锚点偏移是两个矢量，一个是从左下角的锚点到游戏对象的左下角，一个是从右上角的锚点到游戏对象的右上角，如图 4-2 所示。无论当前锚点是形成点、线或者矩形，都能通过这样两个矢量来设置游戏对象的位置和大小。

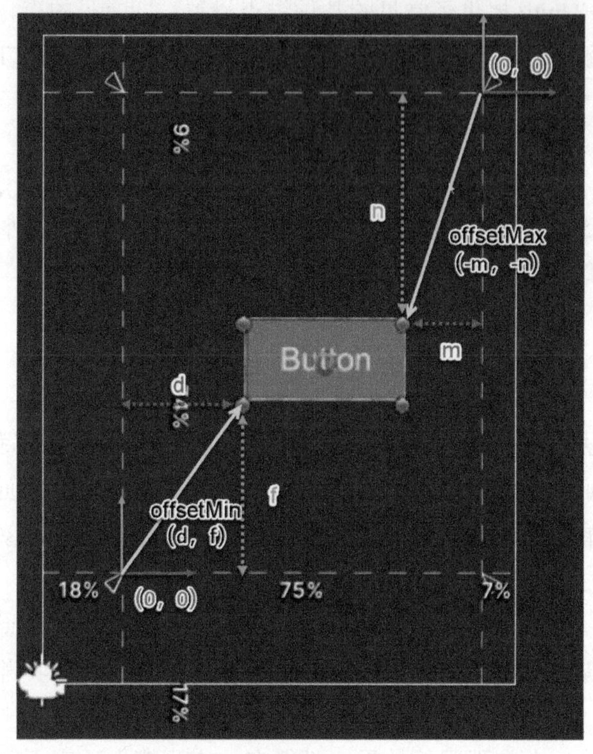

图 4-2

3. SetSizeWithCurrentAnchors

锚点偏移用于改变游戏对象的大小和位置很方便，但是直接设置游戏对象的大小就比较麻烦，因为要参考锚点的设置。这个时候推荐使用 SetSizeWithCurrentAnchors 方法来设置大小。SetSizeWithCurrentAnchors 方法的第一个参数是选择设置宽（RectTransform.Axis.Horizontal）还是高（RectTransform.Axis.Vertical），第二个参数是具体大小。

4. anchoredPosition

anchoredPosition 属性是一个矢量，通过该矢量可以获取和设置当前游戏对象的位置。首先，根据游戏对象的轴心计算出在锚点矩阵中的参考点位置。如果是矩阵，则参考点到轴心的矢量为 anchoredPosition；如果是线段，则锚点矩阵减少一个维度后，参考点的对应位置到轴心的矢量为 anchoredPosition；如果是点，则是从锚点到轴心的矢量为 anchoredPosition，如图 4-3 所示。

简单理解就是，轴心在中心的时候，4 个锚点的中心到轴心的矢量是 anchoredPosition，轴心在角上的时候，4 个锚点对应的角到轴心的矢量是 anchoredPosition。

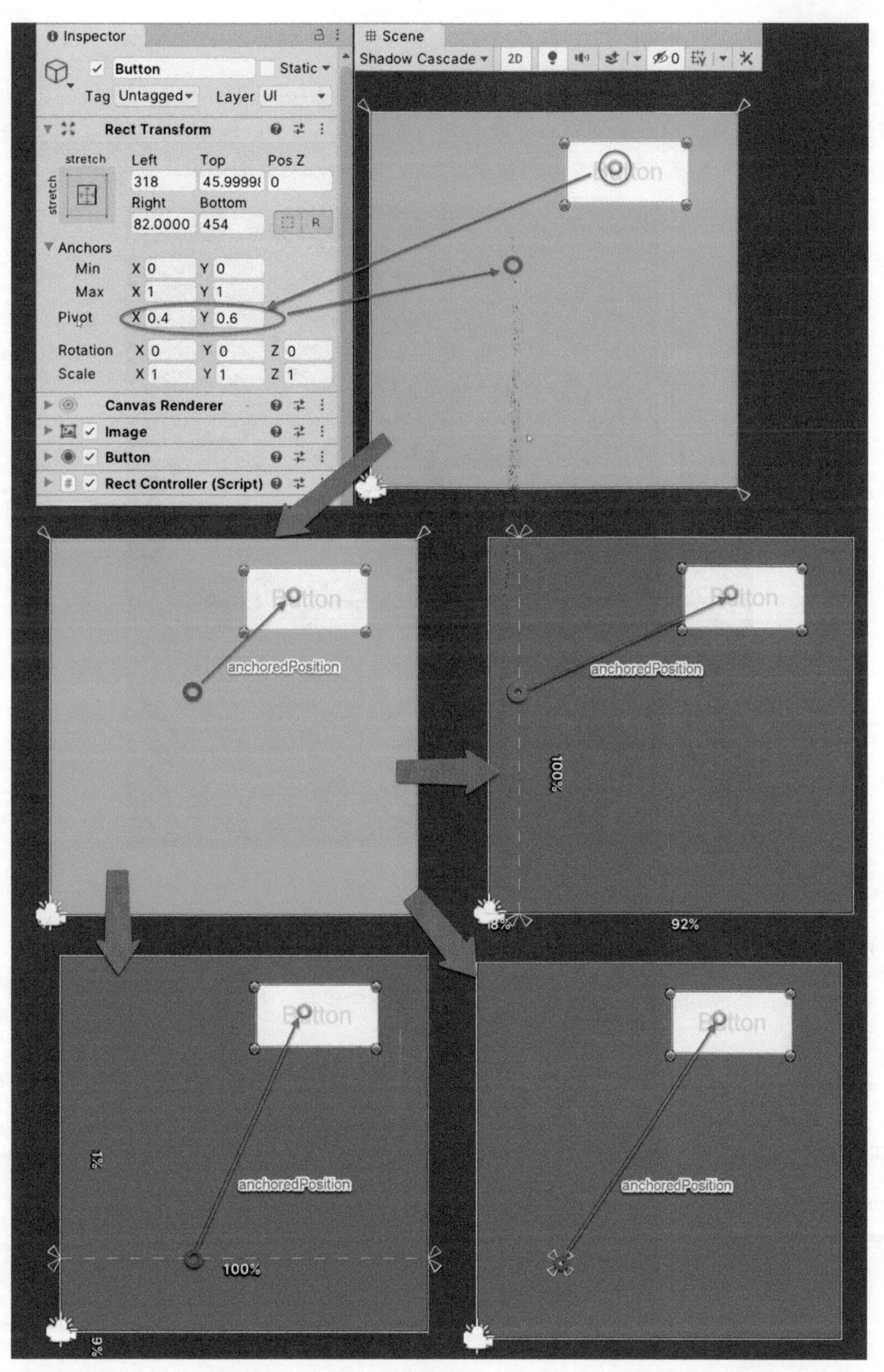
Inspector
Button
Static
Tag Untagged
Layer UI
Rect Transform
stretch
Left
Top
Pos Z
318
45.99998
0
Right
Bottom
82.0000
454
Anchors
Min
X 0
Y 0
Max
X 1
Y 1
Pivot
X 0.4
Y 0.6
Rotation
X 0
Y 0
Z 0
Scale
X 1
Y 1
Z 1
Canvas Renderer
Image
Button
Rect Controller (Script)
Scene
Shadow Cascade
2D
anchoredPosition
100%
8%
92%
1%
100%
9%

图 4-3

5. SetInsetAndSizeFromParentEdge

SetInsetAndSizeFromParentEdge 方法是以父游戏对象的上、下、左、右 4 个点中的一个作为参照，同时设置游戏对象到该点的距离和对应方向上的值，如图 4-4 所示。用这个方法也可以设置游戏对象的大小和位置，但是该方法会修改游戏对象的锚点。

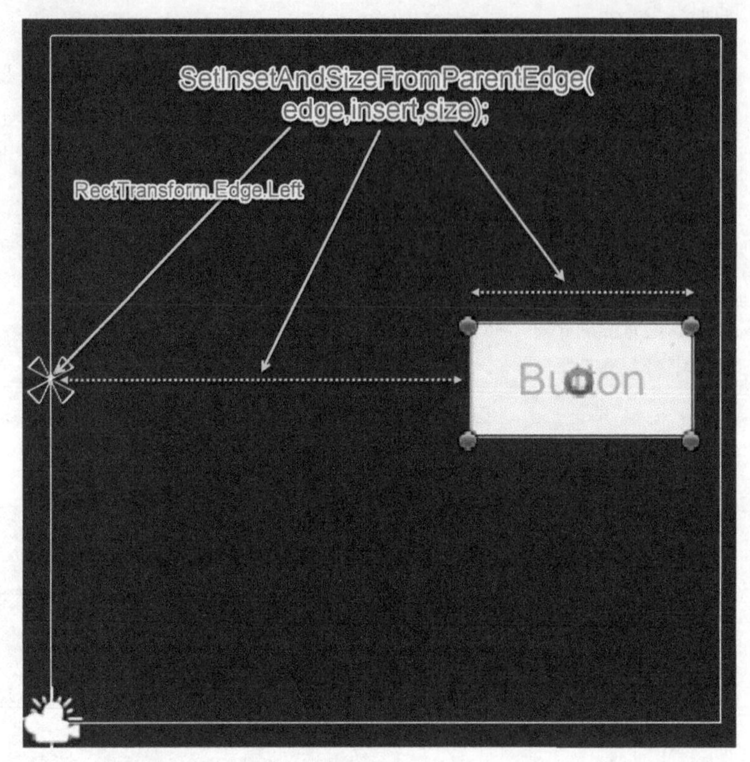

图 4-4

6. 简单总结

在程序中，修改轴心和锚点比较容易，只是修改完以后，都需要重新设置一下游戏对象的大小和位置。

锚点偏移功能最全，可以方便地实现移动和变形，但是用来设置位置和大小比较麻烦，因为要参考当前的锚点。改变形状使用 SetSizeWithCurrentAnchors 方法最简单，移动使用 anchoredPosition 属性最简单。以上方法在修改过程中都不会对锚点产生影响。SetInsetAndSizeFromParentEdge 可以同时设置位置和大小，但是会修改锚点，仅推荐游戏对象原有参考锚点本身就是父游戏对象 4 边中间的点的时候使用。

RectTransform 总结如图 4-5 所示。

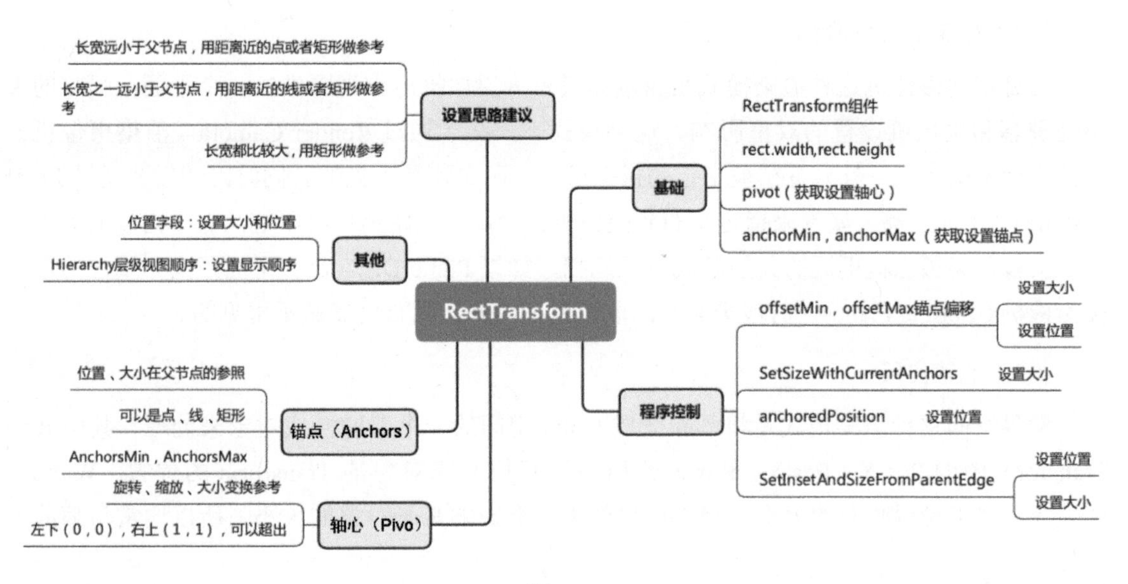

图 4-5

4.4.3 画布

画布（Canvas）游戏对象是其他 Unity UI 的基础，其他 Unity UI 必须是画布游戏对象的下级游戏对象。可以通过 Unity 菜单 Game Object → UI → Canvas（游戏对象→ UI →画布）来添加画布游戏对象。

如果在场景中没有画布游戏对象，添加其他 Unity UI，Unity 会自动为场景中添加一个画布游戏对象并将其他 Unity UI 设置为新增画布游戏对象的子游戏对象。

Unity UI 的更新是以画布游戏对象为单位的。如果场景中有某些 Unity UI 更新很频繁，那么可以考虑将其单独放置在一个画布中和其他 Unity UI 分开以提高性能。

1. 画布的渲染模式

画布的渲染模式（Render Mode）有 3 种：屏幕空间覆盖（Screen Space Overlay）、屏幕空间摄像机（Screen Space Camera）和世界空间（World Space）。其中，屏幕空间覆盖是默认的，也是最常用的。

（1）屏幕空间覆盖

屏幕空间覆盖是根据屏幕分辨率进行渲染的，不参考场景中的任何游戏对象或者摄像机，渲染之后将其绘制在其他所有内容之上。这种模式画布大小只受屏幕大小的影响。当场景中有多个同为屏幕空间覆盖的画布的时候，排序次序（Sort Order）值大的画布的内容显示在前面。选中 Pixel Perfect（像素完美）选项后可以让 UI 变得更平滑，减少锯齿效果。

（2）屏幕空间摄像机

屏幕空间摄像机这种渲染模式是将画布设置为摄像机前方视野中的一个平面。画布的大小受屏幕和摄像机设置的双重影响。这种模式下，必须通过 Render Camera（渲染摄像机）属性来指定摄像机，且只有在被指定的摄像机中，画布才是可见的。同时，还需要通过 Plane Distance（平面距离）属性来指定画布到摄像机的距离，该距离不会影响画布中内容的大小，但是会被距离摄像机更近的其他游戏对象遮挡。如果 Plane Distance（平面距离）属性的取值在摄像机 Clipping Planes（剪裁平面）的取值范围之外，画布仍然是不可见的。

（3）世界空间

世界空间这种渲染模式是将画布变成 Unity 空间的一个普通游戏对象来处理。其中 Rect Transform 中的 Pos X、Pos Y、Pos Z 就相当于其他游戏对象的 Transform 的位置，Width、Height 则用于设置画布的大小。因为这里的大小会影响其子对象的大小，所以通常与缩放一起使用。

2. 画布缩放器

画布缩放器（Canvas Scaler）是画布游戏对象自带的组件，其作用是进一步让界面适应不同的分辨率，主要的 UI Scale Mode（UI 缩放模式）仅在画布的渲染模式是屏幕空间覆盖和屏幕空间摄像机时才有效，默认为 Constant Pixel Size（恒定像素大小）。

◎ Constant Pixel Size（恒定像素大小）是可在屏幕上按像素指定 UI 元素的位置和大小，Constant Physical Size（恒定物理大小）是按物理单位（如毫米、点或派卡）指定 UI 元素的位置和大小，简单理解就是这两种方法在同一代机型中，UI元素大小不随屏幕大小变化。

◎ Scale With Screen Size(屏幕大小缩放)可以根据指定参考分辨率的像素来指定位置和大小。

通常会设置 Reference Resolution（参考分辨率）为默认分辨率，然后 Screen Match Mode（屏幕匹配模式）设置为 Match Width Or Height，即画布会根据屏幕的长和宽来进行缩放，设置 Match（匹配）为 0.5，即画布同时受到屏幕长和宽的影响。

4.4.4 文本和图像

文本和图像组件在官方文档中被称为可视组件（Visual Components），是 Unity UI 的基础。其他的一些 Interaction Components（交互组件）的外观都是由文本和图像组件构成的，交互组件的外观调整都是基于可视组件的。

1. 文本游戏对象

文本（Text）游戏对象用于显示文字内容，可以通过菜单 GameObject → UI → Text（游戏对象→ UI →文本）添加。文本游戏对象的主要内容分为 3 部分，即 Text、Character 和

Paragraph（后面 2 个单词中文版中官方并没有翻译，在 Unity 中文界面中这种中英文并存的地方很多，后面还会出现）。

其中 Character 部分包括 Font（字体）、Font Style（字体样式，包括普通、粗体、斜体等）等。中文内容在某些机型上会出现乱码，所以字体还是蛮重要的，但是中文字体资源普遍较大，作者本人经常使用的是思源黑体，8MB 左右。富文本写法类似于 HTML，可以让文本中的部分内容改变颜色、大小等。

Paragraph 中包括对齐、溢出字体等选项。选中 Best Fit（自适应）以后，可以设置显示的最小字体和最大字体，系统将根据文字内容的多少自动设置字体大小，在处理不同大小屏幕的时候经常用到。

Unity 还提供了字体轮廓和阴影的组件，选中文本游戏对象以后，可以通过菜单 Component → UI → Effects → Shadow/Outline（组件→ UI →效果→阴影 / 轮廓）来添加。因为是供初学者使用的，所以不建议在富文本、边框、阴影和材质上花太多精力，如果需要将文本变得很漂亮，可考虑使用 TextMesh Pro。

2. Image 图像游戏对象

Unity 有两种图像相关的游戏对象，可以通过 Unity 菜单 GameObject → UI → Image/Raw Image（游戏对象→ UI →图像 / 原始图像）添加。

原始图像游戏对象的优点是可以设置任何纹理图片用于显示。

通常情况下，在 UI 中还是建议使用图像游戏对象。虽然图像游戏对象只能添加 Sprite（精灵）类型的图片纹理用于显示，但是图像游戏对象为动画化图像和准确填充控件矩形提供了更多选项。原始图像游戏对象只有特殊情况（例如要在 UI 播放视频、显示超大图片的时候）下才使用。

3. 纹理类型设置

导入的图像文件默认 Texture Type（纹理类型）为 Default，在 Project（项目）窗口选中图像资源以后，在 Inspector（检查器）窗口，选择 Texture Type 的属性为 Sprite(2D and UI)，然后单击 Apply（应用）按钮，即可将纹理类型设置为精灵类型。这个时候，才能将图像资源设置到图像游戏对象的 Source Image（图像源）属性中。

4. 九宫格显示

九宫格显示主要用于背景或者按钮等类型的显示，只用一个图像纹理就能适应多种大小和长宽比的显示，并且保持风格一致。九宫格显示需要先设置图像纹理。

在将图像资源设置为 Sprite(2D and UI) 以后，在窗口中有一个 Sprite Editor 按钮。通过 Package Manager（包管理器）窗口安装 2D Sprite 插件之后，该按钮才起作用。之后在 Sprite Editor（Sprite 编辑器）窗口可以将图像设置为 9 个区域，然后将 Image Type（图像类型）设置为 Sliced（已切片），就能实现九宫格显示。

5. 其他

Raycast Target（光线投射目标）选项默认为选中状态，此时单击只会影响最上层的 UI。如果希望某个游戏对象本身不被单击，可以取消该选项。

Mask（遮罩）组件和 Rect Mask 2D（矩形遮罩 2D）组件都用于限制子游戏对象的显示范围和形状。可以通过父游戏对象（文本游戏对象或者图像游戏对象）的内容形状实现特定形状的显示。文本和图像总结如图 4-6 所示。

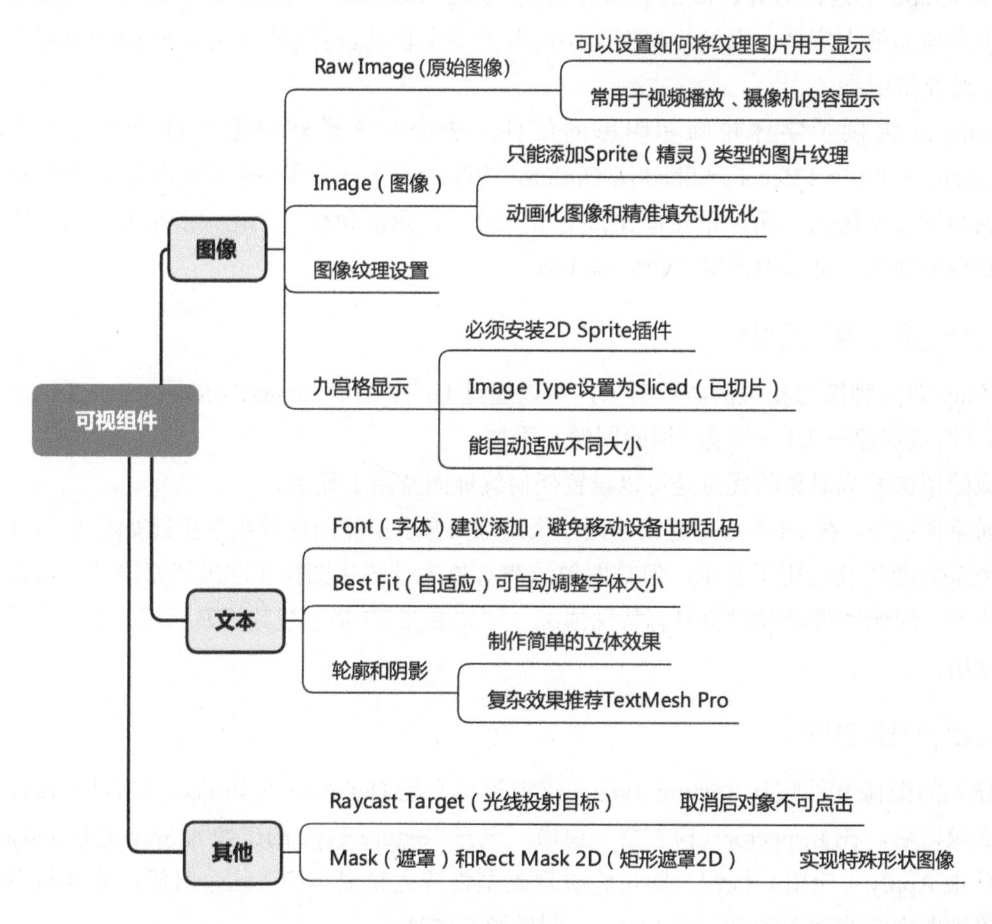

图 4-6

4.4.5 交互游戏对象

交互游戏对象是官方提供的一组用户界面。常用的交互的游戏对象，包括 Button（按钮）、Toggle（切换）、Slider（滑动条）、Scrollbar（滚动条）、Dropdown（下拉列表框）和 Input Field（文本输入框）。

通过单击 Unity 菜单 GameObject → UI（游戏对象→ UI），选择具体类型后，可以向场景中添加对应的交互游戏对象。

1. 交互选项和过渡选项

Interactable（交互）选项和 Transition（过渡）选项是所有交互游戏对象都具有的属性。

默认选中 Interactable 选项，即可进行交互。当取消选择该选项以后，则不可以交互，即不可以进行单击、输入或者修改。Transition 选项可以让交互游戏对象在不同状态显示不同效果，让使用者明确知道自己在操作哪个 UI 元素。Transition 选项有 4 种，包括 None（无）、Color Tint（颜色色彩）、Sprite Swap（Sprite 交换）、Animation（动画）效果，默认为 Color Tint。一般情况下使用 Color Tint 即可，如果有变大、变小、透明旋转等效果，推荐用 Animation 效果，只有在图片本身发生变化的时候才使用 Sprite Swap。

2. 交互游戏对象的一些要点

（1）Toggle（切换）游戏对象的 Is On（是开启的）属性可以设置是否选中当前选项。默认情况下，Toggle（切换）相互没有关联，或者说默认的是多选按钮，只有设置了 Group 属性，才能成为单选按钮。

（2）Slider（滑动条）游戏对象的外观是由 3 个图像游戏对象组成的。其中，Background 是没有完成部分的显示，Fill Area 是完成部分的显示，Handle Slider Area 是可以单击拖曳的部分。把 Handle Slider Area 隐藏或者删除就可以当进度条使用。

（3）Scroll View（滚动视图）游戏对象用于在小区域查看占用大量空间的内容。其中，Scrollbar Horizontal 子游戏对象是水平滚动条，Scrollbar Vertical 子游戏对象是垂直滚动条。需要显示的内容必须在 Content 游戏对象下。

4.4.6 事件响应

Unity UI 的事件响应有两种方式，一种是在编辑器绑定对应事件，另一种是完全在脚本中完成。这两种方式本质上没有区别，区别只是把耦合放在场景中还是放在脚本中。

Unity UI 事件响应都需要一个 EventSystem（事件系统）游戏对象，如果场景中没有该游戏对象，则 UI 无法对事件进行响应。在添加 Unity UI 的时候，如果场景中没有该游戏对象，则会自动添加。如果需要单独添加，单击菜单 GameObject → UI → Event System（游戏对象 → UI →事件系统）即可添加。

1. 编辑器设置默认事件响应

新建一个脚本，命名为 UIEventLearn，再添加一个公共方法，命名为 OnEvent，内容是在控制台显示文本。在场景中新建一个空的游戏对象，将脚本拖曳到空的游戏对象上成为其组件。

选中 Button 按钮游戏对象，单击 On Click()（鼠标单击 ()）标签下的“+”，添加一个单击事件的响应。将带有脚本的游戏对象拖曳到 On Click()（鼠标单击 ()）标签下。选择响应的方法是 UIEventLearn 脚本组件的 OnEvent() 方法，如图 4-7 所示。

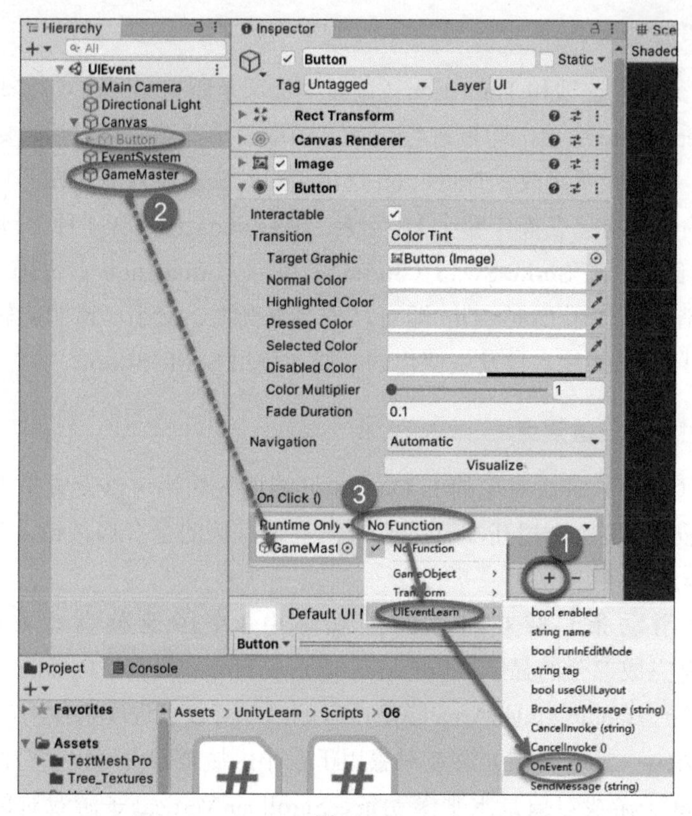

图 4-7

此时，运行场景，单击按钮以后，就会在控制台显示对应的内容。这种方法可以添加一个参数，在绑定的时候，通过编辑器输入对应参数。

部分 Unity UI 的事件默认包含参数，有些参数可以联动。在编辑器选择事件的时候，会出现两个同名的事件，在顶部分割线上的是可以联动的事件，在分割线下的是普通事件。选择分割线下的普通事件，和之前一样，需要输入一个参数，事件获取的值就是输入值。选择分割线上的联动事件，则不需要输入参数。事件获得的参数是 Unity UI 提供的。例如滑动条的 Value 属性会作为参数传给事件，如图 4-8 所示。

Unity UI 组件的默认事件如表 4-1 所示，其中 Input Field 默认有两个事件。

表 4-1 Unity UI 组件的默认事件

UI 组件	默认事件	联动参数	联动内容
Button	On Click	无	
Toggle	On Value Changed	布尔	Is On（是否选中）
Slider	On Value Changed	浮点	Value（进度）
Scrollbar	On Value Changed	浮点	Value（进度）
Dropdown	On Value Changed	整数	Value（选中项目序号）
Input Field	On Value Changed On End Edit	字符串	Value（输入内容）

有些内容游戏对象上有公共方法，不需要写脚本，例如游戏对象的名称等的修改、激活和禁用，发送 SendMessage 等。绑定的响应事件可以是多个。

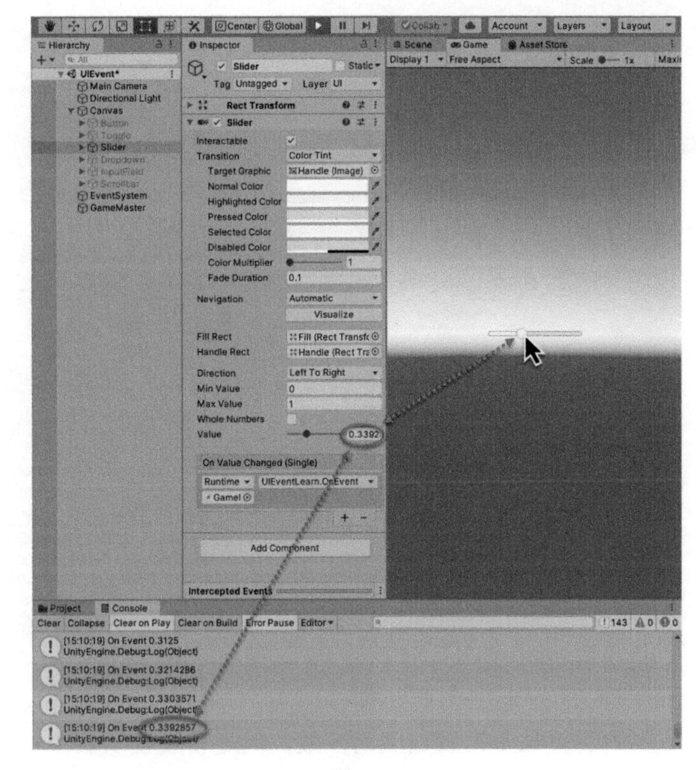

图 4-8

2. 编辑器设置事件系统响应

和前面一样新建脚本，然后把脚本拖曳到空的游戏对象上。

选中一个 UI 游戏对象，单击菜单 Component → Event → Event Trigger（组件 → 事件 → 事件触发器），添加一个事件触发器组件。单击 Add New Event Type（添加新事件类型）按钮，添加对应事件。默认事件类型很多，这里选择的是 PointerClick 单击事件，如图 4-9 所示。

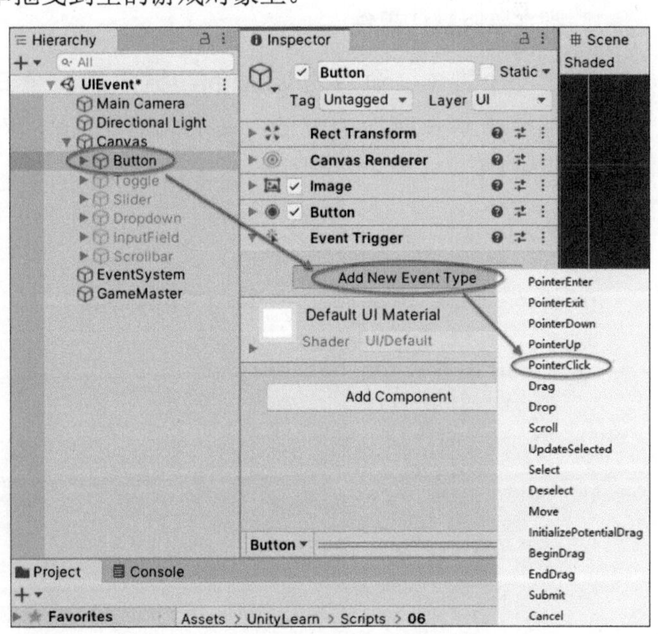

图 4-9

添加完事件以后，选中按钮，单击 Pointer Click() 标签下的“+”，添加一个单击事件的响应，将带有脚本的游戏对象拖曳到 Pointer Click() 标签下，选择响应的方法是 UIEventLearn 脚本组件的 OnEvent 方法，如图 4-10 所示。

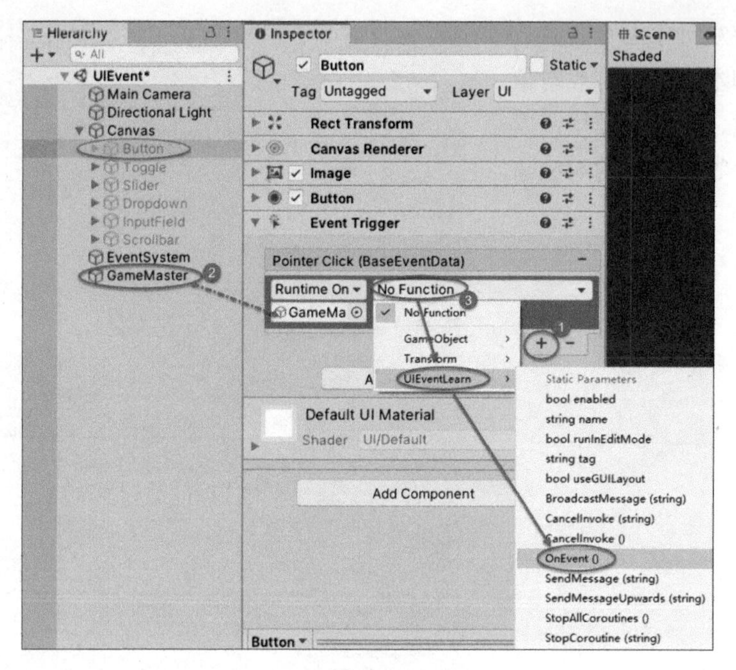

图 4-10

这种方法不用设置联动参数，但是和设置默认事件响应一样，有些内容不需要写脚本，默认事件本身能支持，同时可以绑定多个响应事件。

这种方法不仅可以用在交互的 UI 游戏对象上，还可以用在普通的 UI 游戏对象上，如文本游戏对象和图像游戏对象，还可以用于一些非 UI 的游戏对象的单击上。

3. 脚本监听默认事件

新建一个脚本，命名为 UIScript，再添加一个 Button 类型的变量，并为 Button 类型变量添加单击事件响应的方法，命名为 OnEvent，内容是在控制台显示文本。注意引用 UnityEngine.UI。

```
using UnityEngine;
using UnityEngine.UI;
public class UIScript : MonoBehaviour
{
    public Button button;
    void Start()
    {
        button.onClick.AddListener(OnEvent);
    }
    private void OnEvent()
    {
        Debug.Log("On Event ");
    }
}
```

在场景中新建一个空的游戏对象，将脚本拖曳到空的游戏对象上成为其组件。将一个场景中的 Button（按钮）游戏对象拖曳到脚本组件上为其赋值即可。

这种方法和在编辑器设置默认事件响应完全一致，只不过是将编辑器中的场景设置搬到了脚本中。

4. 脚本监听事件系统的事件

新建一个脚本，命名为 UISysEvent，再添加一个 IPointerClickHandler 接口的继承，并实现接口的方法（如果要监听其他事件，则需要继承并实现其他事件的接口）。注意引用 UnityEngine.EventSystems。

```
using UnityEngine;
using UnityEngine.EventSystems;
public class UISysEvent : MonoBehaviour, IPointerClickHandler
{
    public void OnPointerClick(PointerEventData eventData)
    {
        Debug.Log("On Click");
    }
}
```

将脚本拖曳到 UI 游戏对象下即可。这种方法和在编辑器设置事件系统响应本质上一样，只不过是将编辑器中的场景设置搬到了脚本中。这种方法也可以用于非交互的 Unity UI，甚至是其他一些非 UI 的游戏对象。

这种方法和在脚本监听默认事件相比，只能将脚本绑定在要监听的游戏对象上，不能像脚本监听默认事件那样，可以把脚本设置在其他游戏对象上。

Unity UI 事件响应总结如图 4-11 所示。

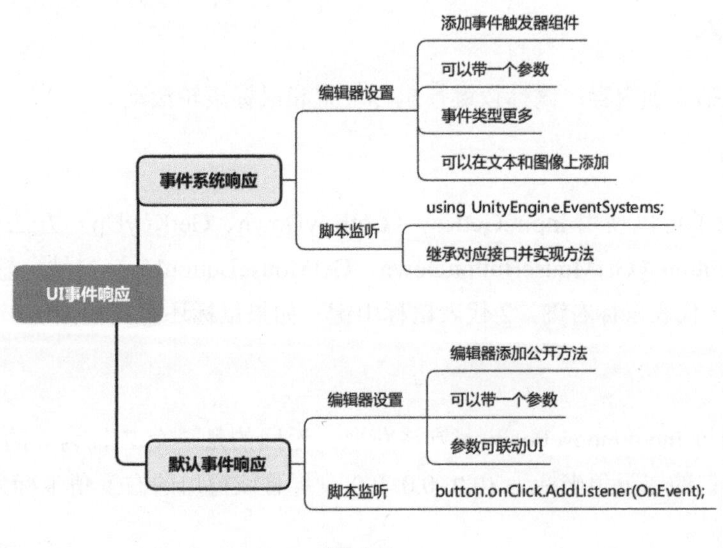

图 4-11

4.5 输入

Unity 的输入主要在 Input 类中实现，输入不仅包括键盘、鼠标和触屏的输入等常见类型，设备姿态、加速度、罗盘、陀螺仪等也被认为是输入，就是说获取上述信息也需要在 Input 类中实现。Unity 的输入通常是放在 Update 方法中进行处理的，当按下按键或者单击的时候进行对应的逻辑控制。陀螺仪（GPS 等）通常需要配合对应的地图 SDK 才能使用。

4.5.1 键盘按键输入

键盘按键的主要方法有 3 个，如表 4-2 所示。

表 4-2 键盘按键方法说明

方 法 名	效 果	说 明
GetKey	按住某个按键	按住不放会一直返回
GetKeyDown	按下某个按键	按住只会在第一帧返回
GetKeyUp	释放某个按键	

按一次按键通常需要使用 GetKeyUp 或者 GetKeyDown。当需要确认某个按键被一直按住的时候，才使用 GetKey。在设定具体按键的时候，可以用字符串（如“a”）表示键盘上的 A 按键，也可以用 KeyCode 来设置。推荐使用 KeyCode，不容易出错。这种方法不仅可以用于检测键盘按键，还可以用于检测鼠标按键（KeyCode.Mouse0）或者游戏手柄按键（KeyCode.Joystick1Button0）。

4.5.2 鼠标输入

鼠标输入包括 3 项内容：鼠标按键、鼠标位置和鼠标滚轮滚动。

1. 鼠标按键

鼠标按键除了可以使用 Input.GetKey（GetKeyDown、GetKeyUp）方法外，还可以使用 Input.GetMouseButton（GetMouseButtonDown、GetMouseButtonUp）方法。输入值是整数，0 代表鼠标左键，1 代表鼠标右键，2 代表鼠标中键。如果鼠标还有其他按键，则以此类推。

2. 鼠标位置

鼠标位置通过 Input.mousePosition 方法获取，返回的是一个 Z 轴为 0 的三维数，单位是像素。屏幕或窗口的左下角坐标为 (0.0, 0.0, 0.0)，屏幕或窗口的右上角坐标为（Screen.width, Screen.height,0.0）。

3. 鼠标滚轮滚动

鼠标滚轮滚动用 Input.mouseScrollDelta 方法获取，返回的是一个 X 轴为 0 的二位数。Y 轴为正表示向上滚动，Y 轴为负表示向下滚动。

4.5.3 触屏输入

触屏输入不仅有位置和点击，最主要的是多了多点支持。通常先通过 Input.touchCount 属性来判断是否有点击，然后通过 Input.GetTouch 获得具体的触控（Touch），通过具体的触控来获取位置和状态等信息。

1. 获取触屏点击状态

触屏点击状态通过 Touch.phase 枚举属性获取，其状态如表 4-3 所示。

表 4-3 触屏点击状态说明

状　态	说　明
Began	手指触摸了屏幕
Moved	手指在屏幕上进行了移动
Stationary	手指正在触摸屏幕但尚未移动
Ended	从屏幕上抬起了手指。这是最后一个触摸阶段
Canceled	系统取消了对触摸的跟踪

下面的代码是当有触屏输入的时候，获取第一个触控的状态。

```
void Update()
{
    if (Input.touchCount > 0)
    {
        Debug.Log(Input.GetTouch(0).phase);
    }
}
```

2. 获取触屏点击位置

触屏点击位置通过 Touch. position 属性获取，返回值为一个二维数。屏幕或窗口的左下角坐标为 (0, 0)，屏幕或窗口的右上角坐标为 (Screen.width, Screen.height)。

Unity 支持用鼠标输入模拟单个点的触屏输入，即单点触屏输入可以用鼠标输入的 Input. GetMouseButton(0) 模拟触屏点击，Input.mousePosition 模拟点击位置，但是官方建议在触屏时仍然使用 Touch 类进行相关的判断操作。触屏输入通常会涉及多点控制，例如拖曳、旋转、缩放等。通常建议使用插件而不是自己写，例如 LeanTouch 可以方便地实现拖曳、旋转、缩放等触屏操作。

4.5.4 输入管理器

前面介绍的键盘鼠标输入的获取方法多是在界面操作中使用的，在游戏中通常用的是输入管理器（Input Manager）。输入管理器的优点是容易配置，而且一次设置可以兼容多种设备。通过脚本的 Input.GetAxis 方法输入对应的名称即可获得输入信息。例如使用 Input.GetAxis("Vertical") 来获取垂直方向是否有按下。

单击 Unity 的菜单 Edit → Project Settings...（编辑→项目设置...），在打开的 Project Settings 窗口中选择 Input Manager（输入管理器）选项，就能打开设置窗口。常用的有 Horizontal 和 Vertical，在键盘上按方向键或者 A、S、D、W 键，用以控制角色在场景中移动。用这种方法得到的输入有一个逐渐变快和逐渐停下来的过程，操作起来的真实感很强。通过修改 Gravity 和 Sensitivity 属性可以改变这个过程的速度。

这里面还有 Mouse X 和 Mouse Y，当鼠标有移动的时候会有对应的输入，常在第一人称视角的射击游戏中调整视角方向。

4.5.5 单击物体

单击物体在 Unity 中是很常见的操作。单击的目的有时候是选中物体便于操作，例如游戏中的拾取物品、单击敌人发动攻击，有时候是移动，单击地面上的点让玩家移动过去。单击物体有多种实现方式，但是统一的要求是被单击的物体必须包括一个 Collider 组件。

可以用 MonoBehaviour 事件中的 OnMouseDown、OnMouseDrag 事件实现单击物体，将带有事件的脚本挂到被操作的游戏对象上。也可以用处理 Unity UI 类似的事件系统，在需要控制的游戏对象上添加 Event Trigger（事件触发器）组件，设置公共方法来响应。这种做法必须在摄像机上添加 Physics Raycaster（物理光线投射器）组件。最推荐和最常用的还是通过射线检测的方法实现。

射线检测是用得最多的一种方法，原因是适用范围广。首先，其支持多点触摸情况下的操作；其次，能返回触控点的坐标。当需要实现单击移动的时候，就需要用到这个坐标。

射线检测的原理是这样的，单击屏幕以后，通过 Camera.ScreenPointToRay 方法将屏幕上的点映射到对应的摄像机，然后从摄像机发射出一条射线。通过 Physics.Raycast 方法检测射线是否照射到游戏对象，并且返回一个 RaycastHit 类型的对象。RaycastHit 对象包含射线照射到的游戏对象的点的坐标，如图 4-12 所示。

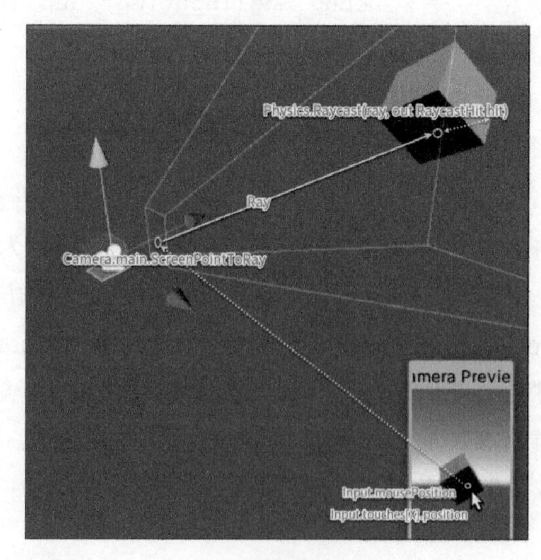

图 4-12

当场景中有多个摄像机的时候，需要注意射线是从哪个摄像机发出的。

鼠标单击脚本内容如下，在鼠标左键按下的时候发出射线。

```
public class HitObjController : MonoBehaviour
{
    void Update()
    {
        if (Input.GetMouseButtonDown(0))
        {
            Ray ray = Camera.main.ScreenPointToRay(Input.mousePosition);
            if (Physics.Raycast(ray, out RaycastHit hit))
            {
                Debug.Log("GetMouseButtonDown");
            }
        }
    }
}
```

触屏点击脚本内容如下，在触屏第一个触点点下的时候发出射线。

```
public class HitObjController : MonoBehaviour
{
    void Update()
    {
        if (Input.touchCount > 0)
        {
            if (Input.touches[0].phase == TouchPhase.Began)
            {
                Ray ray = Camera.main.ScreenPointToRay(Input.touches[0].
position);
                if (Physics.Raycast(ray, out RaycastHit hit))
                {
                    Debug.Log("Touch[0] began");
                }
            }
        }
    }
}
```

4.5.6 UI 击穿

当一个场景中启用了鼠标单击输入（或者触屏输入）和 UI 的交互游戏对象的时候，当单击 UI 的时候，会同时触发二者的事件，这个时候就称为 UI 击穿。

解决方法是修改下面的鼠标单击判断，添加对应的判断内容即可。

```
if (Input.GetMouseButtonUp(0)
&& !EventSystem.current.IsPointerOverGameObject())
```

```
    {
        Debug.Log("mouse hit");
    }
```

需要注意的是，如果是触屏输入的判断，需要将 fingerId 作为参数传入。示例如下：

```
    if (Input.touchCount == 1)
    {
        if (Input.touches[0].phase == TouchPhase.Began
            && !EventSystem.current.IsPointerOverGameObject(Input.touches[0].
fingerId))
        {
            Ray ray = Camera.main.ScreenPointToRay(Input.touches[0].position);
        }
    }
```

输入相关内容总结如图 4-13 所示。

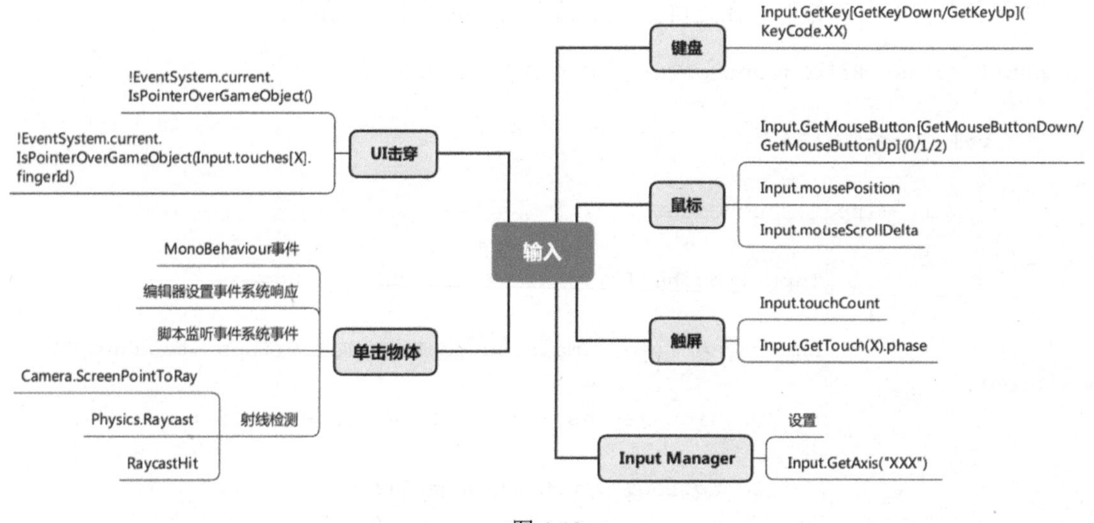

图 4-13

4.6 音频播放

音频播放也是 Unity 的常用功能，例如播放背景音乐、效果声音等。Unity 支持导入多种格式的音频文件，包括 AIFF、WAV、MP3 和 Ogg 等格式。Unity 并不是直接使用这些音频文件（放在 StreamingAssets 目录下的除外），而是根据不同的平台进行压缩处理。所以，不用担心导入的音频文件过大，录制的声音可以直接使用 WAV 格式。

1. 基本构成

Unity 中的音频播放主要由以下 3 部分构成：

◎ 音频剪辑（Audio Clip）：即要播放的音频内容。

◎ 音频源（Audio Source）：即音频播放器，用于设置将音频内容放在什么位置以及如何播放。

◎ 音频监听器（Audio Listener）：即在什么位置听到声音。

当音频文件导入 Unity 中成为资源后，就称为音频剪辑。可以根据使用场景和大小设置其加载类型和压缩方法（详见 4.1 节）。

音频源组件是音频内容的播放器，可以设置播放的方式，并通过游戏对象的位置影响播放位置。选中游戏对象以后，单击菜单 Component → Audio → Audio Source（组件→音频→音频源）即可添加音频源组件。音频源组件除了可以设置要播放的音频剪辑外，还可以设置音量、自动播放、循环、是否有 3D 效果等。

音频监听器组件用于确定听到声音的位置。当声音是 2D 的时候，位置不会有影响，当声音是 3D 的时候，在什么位置听到声音就很重要。选中游戏对象，单击菜单 Component → Audio → Audio Listener（组件→音频→音频监听器）即可添加音频监听器组件。在新建场景中，默认会在 Main Camera 游戏对象下添加一个音频监听器组件，因此如果要修改或在场景中添加新的音频监听器组件，就必须注意，场景中同时出现多个音频监听器会有提示。

2. 程序控制

音频播放的程序控制很简单，在 AudisoSource 类下有常用的对音频的操作方法。例如 Play、Stop、Pause 等方法可以对音频是否播放进行操作，修改 clip 属性可以设置播放内容，修改 volume 属性可以设置播放音量等。此外，还有 PlayOneShot 方法，只播放音频一次，在一些射击类游戏中，将音频设置为循环播放，用该方法来实现单次射击的声音。

Unity 常用功能相关视频链接（虽然是 2019 版，但基本内容一致）：

https://space.bilibili.com/17442179/favlist?fid=1215556779&ftype=create

第5章 Unity的2D开发

本章将介绍 Unity 2D 游戏开发的基础知识，内容包括 2D 开发基础设置、图像资源处理、2D 组件、2D 物理、2D 动画以及 Tilemap 瓦片地图等，为下一章制作 2D 打砖游戏打下基础。

5.1　2D 开发基础设置

Unity 开发 2D 项目的时候，最好的方式是在新建的时候选择 2D 模板，如图 5-1 所示。

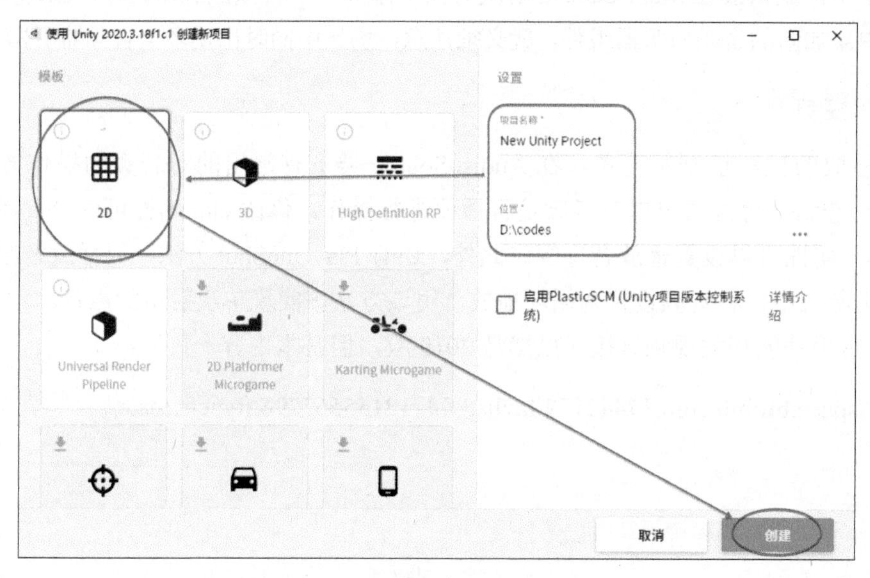

图 5-1

虽然使用3D模板新建以后，也可以通过各种设置调整到2D模式，但是涉及的项目比较多。例如，需要将 Project Settings 窗口中 Editor（编辑器）下的 Default Behavior Mode（默认行为模式）设置为 2D，默认场景需要删除光源，图像导入后默认设置为 Sprite，Scene View（场景视图）默认设置为 2D 模式，Camera 设置为正交模式，在 Package Manager（包管理器）窗口中添加 2D Animation、2D Sprite、2DTilemap Editor 等资源包。如果在 Unity 的菜单 GameObject 中看不到 2D 这一项菜单，如图 5-2 所示，则说明项目模板不是 2D。

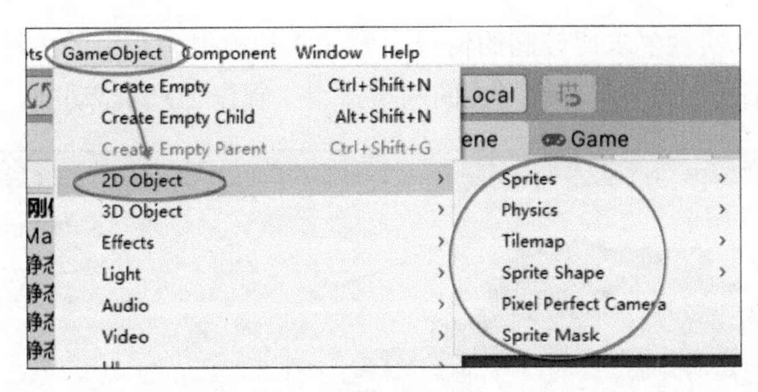

图 5-2

5.2 图像资源和精灵编辑器工具

1. 图像资源的设置

图像资源导入 Unity 以后，一般情况下需要在 Inspector（检查器）窗口将图像的 Texture Type（纹理类型）设置为 Sprite(2D and UI) 才能使用。

很多图像资源同一个图像上有多个内容，需要根据情况将 Sprite Mode 属性设置为 Single（单一）图像内容、Multiple（多个）图像内容或者 Polygon（多边形）图像内容。如图 5-3 所示，就需要设置为 Multiple（多个）。

图 5-3

此外，Pivot（轴心）属性可以设置图像的坐标原点，在制作精灵动画的时候需要用到。在 Mesh Type（网格类型）属性中，Full Rect（全矩形）会生成四边形网格，常用于地形等，Tight（紧密）会基于图像等透明部分来生成网格，常用于主角等。

此外，在 Photoshop 中编辑的图像文件保存为 .psb 文件导入以后，会成为一个类似 3D 模型的资源，图像中的层会成为子游戏对象，使用和修改起来很方便。

2. 精灵编辑器（Sprite Editor）工具

精灵编辑器是一个编辑图像资源的工具，选中图像资源以后，在 Inspector（检查器）窗口单击 Sprite Editor 按钮即可打开，如图 5-4 所示。

选中 Sprite Editor 选项以后，该工具可以编辑单个图像的九宫格模式，常用于 UI 设置。也可以将有多个内容的图像分割出来成为多个 Sprite，用于 UI、精灵动画等的制作。选中 Custom Outline 选项，可以针对单个图像自定义边框，只显示框住的内容，这样做能提高性能。选中 Custom Physics Shape 选项，可以针对单个图像自定义物理边框，常用于主角，或者一些对物理碰撞真实性要求比较高的情况，例如物理模拟游戏中的齿轮等。选中 Skinning Editor 选项，可以编辑图像的骨骼和对应的网格，用于制作 2D 骨骼动画。

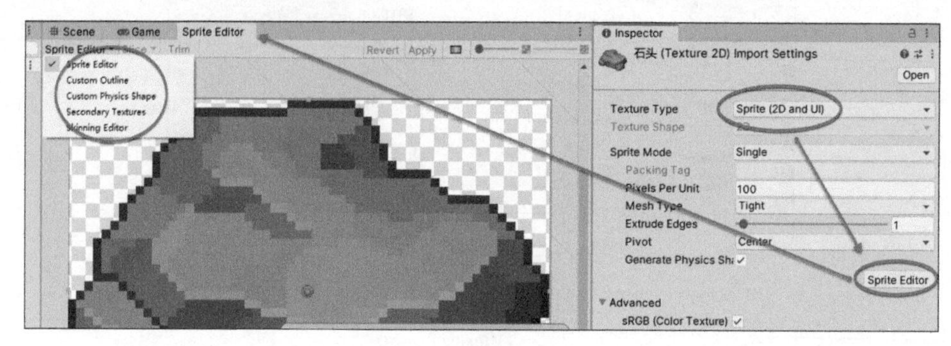

图 5-4

3. Sprite 图集资源

Sprite 图集（Sprite Atlas）资源用来提升运行性能。当有太多的图像资源时会降低性能。Sprite 图集资源可以将多个图像资源或者 Sprite 在发布的时候整合成一个图像资源，运行时一起加载以提升性能。

单击菜单 Assets → Create → 2D → Sprite Atlas（资源→创建→ 2D → Sprite 图集）即可添加 Sprite 图集资源。选中添加的资源以后，在 Inspector（检查器）窗口中，单击修改 Objects for Packing（包装对象）属性下的列表，添加要打包到一起的图像资源或者 Sprite 即可。单击 Pack Preview（打包预览）按钮可以查看打包后的图像。

图像资源相关总结如图 5-5 所示。

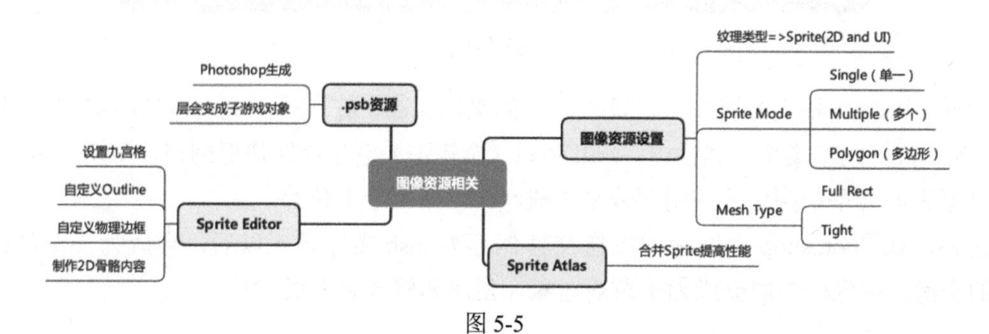

图 5-5

5.3 2D 基础组件和显示顺序

1. 精灵渲染器组件

Sprite Renderer（精灵渲染器）组件是 2D 内容基础的组件。Sprite（精灵）属性用于设置显示的内容，Color（颜色）属性可以给图像叠加上颜色，Flip（翻转）属性可以将图像水平或者垂直翻转。其中 Draw Mode（绘制模式）属性用于设置显示效果，在 Simple（简单）模式下，图像会随着游戏对象长宽的改变被拉伸和缩小；在 Sliced（已切片）模式下，图像资源需要设置为九宫格，当游戏对象长宽改变的时候，整体能保持不变；在 Tiled（已平铺）模式下，当游戏对象的长宽大于图像长宽的时候会重复显示。图 5-6 是当图像被放大后，3 种模式的显示效果，左边对应 Simple（简单）模式，中间对应 Sliced（已切片）模式，右边对应 Tiled（已平铺）模式。

图 5-6

2. 精灵遮罩组件

Sprite Mask（精灵遮罩）组件可以利用图像实现特殊的外形和效果。单击菜单 Game Object → 2D Object → Sprite Mask（游戏对象→ 2D 对象→ Sprite 遮罩）添加一个带有精灵遮罩组件的游戏对象，在其下再添加一个图像作为子游戏对象，设置其子游戏对象的精灵渲染器组件的 Mask Interaction（遮罩交换）属性为 Visible Inside Mask（遮罩中可见）或者 Visible Outside Mask（遮罩外可见），则子游戏对象显示的范围会受到父节点遮罩形状的影响。子游戏对象可以是图像，也可以是动画。

3. 2D 图像显示顺序

2D 图像显示的前后顺序受到多个参数的影响，简单理解如下：排序图层（Sorting Layer）> 图层顺序（Order in Layer）> 渲染器队列 >Position.Z。渲染器用得少，通常不会受渲染器队列影响。一般情况下，通过排序图层和图层顺序就能搞定。排序图层的选项可以在 Project Settings 窗口的 Tags and Layers（标签和图层）标签中进行添加和修改。

另外，Sorting Group（排序组）组件可以令其子游戏对象的排序图层和图层顺序等于排序组组件的设置。这个常用于设置多个关联的图像，如角色和角色的装备特效等。

5.4 2D 物理

5.4.1 2D 刚体

2D 刚体（Rigidbody 2D）是实现 2D 游戏对象的物理行为的主要组件。添加刚体组件以后，游戏对象会受到力的影响。如果还添加了一个或多个 2D 碰撞器（Collider 2D）组件，则游戏对象会因发生碰撞而移动。选中游戏对象，单击菜单 Component → Physics 2D → Rigidbody 2D（组件→ 2D 物理→ 2D 刚体）即可添加刚体组件。

1. Body Type（身体类型）

Body Type，中文界面翻译为身体类型，这是推荐读者使用英文版的原因。2D 刚体有 3

种类型：Dynamic、Static（静态的）和 Kinematic（这里三个类型翻译了一个，英文界面看到的是三个英文单词，中文界面看到一个中文和两个英文）。其中，Static 类型的刚体不移动，不与同类型刚体发生碰撞，通常用于不会移动的物体。Dynamic 类型的刚体是应用比较多的，有有限的质量和阻力，受重力和作用力影响，相当于一般的物理物体。Kinematic 类型的刚体的运动方式受程序控制，不受其他力的影响。

2. 质量和重力

质量（Mass）的单位是千克，默认值是 1。选中 Use Auto Mass（使用自动质量）选项会根据图片的大小自动计算刚体的质量。Gravity Scale（重力大小）属性用于设置刚体受重力影响的程度。

Unity 项目默认使用地球重力，单击菜单 Edit → Project Settings...（编辑→项目设置 ...）打开 Project Settings（项目设置）窗口，选中 Physics 2D（2D 物理）标签，修改其中的 Gravity（重力）选项，即可修改当前项目的重力的大小和方向。

3. 阻力和冻结

Linear Drag（线性阻尼）属性用于设置游戏对象移动的阻力，默认值为 0。Angular Drag（角阻力）属性是转动的阻力，默认值为 0.05，这个值影响当游戏对象发生旋转以后，多长时间会停下来。Freeze Position（冻结位置）属性和 Freeze Rotation（冻结旋转）属性可以组织游戏对象在某个方向移动或者在某个轴线上旋转。

4. 刚体程序控制

当刚体类型是 Kinematic 的时候，需要使用 Rigidbody2D.MovePosition 方法和 Rigidbody2D.MoveRotation 方法实现刚体的移动和旋转。

当刚体类型是 Dynamic 的时候，可以通过修改刚体的速度（即 Rigidbody2D.velocity 属性）来控制刚体的移动。但是，官方更推荐使用 Rigidbody2D.AddForce 等方法，通过施加力的方式控制刚体的运动。

这两种方法的区别在于当遇到类型是 Static 的刚体或者遇到没有添加刚体的碰撞体，并且双方都没有设置可以被穿透的时候，Kinematic 类型的会穿过去，而 Dynamic 类型的会被弹回来。用速度控制刚体比用力控制刚体操控更强一些。另外，如果要在运行中禁止启用刚体，修改 Rigidbody2D.simulated 属性即可，这样性能比较高。

5.4.2 2D 碰撞器组件

Collider 2D（2D 碰撞器）组件不是一个组件，而是一组组件，包括 Box Collider 2D（2D 盒状碰撞器）、Circle Collider 2D（2D 圆形碰撞器）、Capsule Collider（2D 胶囊碰撞器）、Polygon Collider 2D（2D 多边形碰撞器）、Edge Collider 2D（2D 边缘碰撞体）和 Composite

Collider 2D（2D 复合碰撞器）。选中游戏对象，单击菜单 Component → Physics 2D → XXX Collider 2D（组件→ 2D 物理→ XXX 2D 碰撞器）即可添加碰撞器组件。

可以通过单击 Edit Collider（编辑碰撞器）按钮，在 Scene（场景）视图中修改碰撞器的大小和一些碰撞器的形状。

1. 不规则形状的碰撞器

Edge Collider 2D（2D 边缘碰撞器）是在 Scene（场景）视图中编辑碰撞器的形状，而且形状可以不是闭合的，例如只是一条线。Polygon Collider 2D（2D 多边形碰撞器）则是根据图像资源在 Sprite Editor 工具设置的物理边框自动生成对应形状，对比前面一种做法，这种做法更推荐。Composite Collider 2D（2D 复合碰撞器）会根据其子游戏对象的碰撞器形状生成对应的形状。

2. 碰撞事件

当两个不可穿透的碰撞器接触时会触发碰撞事件，包括 OnCollisionEnter2D（发生碰撞）、OnCollisionStay2D（持续接触）和 OnCollisionExit2D（碰撞结束）。能触发碰撞事件的两个游戏对象，其中一个必须是带有 Dynamic 类型的刚体的碰撞器。

3. 触发事件

当两个碰撞器其中任意一个选中了 Is Trigger（是触发器）属性，则两个碰撞器不再会发生碰撞，而是发生穿透，并且穿透的过程中会引发 Trigger2D 触发事件。能触发碰撞事件的两个游戏对象，其中一个必须带有 Rigidbody2D 组件并且组件的 BodyType 属性是 Dynamic 或者 Kinematic。该事件常用于玩家进入指定区域的判断。

5.4.3 2D 关节组件和 2D 物理材质

1. 2D 关节组件

Joint 2D（2D 关节）组件也是一组组件，可以将刚体连接到另一个刚体。当其中的刚体受到力的作用的时候，会因为关节的限制做出特定的反应或者运动。当受到的力或者扭矩超过某个限度的时候，可以破坏关节。通过选中游戏对象以后，单击菜单 Component → Physics 2D → XXX Joint 2D（组件→ 2D 物理→ 2D XXX 关节）即可添加 2D 关节组件。2D 关节组件所在的游戏对象和要连接的游戏对象都需要有 2D 刚体组件。

Unity 提供了多个 2D 关节组件，有常用的 Fixed Joint 2D（2D 固定关节）组件、Spring Joint 2D（2D 弹簧关节）组件等。此外，还有模拟搬运重物的 Target Joint 2D（2D 目标关节）组件和模拟汽车用的 Wheel Joint 2D（2D 车轮关节）组件。

2. 2D 物理材质

Physic Material 2D（2D 物理材质）用于模拟物体的弹力和阻力，例如在台球游戏中模拟球被弹开和慢慢停下的效果。2D 物理材质是资源，选中目录以后，单击菜单 Assets → Create → 2D → Physic Material 2D（资源→创建→ 2D →物理材质 2D）即可添加物理材质资源。设置好物理材质资源以后，将其添加到 Collider 2D（2D 碰撞器）组件的 Material（材质）属性中即可。Friction 是碰撞体的摩擦系数，Bounciness 是表面反弹的程度，值为 0 表示没有弹性，而值为 1 表示完美弹性，没有能量损失。

5.4.4 2D 效果器组件

Effector 2D（2D 效果器）组件是一组用于模拟一些特殊的交换效果的组件。选中有 2D 碰撞器的游戏对象，单击菜单 Component → Physics 2D → XXX Effector 2D（组件→ 2D 物理 → 2D XXX 效果器）即可添加 2D 效果器组件。

其中有模拟强风吹的 Area Effector 2D（2D 区域效果器），有模拟水体浮力的 Buoyancy Effector 2D（2D 浮力效果器），有模拟引力和斥力的 Point Effector 2D（2D 点效果器），有模拟传送带的 Surface Effector 2D（2D 表面效果器），以及平台跳跃游戏专业的单向通过的 Platform Effector 2D（2D 平台效果器）。

2D 物理总结如图 5-7 所示。

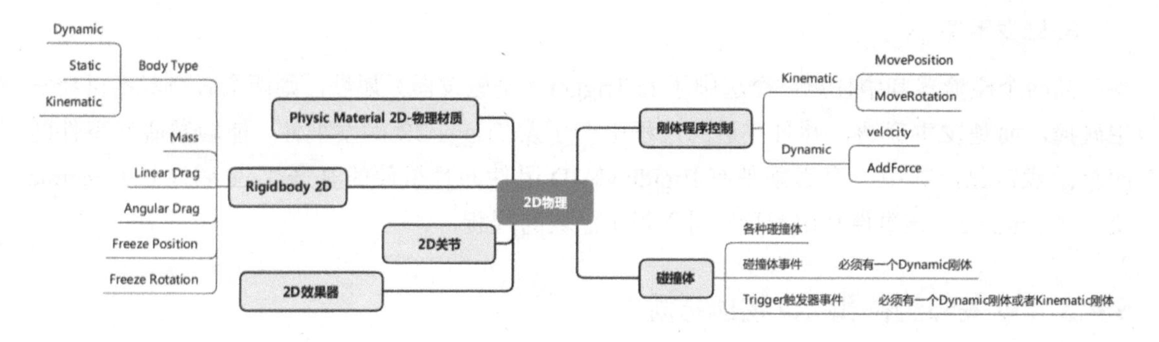

图 5-7

5.5 2D 动画

Unity 的 2D 动画分精灵动画和 2D 骨骼动画。2D 骨骼动画适合一些没有转动的情形，消耗资源较少，制作修改简单。精灵动画适用范围更广，但是消耗资源更多，而且制作比较麻烦。对于一些很复杂的情况，更多的是使用 3D 渲染 2D 的效果来实现。

Unity 的 2D 动画制作以及逻辑和 3D 动画制作以及逻辑是一致的，区别只是动画剪辑生成的方式不一样。这里只介绍动画剪辑生成的方式，关于动画状态机等内容在 7.2.3 节介绍。

1. 精灵动画剪辑制作

精灵动画制作相对简单，选中一组动作相关的精灵图像资源从 Project（项目）窗口拖曳到 Hierarchy（层级）窗口，就可以自动生成动画剪辑以及对应的动画控制器。

2. 2D 骨骼动画剪辑制作

2D 骨骼动画剪辑制作需要先在 Sprite Editor 窗口中设置图像角色对应的 Bone（骨骼），然后生成骨骼对应的 Geometry（形状），即哪些部分受到骨骼影响，然后设置 Geometry 形状部分受骨骼影响的 Weight（权重）。之后将设置好的精灵图像添加到场景中，再使用 Animation（动画）窗口录制动作即可。录制动作的方式和 3D 动画录制动作的方式一致。

5.6 瓦片地图

Tilemap（瓦片地图）是 Unity 2D 开发中常用的内容，可以方便地构建 RPG、平台跳跃、走版等各类游戏场景。

1. 建立过程

首先，单击菜单 GameObject → 2D Object → Tilemap → XXX（游戏对象→ 2D 对象→瓦片地图→ XXX），将对应类型的瓦片地图添加到场景中，可以添加四边形或六边形的瓦片地图。选中添加的 Grid 游戏对象，设置瓦片地图的大小、间隔等。

单击菜单 Window → 2D → Tile Palette（窗口→ 2D →平铺调色板），打开 Tile Palette（平铺调色板）窗口。新建一个瓦片调色板资源，将瓦片地图用到的图像资源拖曳到平铺调色板中，并保存瓦片设置资源。

选中平铺调色板窗口中的菜单上笔形状的按钮，如图 5-8 所示，再选中调色板中的瓦片，就可以在 Scene（场景）视图中绘制瓦片地图，如图 5-9 所示。

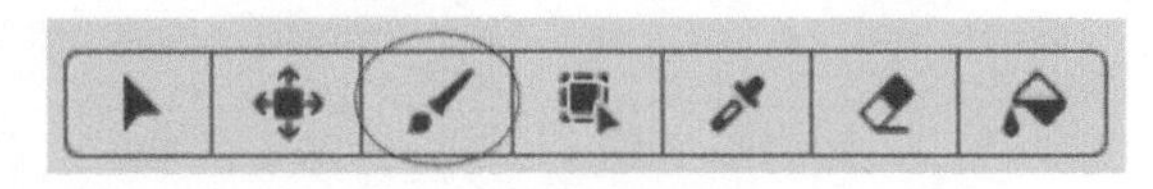

图 5-8

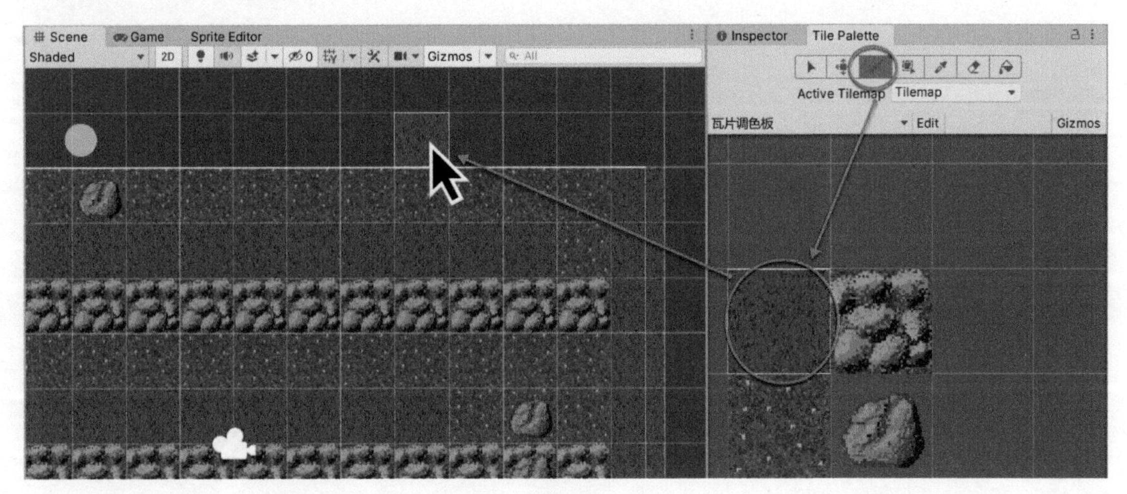

图 5-9

首先设置瓦片资源的Collider Type（碰撞器类型）属性，如果设置为none（无），则该瓦片没有碰撞器，如果设置为Grid（网格）；则以瓦片形状建立碰撞器；如果设置为Sprite（精灵），则以图像内容建立碰撞器。

设置完瓦片资源后，再在Tilemap Renderer组件所在游戏对象上添加Tilemap Collider 2D（2D瓦片地图碰撞器）组件，整个瓦片地图就会根据瓦片的设置添加对应的碰撞体。

2. 其他

通常可在场景中添加两个瓦片地图，一个用于显示背景，如道路和地形等，另一个用于显示前景或障碍物，如房子和栅栏等，这样便于调整。前景的瓦片需要瓦片图像在精灵编辑器中设置Custom Outline（这里官方没有给出翻译，等后续版本吧），这样才能把空白的地方隐藏掉。

如果要自定义瓦片，则可以继承Tile类，然后用注解实现通过Unity菜单添加自定义瓦片资源。这样就可以给不同的瓦片添加不同的自定义属性。

瓦片地图总结如图5-10所示。

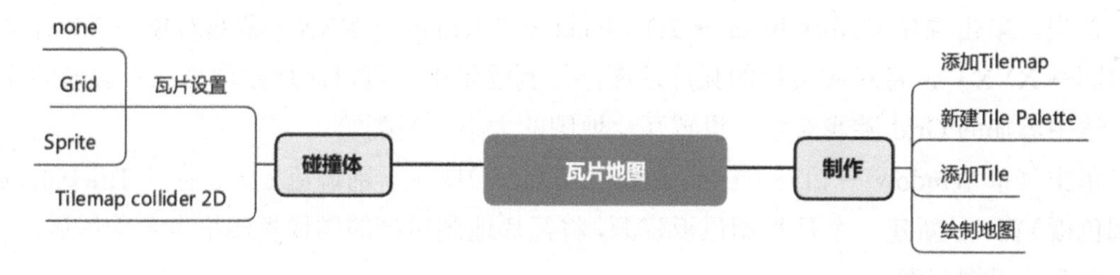

图5-10

第6章 制作2D打砖块游戏

本章将通过一个简单的2D小游戏来讲解Unity游戏开发基本的思路和方法。本书的游戏脚本会采用中文编码，即类名、属性、方法都将采用中文。这种方法比较激进，但是有助于初学者学习。

6.1 游戏思路和结构

游戏过程是这样的，玩家控制一个滑块，让小球在屏幕中弹来弹去，当小球碰到砖块的时候，砖块会消失。其中碰撞会有音效，小球落到屏幕下方则该次尝试结束，总共有3次尝试机会，看谁的得分高。碰到不同的砖块会有不同的得分和音效，如图6-1所示。

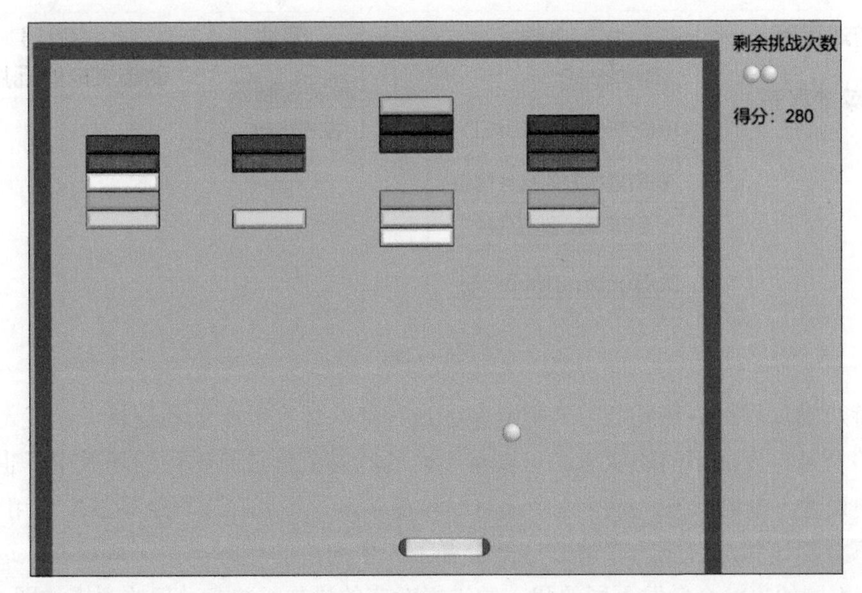

图6-1

在游戏制作中，关卡搭建也是很重要的事情，很多时候为了方便关卡搭建和参数调试，需要开发专门的工具。在这里为了能够快速简单地生成不同的关卡，使用瓦片地图来制作砖块。小球碰撞到砖块获取砖块信息并删除砖块的脚本，用英文在搜索引擎搜索一下很快就能找到示例代码。拿来测试一下，没什么问题直接用就可以。一般而言，stackoverflow 和 Unity 论坛的答案都很靠谱。

这样的小游戏通常将主要的逻辑放在一个统一的脚本中进行管理，这个脚本习惯上命名为 GameManager，Unity 还会将这个名字的脚本变成特殊的图标。响应小球碰撞事件的脚本必须挂在小球刚体所在的游戏对象上，删除对应砖块的逻辑也写在这里，把参数传到 GameManager 脚本反而麻烦。滑块左右移动控制的脚本也可以写在 GameManager 脚本中，考虑到滑块左右移动的控制并不需要和其他脚本产生关联，所以在这里将其理解为对滑块游戏对象的一个补充或者升级，新建对应脚本并将其挂在滑块上。控制滑块是否启用的逻辑依旧写在 GameManager 脚本中。项目本身比较简单，游戏界面控制的逻辑也一并放在 GameManager 脚本中控制，在一个场景中通过启用 / 禁用的方式切换界面。在场景中，主要的游戏对象和脚本及其逻辑关系如图 6-2 所示。

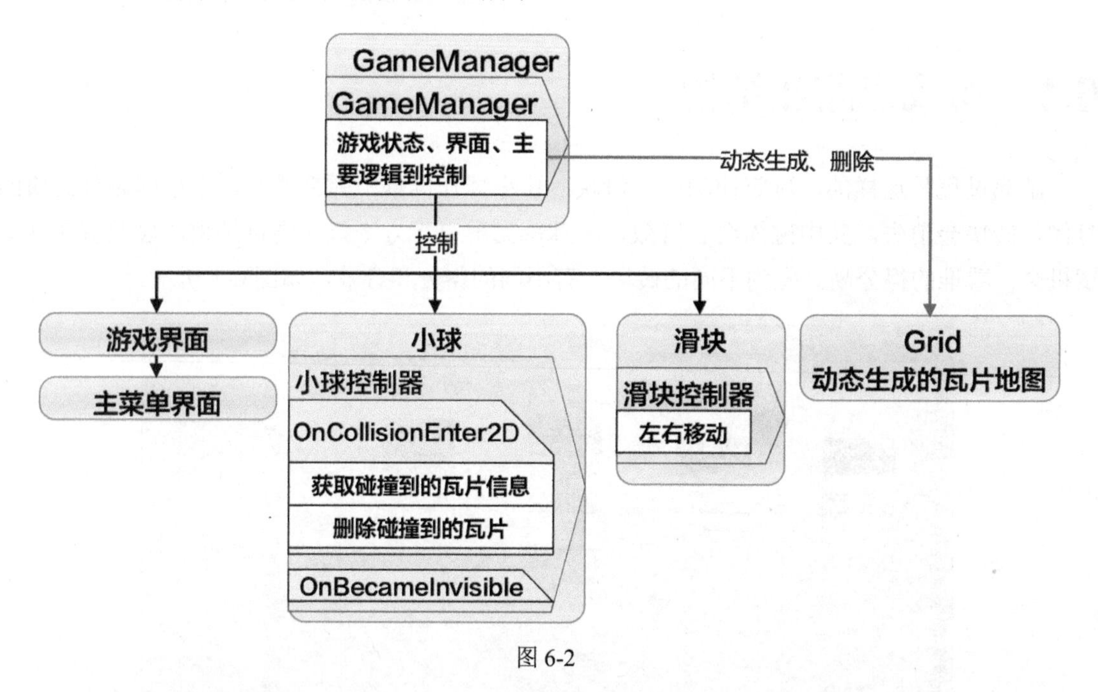

图 6-2

一个游戏的过程可能很复杂，要把复杂的过程简化才有助于编写逻辑。游戏常用的一个思路是将整个过程变成不同的状态。可以将不同的状态分别放到不同的场景中，也可以在同一个场景中设置不同的状态。因为这个项目比较简单，这里就在同一个场景中使用多个状态，每个状态下处理该状态对应的事情。这里设置了 3 个简单的状态：主菜单状态、运行状态、暂停状态。不同的事情会触发不同的状态并进行对应的操作。游戏过程的逻辑如图 6-3 所示。

这个项目单人就可以完成，开发的顺序不很重要。一般推荐先完成核心功能或者最难实现的部分，这样一旦发现有无法实现的内容，需要修改设计的时候工作量会比较少。有些复杂的项目则需要在开发前先验证一些功能是否能实现，再进行设计和开发。

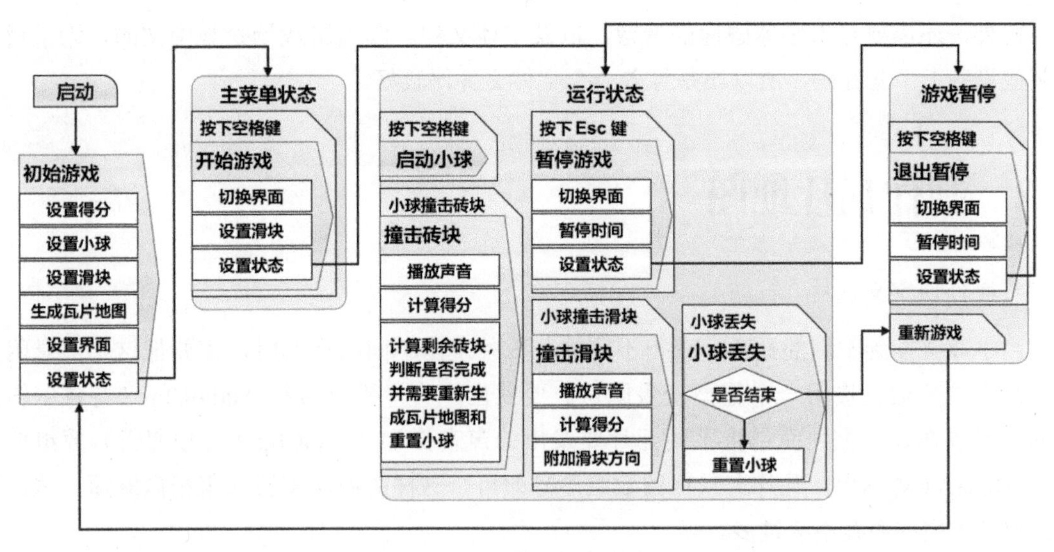

图 6-3

6.2　导入和基础设置

在 Unity 中新建一个 2D 项目，项目名称建议使用英文，避免在发布安卓 APK 的时候出错。这里为了使初学者能更好地理解，项目中的资源、目录包括脚本和脚本中定义的变量方法都使用中文。虽然有些激进，但是是可行的。

导入的图片包括小球、滑块和砖块的图片。砖块的图片使用白色，通过设置颜色来实现变成不同的砖块。滑块导入后，设置为九宫格的格式，这样方便调整滑块的大小和长度，如图 6-4 所示。

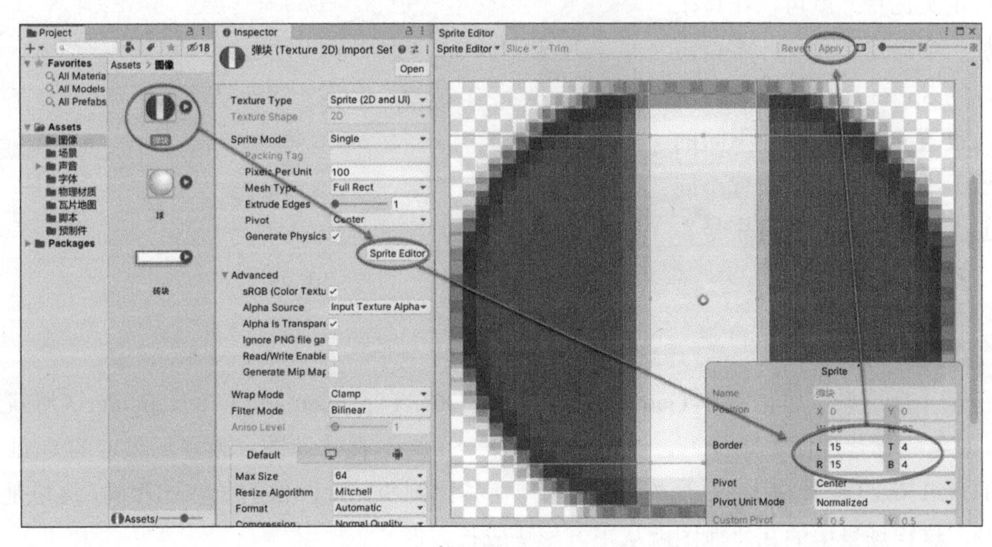

图 6-4

此外，还需要导入小球碰撞的音效，以及字体文件。因为游戏场景是中文的，为了避免在某些设备上中文乱码，所以还是导入一个字体文件比较好。

6.3 制作瓦片地图

1. 制作自定义瓦片

当小球碰撞到不同的瓦片，获得不同的分数并发出不同的声音时，需要把这个信息附加在瓦片上。分数直接用一个整型变量即可。要发出声音，不直接把 AudioClip（音频剪辑）作为变量放在瓦片上，而是将不同瓦片要发出的声音作为 AudioClip（音频剪辑）数组放在 GameManager 脚本上，瓦片上只保留数组序号即可。这样的做法配置起来稍微麻烦一些，但是能保证占用的内存不会过多。

新建脚本，继承 Tile 类，为脚本添加分数和声音序号的属性，并添加生成资源的注解。脚本如下：

```
[CreateAssetMenu]
public class 自定义瓦片 : Tile
{
    public int 得分;
    public int 声音序号;
}
```

在 Project（项目）窗口选中对应目录，单击菜单 Assets → Create →自定义瓦片（资源→创建→自定义瓦片）就可以在目录中添加一个自定义瓦片。将自定义瓦片的 Sprite 属性设置为砖块图像，设置 Color 属性使不同的砖块显示不同的颜色，设置不同砖块的“得分”和“声音序号”属性，如图 6-5 所示。

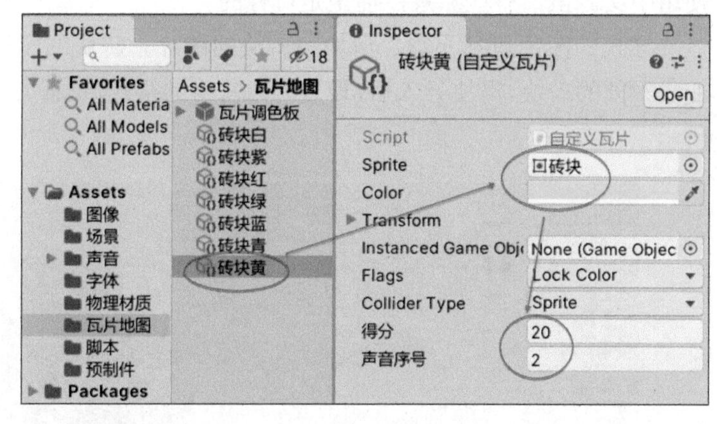

图 6-5

2. 建立瓦片调色板

新建一个场景，单击菜单 GameObject → 2D Object → Tilemap → Rectangular（游戏对象→ 2D 对象→瓦片地图→矩形），在场景中添加一个矩形瓦片地图。设置场景中的 Grid 游戏对象的 Cell Size（单元格大小）属性的 X 和 Y，使其比例和瓦片图像的长宽比相同，这里是 1.32 和 0.28，这样场景中的瓦片地图就从正方形变成长方形了。

单击菜单 Window → 2D → Tile Palette（窗口→ 2D →平铺调色板），打开瓦片调色板窗口。在窗口中单击 Create New Palette 创建并保存一个新的瓦片调色板资源。将自定义的瓦片从 Project（项目）窗口拖曳到 Tile Palette（平铺调色板）窗口中，即可在调色板中设置不同的瓦片资源。

3. 绘制瓦片地图

在 Tile Palette 窗口中，选中笔的图标，选中要绘制的瓦片，然后就可以在 Scene（场景）视图中绘制瓦片地图了。绘制完后，可以单击 Unity 编辑器的手形图标退出绘制模式。绘制完后，需要给 Tilemap 游戏对象添加 Tilemap Collider 2D（2D 瓦片地图碰撞器）组件，这样砖块才能发生碰撞。Tilemap Collider 2D 组件不能通过 Unity 的菜单添加，只能选中 Tilemap 游戏对象，在 Inspector（检查器）窗口，单击 Add Component（添加组件）按钮，选择 Tilemap → Tilemap Collider 2D（瓦片地图→ 2D 瓦片地图碰撞器）来添加。

添加完之后，将 Project（项目）窗口中的自定义瓦片拖曳到 Tile Palette 窗口中，选中笔刷按钮，再选中对应的瓦片，就可以将自定义的形状添加到场景中了，如图 6-6 所示。

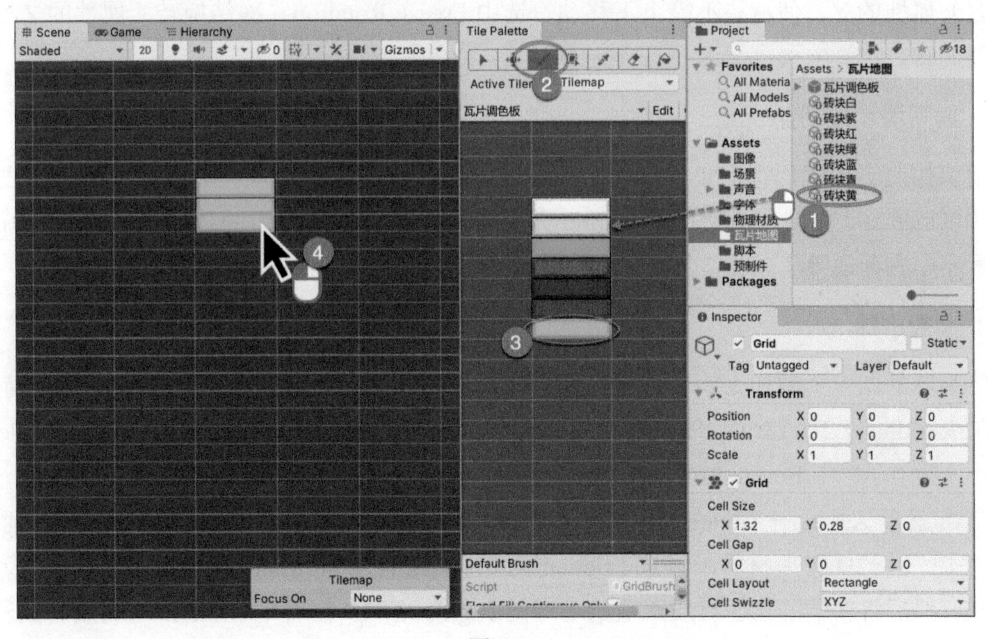

图 6-6

6.4 滑块和小球

1. 添加边框

为了避免小球飞出去，需要添加上、左、右 3 个边框。单击菜单 GameObject → 2D Object → Sprites → Square（游戏对象→ 2D 对象→ Sprites →正方形）添加方形的图像。在新加的游戏对象上添加 Box Collider 2D（2D 盒状碰撞器）组件。添加 3 个这样的游戏对象，设置游戏对象的大小、位置和颜色，挡在瓦片地图的上方、左边和右边。

2. 添加滑块

将滑块的图像资源拖曳到场景中，就会自动生成一个 2D 图像的游戏对象。设置 Draw Mode（绘制模式）选项为 Sliced（已切片），基于之前滑块图像的九宫格设置调整大小，外观风格基本不变。如果编辑器有黄色警告，则将滑块图像资源的 Mesh Type（网格类型）设置为 Full Rect（全矩形）即可。

选中滑块游戏对象，单击菜单 Component → Physics 2D → Capsule Collider 2D（组件 → 2D 物理→ 2D 胶囊碰撞器）为滑块添加一个胶囊碰撞器。设置碰撞器的 Direction（方向）属性为 Horizontal（水平），并调整大小使其和滑块对应。

选中滑块游戏对象，单击菜单 Component → Physics 2D → Rigidbody 2D（组件→ 2D 物理→ 2D 刚体）为滑块添加一个 2D 刚体。设置刚体的 Body Type（身体类型）属性为 Dynamic，。设置 Gravity Scale（重力大小）为 0，即不受重力影响。选中 Freeze Position（冻结位置）属性的 Y，使滑块不能上下移动。选中 Freeze Rotation（冻结旋转）属性的 Z，使滑块不能旋转。

3. 编写滑块控制器

滑块控制器的代码很简单，当按下左右方向键的时候，使滑块移动即可。滑块的刚体没有使用 Kinematic 类型，而使用 Dynamic 类型，这样遇到左右两边的边框会被挡住，就不需要在程序中判断边界了。

4. 添加小球

将小球的图像资源拖曳到场景中生成游戏对象，添加 Circle Collider 2D（2D 圆形碰撞器），再添加 Rigidbody 2D（2D 刚体）。设置刚体的 Angular Drag（角阻力）和 Gravity Scale（重力大小）为 0。选中 Freeze Rotation（冻结角度）的 Z，使其不能旋转。

单击菜单 Assets → Create → 2D → Physics Material 2D（资源→创建→ 2D →物理材质 2D）添加一个 2D 物理材质，设置 Friction 为 0，即没有摩擦力，Bounciness 为 1，即反弹没有衰减。然后将新增的物理材质赋值给小球的 Rigidbody 2D 组件的 Material（材质）属性。

5. 编写小球控制器

当小球发生碰撞的时候，如果碰撞对象是瓦片地图，遍历所有接触点，使用 SetTile 方法可以删除瓦片，使用 GetTile 方法可以获得对应的瓦片。开始的时候给小球一个随机方向的速度，让小球动起来。

单击菜单 Edit → Project Settings...（编辑→项目设置）打开 Project Settings 窗口，选中 Physics 2D（2D 物理）标签，设置 Gravity（重力）属性的 Y 为 0，即 2D 环境中无重力。之后就可以运行场景，尝试控制滑块反弹小球将砖块打掉了。

6.5 添加界面

界面比较简单，添加主菜单以及暂停、结束、游戏运行时的得分、挑战次数即可，如图 6-7~图 6-9 所示。

画布默认分辨率设置的是 1920×1080，也可以上百度统计流量研究院看看哪个分辨率用得最多来设置。因为现在这个分辨率在一些笔记本电脑上显示的时候高度不够。设置画布的 Screen Match Mode 为 Match Width Or Height、Match 为 0.5，这样分辨率变化的时候，界面的整体感觉基本能保持。利用滑块的图片来做按钮，用砖块的图片来做标题文字的遮罩。前面 5.2 节讲过图片的 Draw Mode（绘制模式）有 3 种，即 Simple（简单）模式、Sliced（已切片）模式和 Tiled（已平铺）模式。其中 Tiled 模式会将图片重复显示。利用图片平铺的方式显示多个小球，从而实现提示剩余挑战次数。当然也可以根据自己的想法进行修改，这个没有对错之分，喜欢就好。

图 6-7

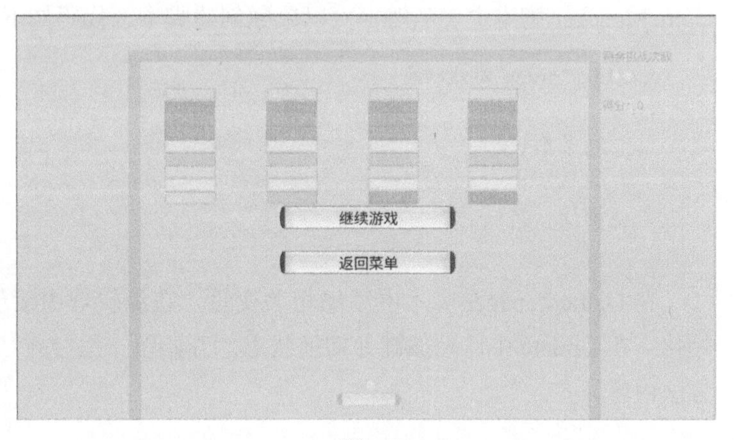

图 6-8

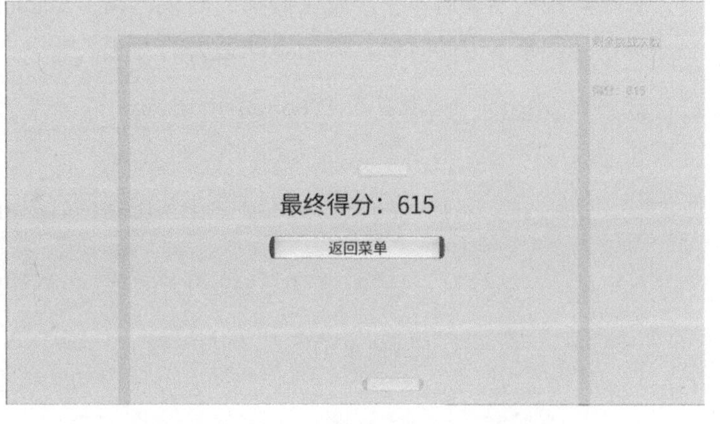

图 6-9

6.6 编写主要逻辑

编写主要逻辑的思路是这样的：先编写整个游戏的逻辑，即开始显示主菜单，单击后开始游戏，可以暂停、结束游戏。然后编写小球碰撞得分、播放声音的内容。最后编写动态生成瓦片地图的内容。

1. 编写整体逻辑

新建脚本 GameManager 并将其拖曳到 GameManager 游戏对象上成为其组件。因为项目比较小，GameManager 的公共变量赋值都在编辑器中赋值。开始的时候，小球要在滑块的上面随滑块移动，按下空格后小球才开始单独运动。所以先将小球的刚体设置为 Kinematic 类型，并将小球作为滑块的子游戏对象，当按下空格的时候，修改小球的层级结构、刚体类型并给予速度。

新建一个枚举用于判断游戏状态。因为只在 GameManager 脚本中使用，所以把枚举放在 GameManager 脚本中，当然也可以单独创建脚本。代码如下：

```
public enum 游戏状态
{
    主菜单,
    运行,
    暂停
}
```

在 GameManager 脚本中添加相关变量，在编辑器中赋值。在 Start 方法中对游戏进行初始化，在 Update 中监控按键并切换状态。开始留一些空方法，把整体逻辑写出来，再慢慢把方法内容补齐。

2. 编写小球逻辑

在小球控制器的脚本中，发生碰撞的时候，调用 GameManager 的方法来处理碰撞结果。当小球落到屏幕下方的时候，调用小球丢失的方法。

```
public class 小球控制器 : MonoBehaviour
{
    ...
    private void OnCollisionEnter2D(Collision2D collision)
    {
        if (collision.transform.CompareTag("Player"))    // 如果撞击到滑块
        {
            gm.撞击处理();
        }
        else
```

```
            {
                Vector3 撞击点 = Vector3.zero;
                if (瓦片地图 != null && 瓦片地图 .gameObject == collision.gameObject)
                { //如果撞击到砖块
                    foreach (ContactPoint2D 接触点 in collision.contacts)
                    {
                        撞击点 .x = 接触点 .point.x - 0.01f * 接触点 .normal.x;
                        撞击点 .y = 接触点 .point.y - 0.01f * 接触点 .normal.y;
                        瓦片 = 瓦片地图 .GetTile<自定义瓦片>(瓦片地图 .WorldToCell(撞
击点));

                        gm.撞击处理(瓦片 .得分, 瓦片 .声音序号);
                        瓦片地图 .SetTile(瓦片地图 .WorldToCell(撞击点), null);
                    }
                }
            }
        }
        private void OnBecameInvisible()
        {
            gm.小球丢失();
        }
    }
```

在 GameManager 脚本中添加声音队列和对应的方法处理分数、播放声音。当小球撞击到滑块的时候，滑块的移动方向会影响小球的方向，早年任天堂的红白机就是这样的，这里模仿了一下，以增加玩家控制的感觉。至于能影响多少可以自己决定。

3. 编写动态生成瓦片地图

将绘制好的瓦片地图保存为 Prefab（预制件），存储到 GameManager 的一个数组变量中。当瓦片地图中的瓦片为 0 的时候，表示完成当前挑战，需要重置小球并生成下一个瓦片地图。因为计算瓦片地图当前的瓦片数量使用了两个循环，所以不在每次碰撞的时候进行计算，而是在初始的时候计算并赋值给一个变量，对该变量进行计算。瓦片地图生成之后立即计算会因为还没生成完成而导致计算出错，所以使用了协程，保证在生成完成以后再计算。生成完瓦片地图要赋值给小球。瓦片地图的逻辑代码请参考本书配套资源。

6.7 调试和完善

这个时候游戏基本完成了。调试的时候发现会有以下问题：小球有时候会垂直或水平一直弹下去，垂直弹的时候还能通过调整滑块位置使其改变，水平弹的时候就没办法干预；小球的速度有时候会因为快速连续反弹变慢。

简单的解决办法就是在每次小球发生碰撞的时候，判断速度的垂直分量是否过小并为其添加一定的垂直速度。当小球速度过慢或者过快的时候，修改小球的速度。

在 GameManager 脚本中添加方法并在小球碰撞控制器的脚本的碰撞方法中引用。小球控制方法的脚本如下：

```
    public void 小球控制 ()
    {
        //避免小球水平撞击 bug
        if (Mathf.Abs( 小球刚体 .velocity.y) < 0.1f)
            {
                if  ( 小球刚体 .velocity.y > 0)
                {
                小球刚体 .velocity = new Vector2( 小球刚体 .velocity.x, 1);
            }
            else
            {
                小球刚体 .velocity = new Vector2( 小球刚体 .velocity.x, -1);
            }
        }

        //限制小球速度，避免太快或者太慢
        if ( 小球刚体 .velocity.magnitude < 初始速度 || 小球刚体 .velocity.magnitude
> 初始速度 + 1)
        {
            小球刚体 .velocity = 小球刚体 .velocity.normalized * ( 初始速度 + 0.5f);
        }
    }
```

第7章 3D物理、动画和导航

本章将详细讲解3D游戏物理系统、Animation动画系统、导航寻路、拖尾和线等内容，这些内容是3D游戏开发的基础。

7.1 物理系统

Unity提供像在真实世界一样发生掉落、碰撞等物理现象的功能，而且经常用于检测游戏对象的靠近、接触等效果。

7.1.1 刚体组件

刚体是实现游戏对象的物理行为的主要组件。添加刚体组件以后，游戏对象会受到力的影响。如果还添加了一个或多个Collider（碰撞器）组件，则游戏对象会因发生碰撞而移动。选中游戏对象，单击菜单Component → Physics → Rigidbody（组件→物理→刚体）即可添加刚体组件。

由于刚体组件会接管附加到的游戏对象的运动，因此不建议通过脚本更改变换属性（如位置和旋转）来移动游戏对象。相反，应该施加力来推动游戏对象并让物理引擎计算结果。

1. 质量和重力

质量（Mass）的单位是千克，默认值是1。Use Gravity（使用重力）默认选中，表示受到重力的影响。取消选中以后，游戏对象不受重力影响，但是依旧受物理影响。

Unity项目默认使用地球重力，单击菜单Edit → Project Settings...（编辑→项目设置...）打开Project Settings（项目设置）窗口，选中Physics（物理）标签，修改其中的Gravity（重力）选项，即可修改当前项目的重力的大小和方向。

2. 阻力和冻结

Drag（阻力）属性用于设置游戏对象的空气阻力，默认值为0，即真空状态。当值设置为0.001时，是实心金属块的空气阻力效果；当值设置为10时，是羽毛的空气阻力效果。Angular Drag（角阻力）属性是转动的阻力，默认值为0.05，这个值影响当游戏对象发生旋转以后，多长时间会停下来。Freeze Position（冻结位置）属性和 Freeze Rotation（冻结旋转）属性可以组织游戏对象在某个方向移动或者在某个轴线上旋转。

3. 刚体程序控制

刚体程序控制主要是给刚体施加各种力。

AddForce 方法会根据矢量为 Rigidbody（刚体）添加一个持续的力，要注意的是，物理计算应该在 FixedUpdate 中进行计算。AddForce 方法有一个 ForceMode 类型的参数，可以设置施加力的方式。

◎ Force：向刚体添加连续力，受其质量影响。

◎ Acceleration：向刚体添加连续加速度，忽略其质量。

◎ Impulse：向刚体添加瞬时力冲击，考虑其质量。

◎ VelocityChange：向刚体添加瞬时速度变化，忽略其质量。

AddForce 方法添加的矢量是以 Unity 世界坐标作为参照的，而 AddRelativeForce 方法则是以游戏对象自身坐标作为参照的，其他和 AddForce 方法一样。

AddExplosionForce 方法用于实现一个类似爆炸的效果，需要设置爆炸的威力（explosionForce）、爆炸的中心位置（explosionPosition）、影响半径（explosionRadius）以及掀起效果（upwardsModifier）。

此外，Rigidbody 类下还有 AddTorque 和 AddRelativeTorque，用于给刚体添加扭矩使其旋转，使用方法与 AddForce 和 AddRelativeForce 类似。另外，AddForceAtPosition 方法可以添加向量扭矩力，类似于在台球游戏中击打球中心和球边缘出现不同的效果。

7.1.2 碰撞器组件

Collider（碰撞器）组件不是一个组件，而是一组组件，包括 Box Collider（盒状碰撞器）、Sphere Collider（球体碰撞器）、Capsule Collider（胶囊碰撞器）、Mesh Collider（网格碰撞器）、Wheel Collider（车轮碰撞器）和 Terrain Collider（地形碰撞器）。选中游戏对象，点击菜单 Component → Physics → XXX Collider（组件→物理→ XXX 碰撞器）即可添加碰撞器组件。

碰撞器可以通过单击 Edit Collider（编辑碰撞器）按钮，在 Scene（场景）视图中修改碰撞器的大小，也可以直接通过 Center（中心）和 Size（大小）属性进行修改，如图 7-1 所示。

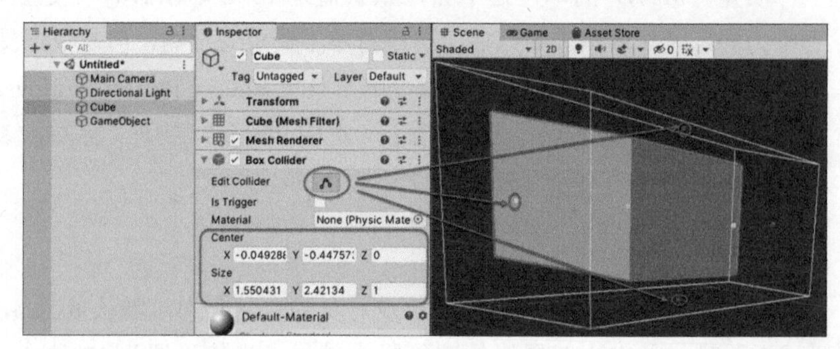

图 7-1

1. 碰撞器、复合碰撞器和网络碰撞器

碰撞器组件可定义用于物理碰撞的游戏对象的形状。碰撞器是不可见的，其形状不需要与游戏对象的网格完全相同。网格的粗略近似方法通常更有效，在游戏运行过程中难以察觉。例如，简单的游戏中，人物使用的只是一个胶囊碰撞器组件，如图 7-2 所示。

复合碰撞器可以模拟游戏对象的形状，同时保持较低的处理器开销。为了获得更多灵活性，可以在子游戏对象上添加额外的碰撞器。例如，可以相对于父游戏对象的本地轴来旋转盒体。在创建这样的复合碰撞器时，层级视图中的根游戏对象上应该只使用一个刚体组件。Unity 提供的 Ragdoll（布偶）就是一个复合碰撞器，如图 7-3 所示。

然而，在某些情况下，即使复合碰撞器也不够准确，可以使用网格碰撞器精确匹配游戏对象网格的形状，如图 7-4 所示。复合碰撞器比原始类型具有更高的处理器开销，因此请谨慎使用以保持良好的性能。此外，网格碰撞器无法与另一个网格碰撞器碰撞（当它们接触时不会发生任何事情）。

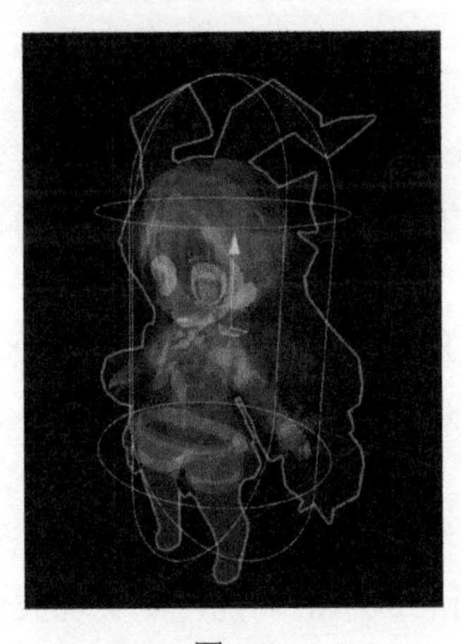

图 7-2

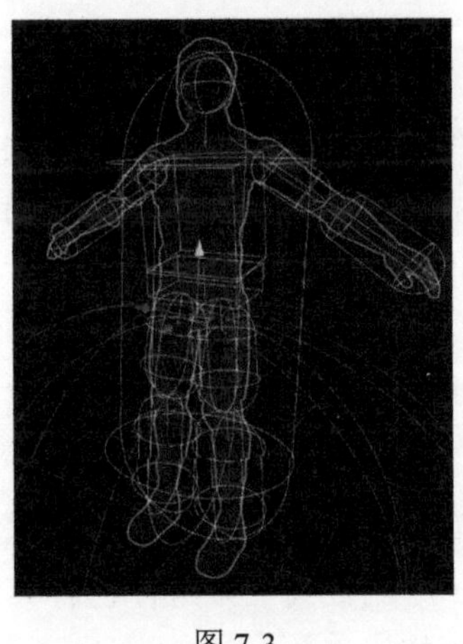

图 7-3

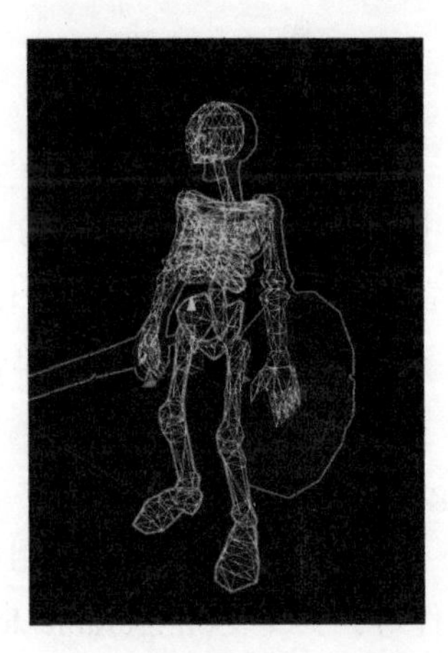

图 7-4

2. 静态碰撞器、刚体碰撞器和运动刚体碰撞器

静态碰撞器是具有 Collider（碰撞器）而没有 Rigidbody（刚体）的游戏对象，例如 Unity 添加的方块盒子、球体等。静态碰撞器在大多数情况下用于表示始终停留在同一个地方而永远不会四处移动的关卡几何体，比如地面、墙壁等。靠近的刚体对象会与静态碰撞器发生碰撞，但不会移动静态碰撞器。

刚体碰撞器是附加了碰撞器和刚体的游戏对象。刚体碰撞器完全由物理引擎模拟，并可响应通过脚本施加的碰撞和力。刚体碰撞器可与其他对象（包括静态碰撞器）碰撞，是使用物理组件的游戏中最常用的碰撞器配置。

运动刚体碰撞器是在刚体碰撞器中，选中刚体组件的 Is Kinematic 属性，通过使用脚本修改游戏对象的 Transform 属性来实现移动的。例如 Unity 提供的 Ragdoll（布偶）使用的就是运动刚体碰撞器。通常情况下，使用脚本修改 Transform 属性可以实现角色的行走移动，但是发生爆炸、撞击效果的时候，角色会以真实的效果被击飞。

3. 碰撞事件

当两个不可穿透的碰撞器接触时会触发碰撞事件，包括OnCollisionEnter（发生碰撞）、OnCollisionStay（持续接触）和OnCollisionExit（碰撞结束）。能触发碰撞事件的两个游戏对象，其中一个必须是刚体碰撞器，另一个可以是刚体碰撞器、静态碰撞器或是运动刚体碰撞器。

4. 触发事件

当两个碰撞器其中任意一个选中Is Trigger（是触发器）属性时，则两个碰撞器不会再发生碰撞，而是发生穿透，并且穿透的过程中会引发触发（Trigger）事件。除了当两个游戏对象都是静态碰撞器的情况（即至少有一个有刚体组件），其他情况下都能引发触发事件。该事件常用于玩家进入指定区域的判断。

7.1.3 关节和物理材质

1. 关节

Joint（关节）组件也是一组组件，可以将刚体连接到另一个刚体或空间中的固定点。当其中的刚体受到力的作用的时候，会因为关节的限制做出特定的反应或者运动。当受到的力或者扭矩超过某个限度的时候，可以破坏关节。

选中游戏对象以后，单击菜单Component → Physics → XXX Joint（组件→物理→ XXX关节）即可添加关节组件。关节组件所在游戏对象和要连接的游戏对象双方都需要有Rigidbody（刚体）组件。

Unity提供了多个关节组件，有常用的Fixed Joint（固定关节）组件、Spring Joint（弹簧关节）组件等。其中Configurable Joint（可配置关节）组件包含其他所有关节的功能，能实现类似其他所有关节的效果，当然配置也超级复杂。

2. 物理材质资源

Physic Material（物理材质）用于模拟物体的弹力和阻力，例如在台球游戏中模拟球被弹开和慢慢停下的效果。物理材质是资源，选中目录以后，单击菜单Assets → Create → Physic Material（资源→创建→物理材质）即可添加物理材质资源。设置好物理材质资源以后，将其添加到Collider（碰撞器）组件的Material（材质）属性中即可。物理材质属性如表7-1所示。

表7-1 物理材质属性说明

属性	说明
Dynamic Friction	移动阻力，取值范围为0~1，值越大停下来得越快
Static Friction	静态阻力，取值范围为0~1，值越大越难被推动
Bounciness	表面弹力，取值范围为0~1，值为0时，不会反弹，值为1时，会一直弹下去

（续表）

属　性	说　明
Friction Combine	两个游戏对象接触时，阻力的计算方式包括：使用 Average 对两个摩擦值求平均值，使用 Minimum 求两个值中的最小值，使用 Maximum 求两个值中的最大值，使用 Multiply 对两个摩擦值相乘
Bounce Combine	两个游戏对象接触时，弹力的计算方式包括：使用 Average 对两个摩擦值求平均值，使用 Minimum 求两个值中的最小值，使用 Maximum 求两个值中的最大值，使用 Multiply 对两个摩擦值相乘

Unity 物理系统小结如图 7-5 所示。

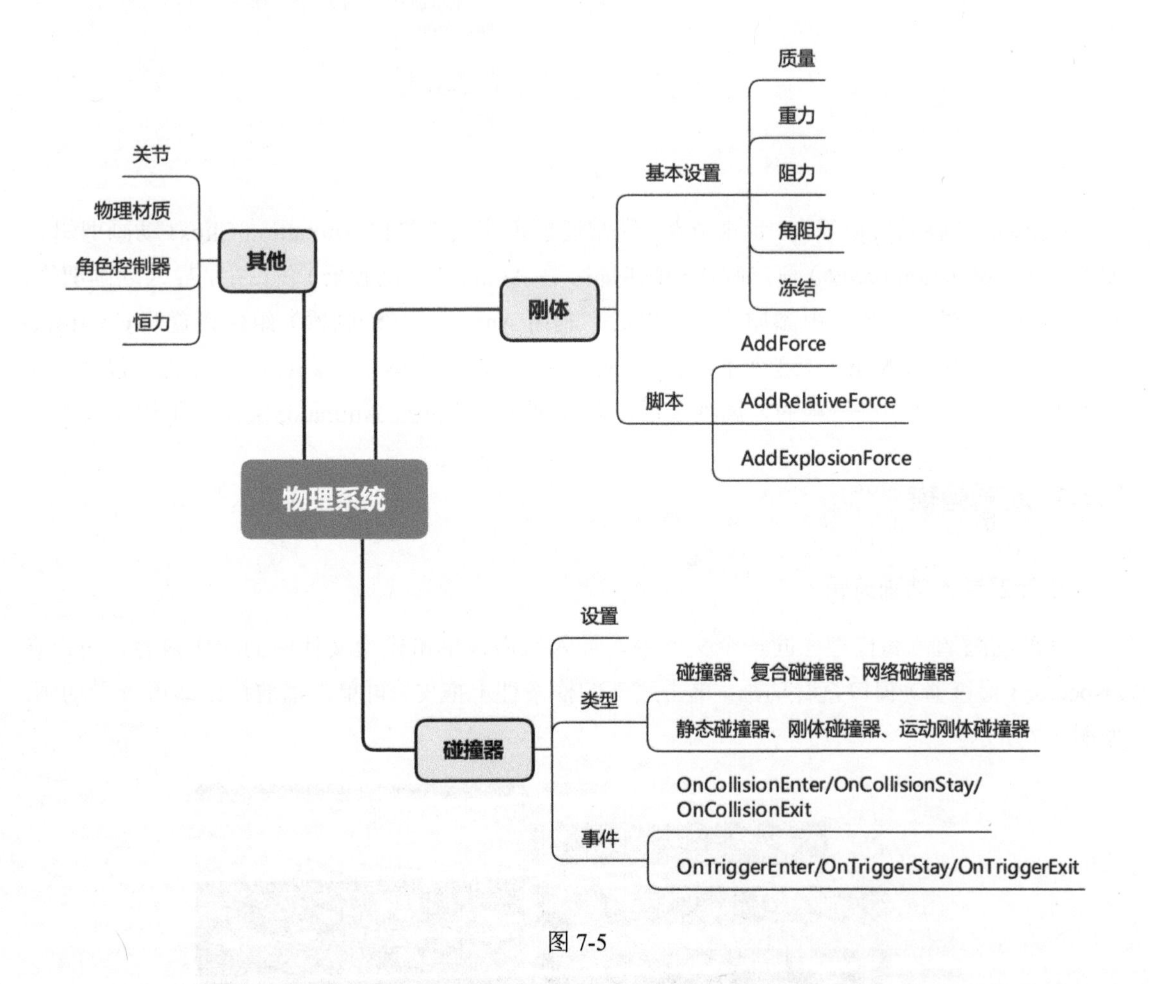

图 7-5

7.2　动画

动画系统结构如图 7-6 所示。

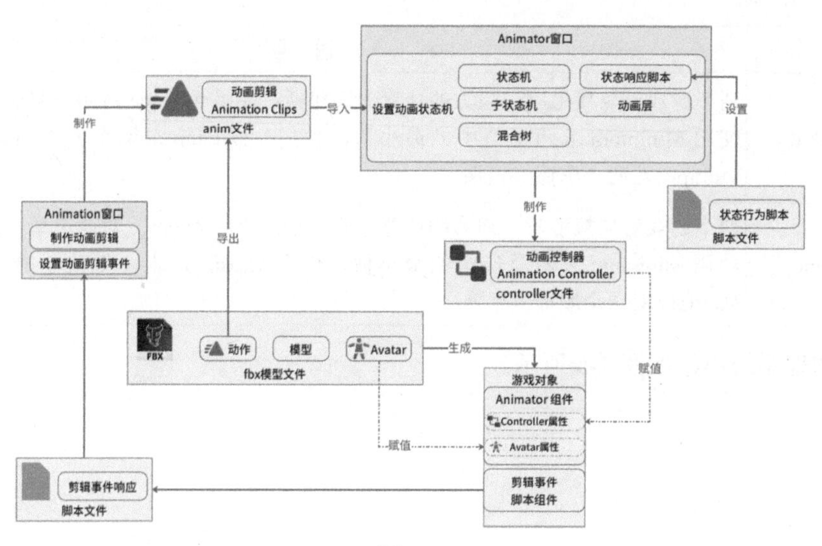

图 7-6

Unity 的动画系统很强大，也很复杂。通常通过模型文件导出 Animation Clips（动画剪辑），或者利用 Animation（动画）窗口制作动画剪辑。在 Animator（动画器）窗口中，导入动画剪辑，制作动画状态机。在场景中添加了模型以后，利用 Animator（动画器）组件设置好 Controller（控制器）属性和 Avatar（这个单词官方没给出翻译，在有些书中翻译成阿凡达，没错，就是和那个电影的名字是一样的）属性之后，就能利用脚本通过 Animator 类来控制模型动画。

7.2.1 动画剪辑

1. 外部导入动画剪辑

外部动画通常和模型在同一个文件中。导入以后，单击模型文件中的动作内容，可以在 Inspector（检查器）窗口查看动画。单击底部的横条往上拖曳，再单击播放按钮即可查看动画，如图 7-7 所示。

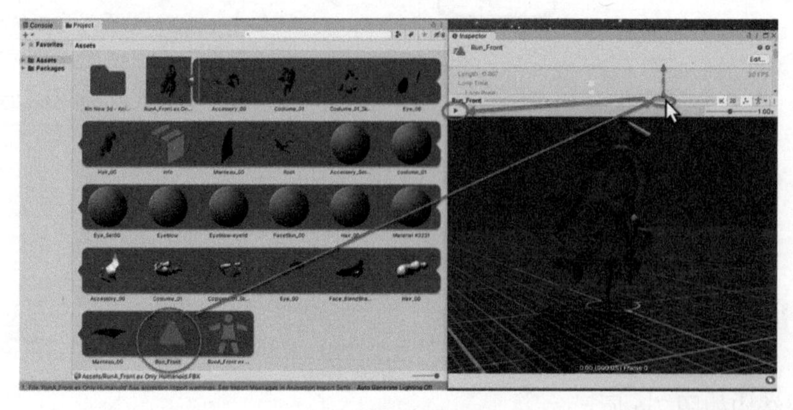

图 7-7

选中文件中的动画内容，在键盘上按 Ctrl+D 组合键，这样会在文件所在路径复制出对应的动画剪辑。此时，选中导出的动画剪辑，可以在 Inspector（检查器）窗口查看具体的动画内容。这个时候，删除原有的 FBX 文件不影响导出的动画剪辑。人形动画可以利用动画剪辑实现动作的重定向，以及将一个模型的动作应用到其他的模型上，但是因为身高等问题，有时候重定向的动画效果并不好。

2. 动画剪辑的其他设置

在 Inspector（检查器）窗口还可以对动画剪辑进行更多的设置。用得最多的是 Loop Time（循环时间），行走、站立和跑步的动画通常需要选中，而攻击、跳跃等则不能选中。如果在使用中发现控制的模型方向和位置奇怪地发生了变化，则要查看 Transform Rotation（变换旋转）相关的几个设置是否正确。

7.2.2 使用 Animation 窗口制作动画剪辑

Unity 提供了 Animation（动画）窗口用于制作动画剪辑，使用者可以根据自己的需求制作动画。

单击菜单 Window→Animation→Animation（窗口→动画→动画），即可打开 Animation 窗口。Animation 窗口的内容如图 7-8 所示。

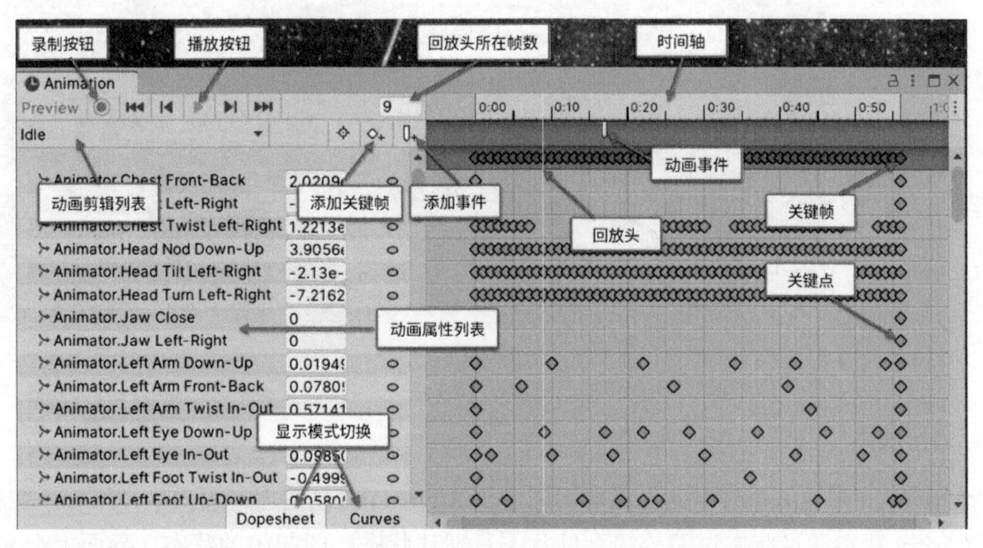

图 7-8

在 Animation 窗口，新建动画剪辑以后，在 Hierarchy（层级）窗口选中游戏对象，可以通过单击录制按钮进入录制模式，通过在 Scene（场景）视图调整游戏对象的位置、角度和大小的方式录制动画剪辑。也可以手动创建关键帧后，在 Animation 窗口修改游戏对象的属性实现制作动画剪辑。

单击窗口下方的 Curves（曲线）按钮，切换到曲线模式，可以对动画的变化速率进行调整。

动画剪辑中还可以添加事件，通常用于播放脚步声、进行简单的攻击判定等。响应动画剪辑事件的脚本需要和 Animator（动画器）组件在同一个游戏对象下，并且有和事件名对应的公共方法。

7.2.3 动画控制器

Animator Controller（动画控制器）是通过状态机的方式将动画剪辑进行整合，方便使用者在不同的动画之间进行切换和操作，并且容易将不同的动画剪辑融合在一起进行使用。

在 Project（项目）窗口中右击，在弹出的菜单中选择 Create → Animator Controller（创建→动画控制器），即可新建一个动画控制器。双击新建的动画控制器，或者选中以后单击菜单 Window → Animation → Animator（窗口→动画→动画器），即可打开动画控制器的编辑视图。Animator（动画器）窗口内容包括状态、状态过渡、参数列表等。使用鼠标滚轮可以放大、缩小状态机显示，使用 Alt+ 鼠标左键可以拖曳整个状态机，如图 7-9 所示。

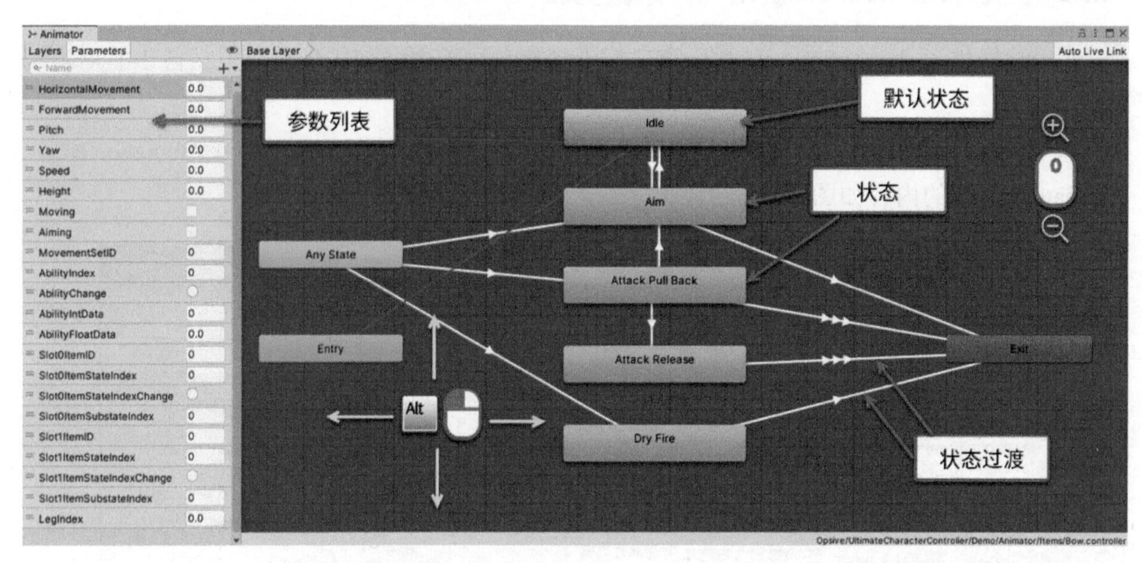

图 7-9

1. 添加状态

将 Project（项目）窗口中的动画剪辑拖曳到 Animator（动画器）窗口中，即可添加状态。

从 Entry 状态通过状态过渡连接到的状态是默认状态，即起始的状态，界面上会显示为棕色。选中一个状态并右击，在弹出的菜单中选择 Set as Layer Default State（设置为图层默认状态），即可将当前状态修改为默认状态。

Any State（任意状态）是一个特殊的状态。此状态适用于想要进入特定状态的情况，例如玩家无论在走、跑、射击或其他动作的时候都可能进入死亡状态，这个时候就会用到 Any State 状态。另外，该状态只能作为起始状态。

当存在多个状态机或者子状态机，需要从一个状态机切换到另一个状态机的时候，就需要将当前状态机的状态切换到 Exit（退出）状态。该状态不能作为起始状态。

2. 状态过渡

选中一个状态并右击，在弹出的菜单中选择 Make Transition（创建过渡），添加一个状态过渡。这个时候会有一条白色的线，将这条线拖曳到下一个状态，就能添加一个状态过渡。

在 Animator（动画器）窗口中选中过渡，就能在 Inspector（检查器）窗口中看到状态过渡的属性。Exit Time（退出时间）是动画完成的百分比，不是实际时间。过渡是否生效是由 Has Exit Time（有退出时间）和 Conditions（条件）同时确定的。简单理解就是当满足 Conditions 设置的条件的时候，根据 Has Exit Time（有退出时间）来决定是立即进入下一个状态，还是等待当前状态的动画剪辑播放到某个程度才进入下一个状态。在类似的格斗游戏中，一些招数可以立即转到下一个招数，而一些招数必须等动作完成到一定程度才能转到下一个招数。Settings 用来调整如何过渡，是直接过渡还是存在一个渐变的过程。

3. 状态机参数

参数包括 Float（浮点）、Int（整型）和 Bool（布尔）。此外，还有 Trigger（触发）类型。触发类型是特殊的布尔类型，其他类型的参数需要手动设置参数值，触发类型默认为 false，当设置为 true 以后，对应的状态一旦触发，触发类型的值会自动变为 false。触发类型一般用于一次性的动作，而其他类型通常用于会持续的动作。

在 Animator（动画器）窗口单击“+”，选择参数类型，即可添加参数。选中状态过渡，单击 Conditions 属性下的“+”，即可添加一个条件，在条件中可以设置对应的参数名称和值。Animator 类下的 SetFloat、SetInt、SetBool 和 SetTrigger 方法可以用于修改动画控制器的参数，从而实现控制动画状态。

4. 其他

除了基本的状态以外，还可以创建子状态机、动画层、混合树等。

子状态机的目的是让整个状态机看起来更容易理解和修改，看起来更有序，并没有增加新的功能。动画层用来混合多个动作，最常见的是将角色的动作分为上半身动作和下半身动作，然后混合出类似跳跃中攻击的动作。混合树可以用一个变量来控制多个动画的切换，常用于 NPC 的站立、行走和跑动的切换。在 Unity 的自动导航类中给出了当前速度，可以很方便地利用导航类给出的当前速度进行站立、行走和跑动的切换。

在动画控制器中，每个自定义的状态都可以添加脚本、获取状态的信息、响应状态的事件。用得最多的是响应状态的事件，包括播放声音、检测地面等。

当角色必须以某种方式移动，使得手或脚在某个时间落在某个地方，比如开门的时候拉门把手，需要使目标匹配以保证角色做出正确的动作。反向动力学是根据结果反推动画，例如爬绳梯的时候，根据手脚的位置反推出需要的动画。

7.2.4 动画器组件和动画的程序控制

Animator（动画器）组件的作用是将动画分配给场景中的游戏对象，动画器组件必须定义 Controller 属性，即必须引用 Animator Controller（动画控制器），如果游戏对象是具有 Avatar 定义的人形角色，还要在此组件中分配 Avatar。

动画器组件同时也是动画编程中重要的对象，对动画的控制通常是通过该组件实现的。下面介绍一些常用的方法。

Play 方法可以指定播放状态机中的某个动画剪辑，需要指定动画剪辑在状态机中的名称和所在的动画层。Speed 方法用于设置动画的播放速度，默认为 1，即正常播放。当该值设置为 0 的时候动画暂停，也可以将该值设置为 0~1 的数实现慢镜头播放，或设置为大于 1 的数实现倍速播放。

SetBool、SetTrigger、SetInteger 和 SetFloat 这 4 个方法用于设置状态机的参数，实现对状态机状态的控制。需要设置的参数可以是状态机中参数的字符串，也可以是字符串通过 StringToHash 方法获得的 ID。在实际使用中也会在脚本中将对参数的设置转换成对脚本属性的设置，以使脚本更清晰。

Unity 动画相关内容小结如图 7-10 所示。

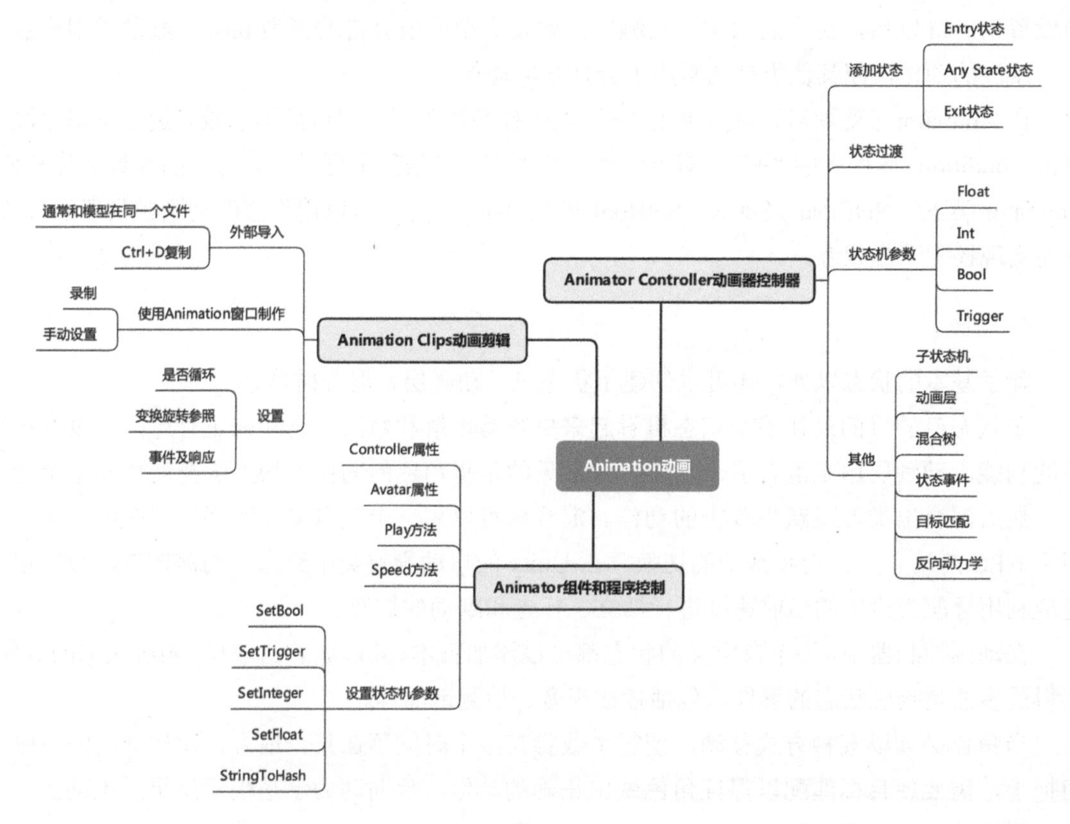

图 7-10

7.3 导航寻路

导航寻路是游戏引擎一定会有的功能。在实现鼠标单击地图后玩家移动到地图上被单击的位置、NPC 靠近玩家或者玩家靠近 NPC 等，都需要用到导航寻路功能。

Unity 自带的导航使用的是 A* 算法，提供了导航网格资源用于设定导航范围，导航代理组件实现游戏对象的导航寻路，导航网格外链组件实现连接导航网格，导航网格障碍物组件实现在导航网格中运动对象的避让。

1. 导航网格资源

导航网格是一个资源，用于描述导航代理能够到达的位置或者说获得范围。导航网格需要在导航之前就建立，即在编辑器进行烘焙（Bake），通常是静态的。当导航网格所在的游戏对象发生了位置或者角度的变化，就需要重新烘焙。Unity 提供了动态烘焙的方法，用于处理导航网格所在游戏对象是动态生成或者变化的情况。

单击菜单 Window → AI → Navigaiton（窗口→ AI →导航），打开导航窗口。Navigation（导航）窗口通常会和 Inspector（检查器）窗口在一起，有 Agents（代理）、Areas（区域）、Bake（烘焙）和 Object（对象）4 个标签。

（1）设置导航区域

在 Hierarchy（层级）窗口选中场景中的地面和障碍物（包括墙壁、台阶、高台等），在 Navigation（导航）窗口的 Object（对象）标签下选中 Navigation Static，并且设置 Navigation Area 为 Walkable，即这些选中的区域都是希望能够到达的，如图 7-11 所示。这里的区域是基于 Mesh Renderers（官方没翻译）和 Terrains（官方没翻译）。游戏对象上如果没有这两个组件中的一个，就不会对最终的结果产生影响。

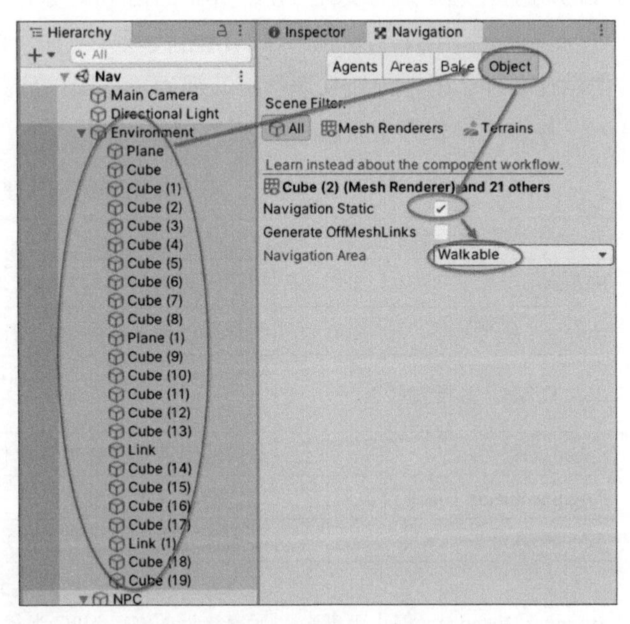

图 7-11

（2）烘焙区域

选中 Bake（烘焙）标签，设置烘焙代理的 Agent Radius（代理半径）、Agent Height（代理高度）、Max Slope（最大坡度）和 Step Height（步高）。然后单击 Bake（烘焙）按钮即可，如图 7-12 所示。

此时，静态的导航网格就设置完成了。如果导航网格中的游戏对象发生变化（包含添加、删除、位置移动或者角度移动等），就需要重复上面的步骤重新烘焙。烘焙完成后，同时打开 Scene（场景）窗口和 Navigation（导航）窗口，并且选中 Show NavMesh（显示 NavMesh），就能看到青色区域，用于显示能在哪些位置活动。

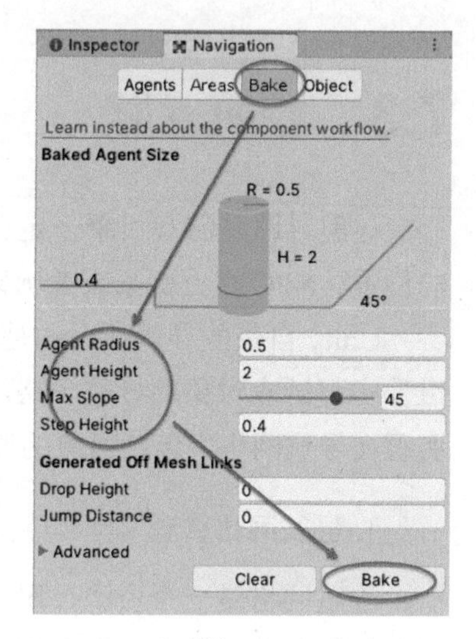

图 7-12

Navigation（导航）窗口的 Agents（代理）标签中的代理在简单使用的情况下没有作用，在这里不进行介绍。当场景中出现多种不同要求的对象，例如有高、矮、胖、瘦不同的对象在场景中需要导航的时候，才会用到这里的导航代理。这种情况下推荐使用官方的 NavMeshComponents 插件。

在 Scene（场景）窗口中选中游戏对象，在 Navigation（导航）窗口中可以将其设置为 Not Walkable，即不可活动经过的区域。烘焙以后会把选中的游戏对象所在的区域空出来。另外，烘焙以后，能够影响结果的游戏对象会被设置为 Navigation Static。烘焙的数据默认会在和场景同名的目录下。

2. 导航网格代理组件

导航网格代理组件挂在 NPC 或者玩家的游戏对象上，实现利用导航自动运动到某个位置的功能。选中玩家或者 NPC 所在的游戏对象，单击菜单 Component → Navigation → Nav Mesh Agent（组件→导航→导航网格代理），即可添加导航网格代理组件。无论游戏对象模型是什么样子的，导航代理都将其视为一个圆柱体。

导航网格代理主要属性如表 7-2 所示。

表 7-2 导航网格代理属性说明

属　性	说　明
Radius（半径）	用于计算障碍物与其他代理之间的碰撞
Height（高度）	代理通过头顶障碍物时所需的高度间隙
Base Offset（基准偏移 X）	碰撞圆柱体相对于变换轴心点的偏移。默认圆柱体高度为 2，变换位于其形状中心处
Speed（速度）	最大移动速度（以世界单位 / 秒表示）
Angular Speed（角速度）	最大旋转速度（度 / 秒）
Acceleration（加速度）	最大加速度（米 / 平方秒）
Stopping Distance（停止距离）	当靠近目标位置的距离达到此值时，代理将停止。如果这个值很小，例如玩家接近 NPC，NPC 半径大于该值，玩家就会一直往 NPC 身上撞。当该值大于 NPC 的 半径时，就会显示玩家到 NPC 旁边停下
Auto Braking（自动刹车）	启用此属性后，代理在到达目标时将减速。对于巡逻等行为（这种情况下，代理应在多个点之间平滑移动）应禁用此属性

（续表）

属　性	说　明
Quality（质量）	障碍躲避质量。如果拥有大量代理，则可通过降低障碍躲避质量来节省CPU 时间。如果将躲避设置为无，则只会解析碰撞，而不会尝试主动躲避其他代理和障碍物
Priority（优先级）	执行避障时，此代理将忽略优先级较低的代理。该值应在 0 ~ 99 范围内，其中较低的数字表示较高的优先级

3. 导航网格代理的程序控制

导航网格代理的使用通常要和代码配合才能起作用。获取 NavMeshAgent 组件后，对其进行操作即可。下面介绍一些常用的方法和属性。

SetDestination 方法可以让代理以设定好的速度自动移动到指定的点。最常见的用法是单击地图后移动过去。NavMeshAgent 下的 Move 方法是直接到达所在点，不是根据导航路径一路移动过去。

velocity 属性可以获得当前代理的速度矢量，根据这个可以判断代理的状态，并且可以利用其和动画的混合树联动实现移动时播放跑步、走路的动画，停下的时候播放站立的动画。

```
animator.SetFloat("Speed", agent.velocity.sqrMagnitude);
```

CalculatePath 方法可以计算到目标点的路径，但是不进行移动。如果需要显示导航路径，可以用该方法获取路径。路径变量下的 corners 属性是路径上的点的数组。将该数组赋值给 Line Renderer（线）即可显示导航路径。

4. 其他

分离网格链接用于将不相接的导航网格连接在一起，用于从墙边爬到楼上，跳过一个很高的台阶等情况。

导航网格障碍物组件用于地图上运动的障碍物（如来回的车辆）或可以移动的障碍物（如大的箱子、木桶等）。

Unity 导航小结如图 7-13 所示。

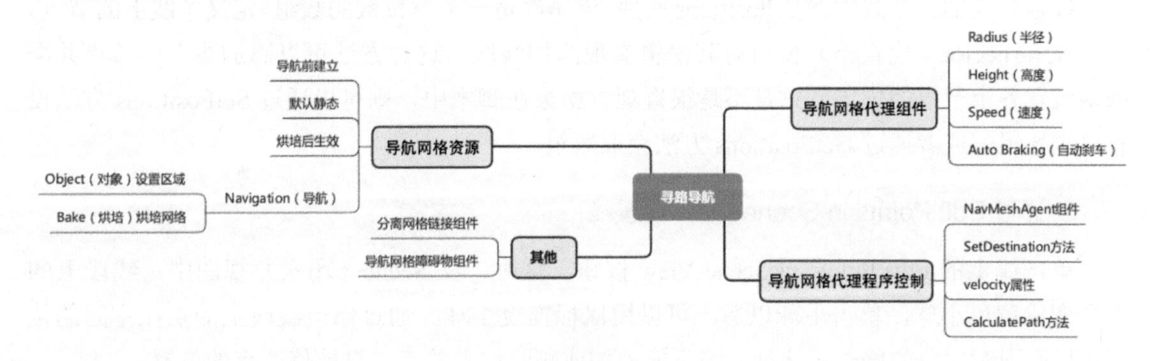

图 7-13

7.4 拖尾和线

Trail Renderer 在编辑器中翻译为拖尾，在线文档翻译为“轨迹”。Line Renderer 在编辑器和文档中都翻译为“线”。

Trail Renderer（拖尾）可以将一个游戏对象运动的轨迹显示出来，Line Renderer（线）则可以显示空间中的指定路径。拖尾经常用于一些武器或移动特效，线常用于导航指示。拖尾和线可以通过组件添加，也可以直接添加对应的游戏对象。

单击菜单 GameObject → Effects → Trail/Line（游戏对象→效果→拖尾 / 线），即可往场景中添加拖尾或线游戏对象。

7.4.1 拖尾

拖尾必须在游戏对象运动的时候才能产生。拖尾组件的很多属性和线一致，会放在后面一起说明，这里只说明常用的几个属性。

Time（时间）属性定义轨迹中某个点的生命周期（以秒为单位）。在游戏对象运动速度不变的情况下，该值越大，轨迹越长。Min Vertex Distance（最小顶点距离）属性会设置轨迹中两点之间的最小距离（采用世界单位）。该值越小，轨迹越平滑；该值越大，轨迹棱角越大。选中 AutoDestruct（自动销毁）选项以后，当游戏对象静止之后，轨迹全部消失，并且会自动销毁所在的游戏对象。Emitting（正在发射）属性可以暂停轨迹，启用此属性后，Unity 会在轨迹中添加新点。禁用此属性后，Unity 不会向轨迹中添加新点。使用此属性可以暂停和恢复轨迹生成功能。

7.4.2 线

1. 通过 Positions 添加线段

线最重要的一个属性就是 Positions 属性，该属性是一个三位数的数组，定义了线上的节点。可以在 Inspector（检查器）窗口对其编辑实现添加线段。这种方法可以添加线上的节点并准确地设置各个节点的位置，只是不是很直观。如果在脚本中，则可以通过 SetPositions 方法设置这个数组，或者通过 GetPositions 方法获取数组。

2. 通过 Edit Points in Scene View 设置线

单击线上的 Edit Points in Scene View 按钮，这时，在 Scene（场景）视图中，线段上的点会变成黄色小球，单击小球以后，可以用鼠标拖曳小球。通过修改线段上的点在空间的位置可以实现对线段的修改。这种方法不能添加或删除线上的点，只能修改点的位置。

3. 通过 Create Points in Scene View 设置线

单击线上的 Create Points in Scene View 按钮，在 Scene（场景）视图中单击，就可以在单击处生成新的点。

4. 常用属性

Simplify（简化）属性可以减少线的 Positions 数组中的元素数量，实现简化线的目的。选中 Simplify Preview（简化预览）选项可以看到简化的结果，单击 Simplify（简化）按钮则可以得到简化的结果。启用 Loop（循环）属性后，可连接线的第一个和最后一个位置形成一个闭环。

7.4.3 其他共同设置

1. 宽度设置

拖尾和线的宽度可以是一个固定值，也可以是一个可变的值。宽度最大为 1（米）。水平方向是生命周期，0 表示开始，1 表示结束。垂直方向是轨迹或者线的宽度。

右击线段空白处，可以添加密钥（Key，官方就是把这里的 Key 翻译成密钥）。单击密钥后可以上下左右拖曳改变密钥的位置。右击密钥，可以对密钥进行更多的编辑，包括删除。单击密钥旁边的点进行拖曳，可以修改曲线的弧度，如图 7-14 所示。通过多个密钥可以让线段在不同阶段的粗细不同，并且可以有不同的过渡方式。

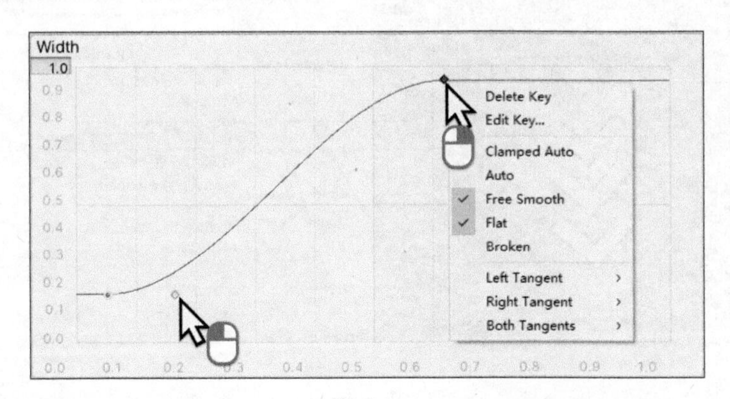

图 7-14

2. 颜色设置

同样，轨迹或线段的颜色可以是单一的颜色，也可以是多个颜色的组合。颜色条上面的小标签用于设置透明度，颜色条下面的小标签用于设置颜色。在水平方向，最左边是开始，最右边是结束，如图 7-15 所示。

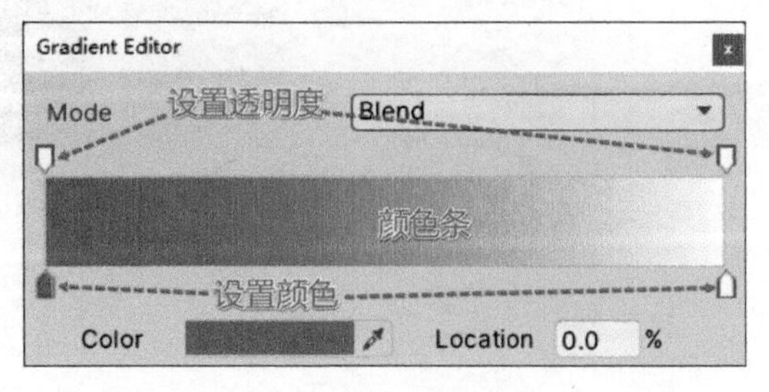

图 7-15

单击颜色条上面的空白处，可以添加小标签。单击选中小标签后，可以设置透明度，也可以左右拖曳设置位置，上下拖曳实现删除，如图 7-16 所示。另外，还可以单击下方的 New（新建）按钮保存当前的配色方案。

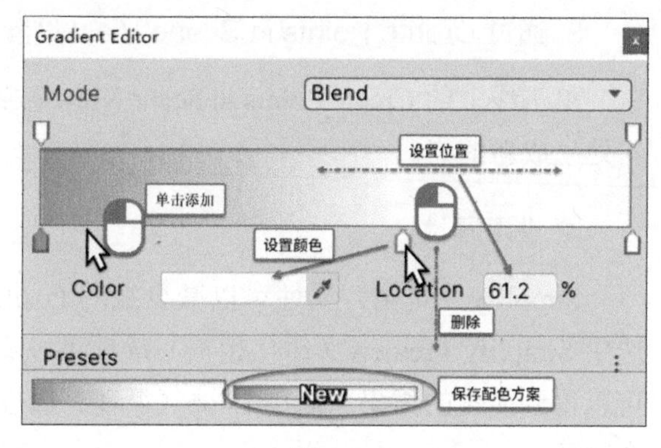

图 7-16

3. 材质设置

设置拖尾和线的材质需要特殊的着色器（Shader）。在没有能力自己写着色器的时候，建议使用官方提供的标准粒子着色器。首先，需要透明背景的 PNG 图片，最好是正方形的。将图片导入 Unity 以后，在场景中新建一个临时的平面，将图片拖曳到平面上，自动生成一个材质。在对应的 Materials 目录下找到刚生成的材质，选中以后，修改 Shader 属性为 Legacy Shaders/Particles/Alpha Blended，如图 7-17 所示。Particles 下的其他属性也可以，效果略有不同。修改渲染器的 Materials 属性，并设置纹理模式（Texture Mode）。

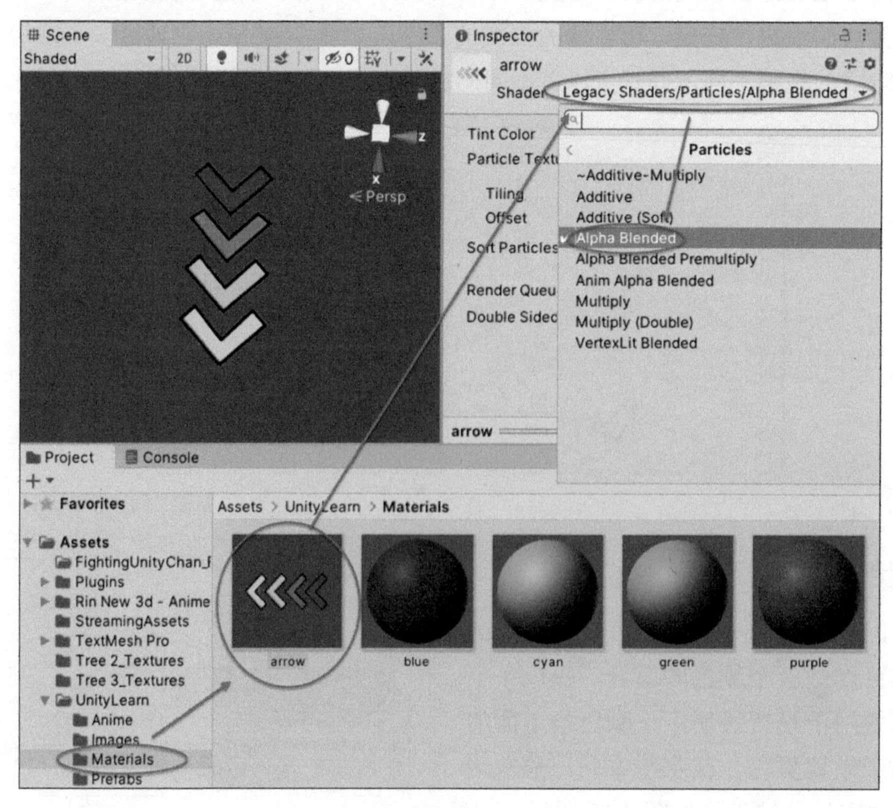

图 7-17

4. 对齐

Alignment（对齐）属性用于设置轨迹或线面向的方向。View（视图）选项表示面向摄像机，即无论摄像机在什么位置，线段显示的宽度都是设置的大小。使用 TransformZ（变换 Z）选项可以生成一个特殊的 3D 物体，即 X 轴长度为轨迹或线长，Y 轴为宽，Z 轴接近 0 的一个薄片。

Unity 拖尾和线小结如图 7-18 所示。

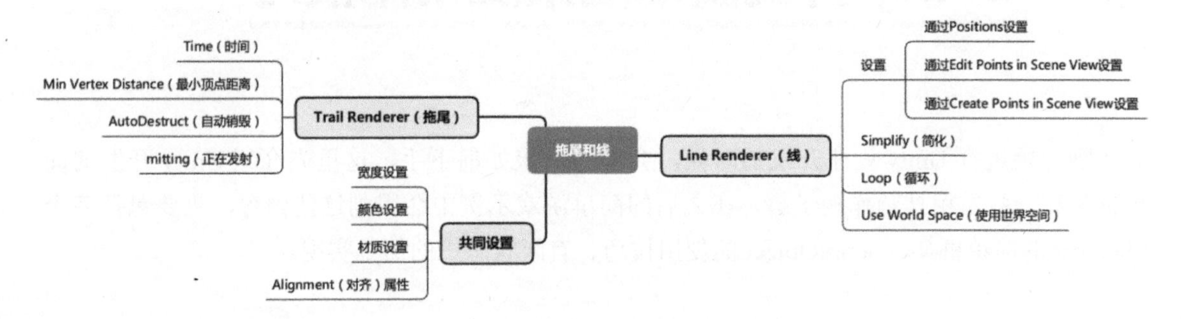

图 7-18

第8章 Unity开发简单框架及常用技巧

刚开始进行Unity程序开发的时候，会不知道该如何下手，这里先介绍Unity开发的简单框架和一些常用技巧作为了解，在之后的简单游戏示例中会用到这些内容，主要包括多个Manager的简单框架、ScriptObject的使用技巧、有限状态机的简单实现。

8.1 多个Manager的简单框架

Unity的脚本作为组件可以挂载在场景中的任意一个游戏对象上，通过编辑器赋值，通过GameObject类的Find、FindWithTag、FindObjectOfType或者Transform类的Find等方法获取想要控制的游戏对象，并通过GetComponent方法获取游戏对象上的组件，从而对游戏对象及其组件进行控制。这个时候，脚本放在什么地方、如何进行关联更简单清晰就成为一个问题。

8.1.1 演化过程

这里简单地说明Unity程序开发如何从最简单的情形发展到多个Manager的简单框架。

1. 最简单的情况

最简单的情况是场景中只有少量的脚本，并且脚本及其控制对象相互间没有任何关联，相互独立。例如写一个简单的方块旋转或者移动的演示来测试Unity安装是否成功。

这个时候，脚本通常挂载在被控制的游戏对象上以方便查找。通常脚本只控制其本身所在的游戏对象或者其子游戏对象，不去控制父级或更上层的游戏对象。

简单理解就是把被控制的游戏对象做成预制件以后，能够在其他场景使用而不会出错。

2. 空游戏对象

当场景中脚本数量较多，不便于查找，或者脚本及控制的游戏对象之间有简单的交互，比如有多级联动的下拉菜单的时候，在场景中新建一个空游戏对象（Empty GameObject），在该游戏对象上挂载对应的脚本。通过编辑器赋值或者脚本的方法获取要控制的多个游戏对象并进行控制。

3. GameManager

当程序更复杂的时候，会发现有些脚本还是需要挂载在被控制的游戏对象上，比如需要进行碰撞检测、需要侦听动画事件的时候，在很多游戏中，玩家和敌人都有这样的需求。相当于前面两种情形的组合，即在被控制的游戏对象上挂载脚本，但是通过一个空游戏对象上的脚本来处理脚本之间的一些交互。这个时候，空游戏对象通常会被命名为“GameManager”，脚本也被命名为“GameManager”，Unity 还会将命名为“GameManager”的脚本改成一个特殊的齿轮图标。

这里，其他的脚本通常只和 GameManager 脚本产生关联，这样可以避免其他脚本之间相互关联太多导致逻辑混乱及代码耦合过高。

4. 单实例 GameManager

在应用 GameManager 的过程中，会发现很多脚本需要获取 GameManager 脚本，这个时候为了使用方便引入了全局对象，通过它可以快速引用其属性或方法。因为 GameManager 上通常还包括一些需要在不同场景中使用的信息，还会给 GameManager 添加上场景切换不被删除。为了避免场景来回切换的时候，场景中有多个 GameManager 以及保证数据的唯一，加入了单实例，保证所在场景只有一个 GameManager。

5. 多个 Manager

小项目靠一个 Manager 就可以处理所有的交换，如果情况复杂，就需要把 GameManager 变成多个分担不同职责的 Manager，即使用多个 Manager 的简单框架。

8.1.2 多个 Manager 框架的说明

这个框架主要由两部分组成，即 Manager 和 Controller。通过继承范型单实例，让所有 Manager 都成为单实例的游戏对象。通常把不直接控制游戏对象的功能划分到 Manager，例如统管整个过程的 GameManager、负责场景切换的 SceneManager（因为和 Unity 本身的命名冲突，可能会被命名为 SceneController）、负责保存数据的 SaveManager，声音播放也推荐分配到 AudioManager。

直接控制游戏对象的玩家或者敌人等，则划分到 Controller，如 PlayerController、EnemyController。

界面的 UI 可以理解为特殊的 Controller，也可以单独理解为一个内容。

除了碰撞检查、攻击的时候，Controller 相互交互外，其他时候 Controller 相互之间不产生直接关联，都是通过 GameManager 中转。Controller 可以直接调用获取 Manager 的方法和属性，但是 Manager 不去调用 Controller，当 Manager 想要控制 Controller 的时候，通常通过事件及其响应来实现。

为了方便控制，会把 Player 和 Enemy 注册到 GameManager 中，以方便获取和控制。

这个示例中主要的游戏对象的功能和关系如图 8-1 所示。

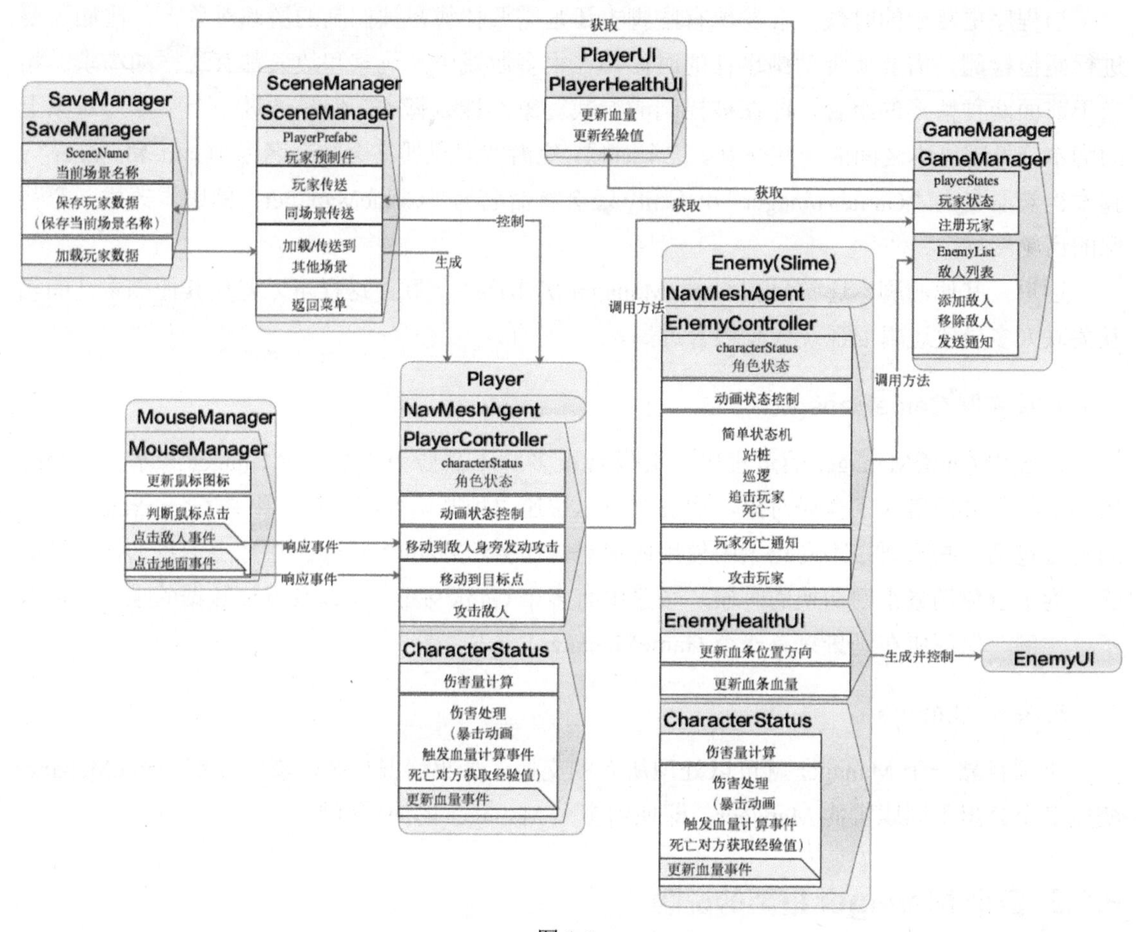

图 8-1

8.2 ScriptableObject 的使用

ScriptableObject 可以将自定义的数据保存为资源，以便在场景中使用。通常可以用这种方式来保存角色状态、游戏中的各种物品、对话甚至是任务。

通常不推荐直接使用 ScriptableObject 生成的资源，即 PlayerController 不直接读取操作对应状态的资源，中间还要通过一个 MonoBehaviour 脚本过渡一下。通过这样的过渡，当需要将 ScriptableObject 的数据保存到数据库或者用其他方式保存的时候，比较容易替换。另外，通过中间的过渡也能让 ScriptableObject 的数据使用得更方便一些。

当需要保存的时候，将内存中的 ScriptableObject 用 JSON 转换成字符串，再通过 PlayerPrefs.SetString 方法就可以将数据简单地保存在设备上。

示例中 ScriptableObject 使用的说明如图 8-2 所示。玩家和敌人使用了相同类型的基础数据，相互攻击的计算方法也是同一个。

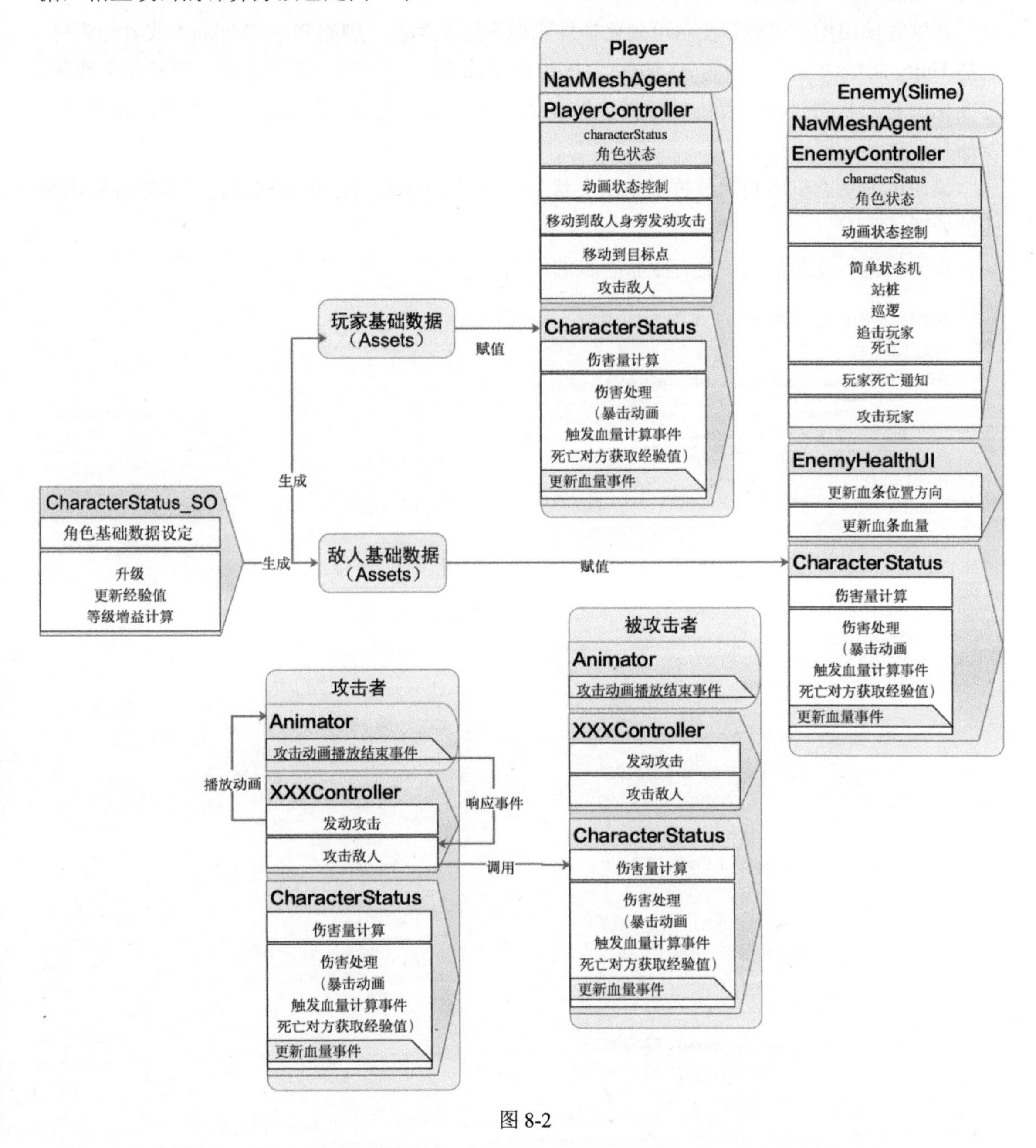

图 8-2

8.3 AI 的简单实现

AI 的实现有多种，最常用、最简单的是有限状态机和行为树（Behaviour Tree）。这两种方法本质上差别不大。把简单的有限状态机的代码旋转 90°以后，获得的就是类似的一个行为树。相对而言，有限状态机的思路更直观。

在实际使用中，更推荐使用可视化插件来做有限状态机（例如 PlayerMaker）或者行为树，当然 Unity 商城中也有直接的 AI 插件。Unity 的 Bolt 也可以实现有限状态机，而且是免费的。可视化的有限状态机或者行为树插件能够在运行的时候查看具体的状态或者步骤，无论是开发还是调试都方便很多。

最简单的状态机就是通过枚举来定义状态，再在 Update 方法中对状态进行判断并做出响应的处理。

下面的代码就是最简单的有限状态机的结构。

```
public enum States { GUARD, PATROL, CHASE, DEAD }

public class FSM : MonoBehaviour
{
    private States states;

    void Update()
    {
        SwitchStates()
    }

    private void SwitchStates()
    {
        switch (states)
        {
            case States.CHASE:
                //TODO
                break;
            case States.DEAD:
                //TODO
                break;
            case States.GUARD:
                //TODO
                break;
            case States.PATROL:
                //TODO
                break;
        }
    }
}
```

第9章 动作游戏示例

前面两章讲解了3D游戏开发的基础知识，本章将以一个简单的3D动作游戏为例，详细讲解项目结构、基本设置、指针切换、玩家点击移动、玩家动画制作和移动匹配、玩家攻击敌人、镜头设置以及怪物攻击等。

9.1 项目结构

整个项目实现单击移动玩家可以选中骷髅并对其进行攻击。骷髅会巡逻，也会攻击靠近的玩家。场景有开始菜单，并且能够保存读取进度，能在场景中进行传输。

这里使用的是多个Manager的方式来构建项目，为了使初学者能够更好地理解，使用中文编程。Manager对应管理器，Controller对应控制器，GameManager保留原有名称，Unity会把它变成一个特殊图标。场景由多个管理器组成：存档管理器负责保存读取的游戏内容，场景管理器负责场景跳转和传输，鼠标管理器负责处理鼠标及单击。GameManager主要用于整体控制和中转。玩家控制器实现玩家的控制，包括移动、攻击，并且注册到GameManager。怪物控制器负责怪物的控制，实现了简单的状态机。玩家和怪物攻击的逻辑是一致的，发动攻击的时候，开始播放攻击动画，动画播放到特定帧即认为攻击完成，然后由被攻击方进行伤害计算。

总体结构如图9-1所示。

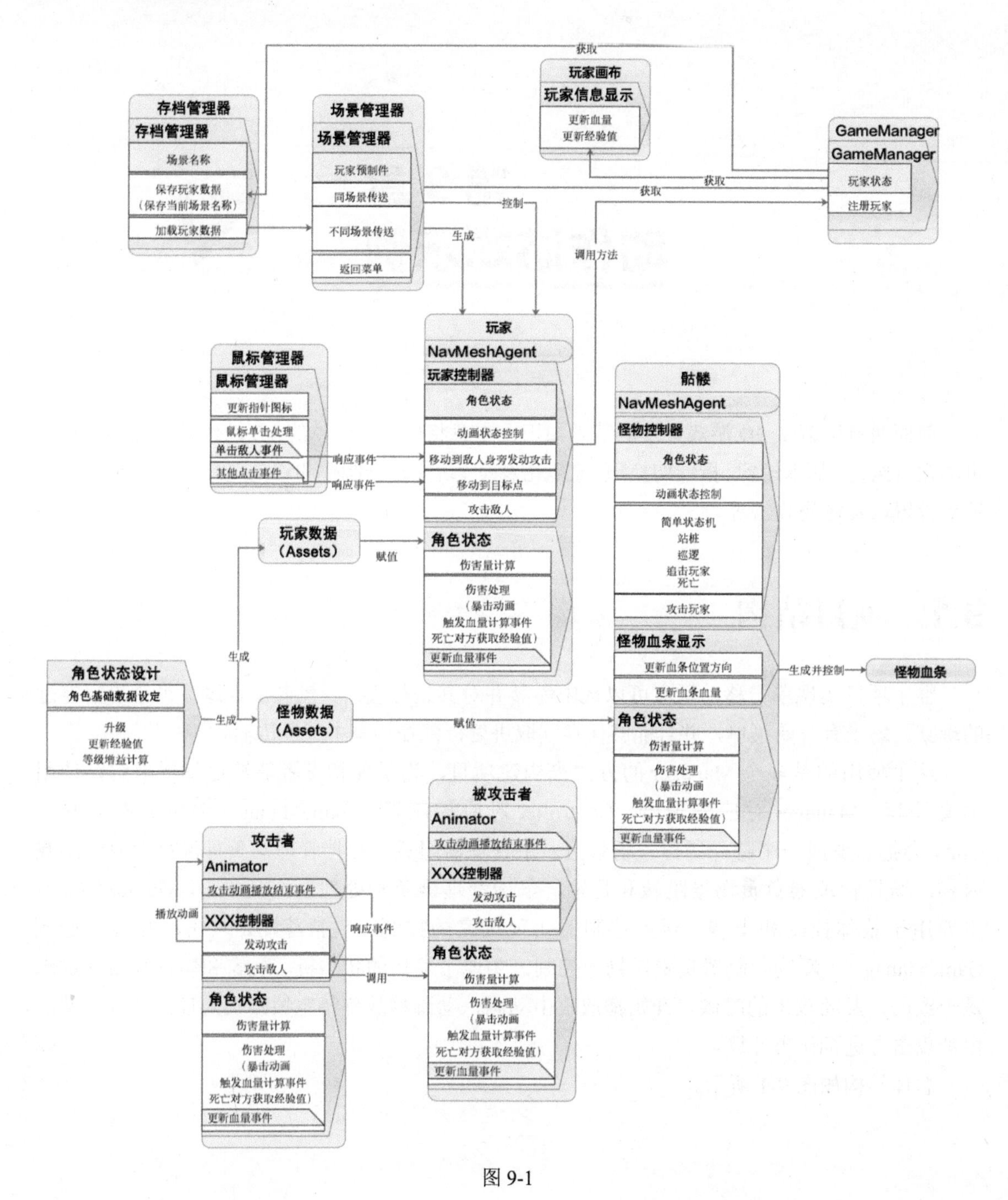

图 9-1

9.2　基本设置

1. 新建项目和目录

新建项目，删除项目中的默认目录，重新新建目录。项目目录及文件名命名清晰有利于后期添加和修改内容，内容如表 9-1 所示。

表 9-1 目录内容说明

目录名称	内　容
动作	放置模型动作和动画控制器
图像	指针和界面用的图像
场景	场景目录
字体	避免某些设备因为默认字体不是中文导致乱码
模型	角色模型
游戏设置	放置用于设置游戏数值的资源
第三方资源包	其他完整的第三方资源包，主要是场景环境
脚本	脚本目录
预制件	预制件目录

2. 导入资源

从商城导入各种资源，除了导入字体、血条用到的图片外，还要从商场导入模型，内容如表 9-2 所示。

表 9-2 导入资源表

资源名称	用　途
Floor Segment	传送点的模型
LowPoly Environment Pack	场景环境模型
RPG Hero PBR HP Polyart	玩家模型和动作
Toon RTS Units-Undead Demo	骷髅模型和动作

这里还用到了官方提供的 Cinemachine，这是官方提供的一个控制 Camera 的资源，利用这个资源可以简单地实现各种游戏场景中场景的 Camera 视角。

在资源包窗口中，选中 Unity Registy，找到 Cinemachine，单击 Install 安装即可。

这里将导入的所有内容整理好，导出成一个包，方便读者导入使用。但是 Cinemachine 还是需要导入。

3. 准备基础场景

将第三方资源中的场景另存两个到场景目录，并修改名称，分别为“场景 01”和“场景 02”。另外，新建一个空的场景并命名为“菜单”。

4. 添加范型单实例脚本

因为用到多个 Manager，这里添加一个范型单实例脚本，避免在每个管理器中重复写同样的内容。之后的管理器都将继承该脚本。脚本内容如下：

```
using UnityEngine;
namespace 动作游戏
```

```
{
    public class 单实例<泛型> : MonoBehaviour where 泛型 : 单实例<泛型>
    {
        private static 泛型 _实例;
        public static 泛型 实例
        {
            get { return _实例; }
        }
        protected virtual void Awake()
        {
            if (_实例 != null)
            {
                Destroy(gameObject);
            }
            else
            {
                _实例 = (泛型)this;
            }
            DontDestroyOnLoad(gameObject);
        }
        public static bool 已初始化
        {
            get { return _实例 != null; }
        }
        protected virtual void OnDestory()
        {
            if (_实例 == this)
            {
                _实例 = null;
            }
        }
    }
}
```

每个项目最好有独自的命名空间，避免和其他同名的内容冲突。一个阶段完成后，记得把代码提交到代码管理中。

9.3 指针切换

鼠标指针切换的方法很简单，从鼠标所在位置发出射线，对碰撞到的 Collider（碰撞器）的标签进行判断，根据不同的标签显示不同的图标。在场景中，地面和大的障碍物都会被单击，需要添加碰撞器，比如地面、山脉和大石头的模型，树、草、小石子则不需要添加。敌人和传送点现在还没有，添加简单的球体和方块代替。玩家本身需要碰撞器，但是不希望被鼠标单击，所以需要将图层设置成忽略光线投射（Ignore Raycast）。鼠标指针控制和单击都不是具体的游戏对象操作，所以都放在鼠标管理器中处理。

9.3.1 场景设置

1. 添加碰撞器

修改场景中模型的层级关系，将环境相关的模型放置到一个专门的游戏对象下，以便于以后修改。检查环境相关模型，如地面、山脉、大石头是否都添加了网格碰撞器。然后添加测试用的敌人球体和传送点方块。

2. 添加并设置标签

单击菜单 Edit → Project Settings…打开 Project Settings 窗口，单击 Tags and Layers 标签，添加新标签：地面、敌人、传送点。将地面、山脉、大石头游戏对象的 Tag 属性设置为“地面”，将敌人游戏对象中包含碰撞器组件的游戏对象的 Tag 属性设置为“敌人”，将传送点方块的 Tag 属性设置为“传送点”。

9.3.2 编写并设置脚本

脚本的逻辑很简单，在 Update 方法中，每帧都从鼠标位置发出射线，对射线碰撞到的 Collider 碰撞器判断其标签，根据不同标签，切换鼠标指针。切换鼠标指针使用的方法是 Cursor.SetCursor，该方法第二个参数是图片的中心，图片大小是 32×32，所以设置为 Vector2(16,16)。

1. 添加并编写脚本

新建脚本并命名为“鼠标管理器”，脚本内容参考本书配套资源。

2. 设置图片资源

设置鼠标指针的图片类型。选中 AssetsPack → Pixel Cursors → Cursors 目录下的所有图片资源，在 Inspector 窗口中设置其 Texture Type 为 Cursor，即鼠标指针，然后单击 Apply 即可。

这里图片大小都是 32×32，也可以顺便把 Max Size 设置为 32。图片的长和宽都是 2 的 n 次方的时候，图片可以被有效压缩，而且适合的大小设置能减少运行的内容。虽然在这里没什么效果，但是在场景中有大的贴图或者 UI 图片的时候，这里的设置就很重要。

3. 设置脚本

在场景中新建空的游戏对象，并命名为“鼠标管理器”。将脚本拖曳到新建的游戏对象上成为其组件。将对应的图标拖曳到脚本对应的属性中进行赋值。单击 Play 按钮，这时鼠标指向不同的地方会变成不同的图标。

9.4 单击移动玩家

鼠标单击地面上的玩家并移动到对应的位置是很多游戏中都会有的操作。首先需要对地面进行导航设置，烘焙对应区域。然后设置玩家的导航代理，当鼠标单击地面的时候，鼠标管理器通过事件将单击点的信息发送出去。玩家控制器通过订阅事件获得单击点的位置，利用 Unity 的导航功能就能实现自动寻路并移动到对应的位置。

9.4.1 导航区域烘焙

使用导航之前，需要对导航区域进行烘焙。和烘焙相关的游戏对象发生改变，无论是位置、角度或者大小发生改变，都需要重新烘焙。Unity 也支持动态烘焙，在这个项目中没有必要进行动态烘焙，毕竟烘焙很消耗资源。

1. 设置导航类型

单击菜单 Window → AI → Navigation 打开导航窗口。选中地面、山脉和大石头的模型后，在 Navigation 窗口的 Object 标签下，选中 Navigation Static 选项，设置 Navigation Area 选项为“Walkable”，即导航到达范围。选中花、草、石头、树的模型，取消 Navigation Static 选项，即设置为与导航无关。

2. 烘焙导航区域

单击 Bake 标签，设置 Agent Radius 为 0.3、Agent Height 为 2，即差不多和玩家大小一致。单击 Bake 按钮烘焙导航区域。

3. 细节调整

导航烘焙完成以后，只要打开 Navigation 窗口，就能在 Scene（场景）视图中看到导航烘焙的区域。默认有淡蓝色覆盖的区域是导航可以到达的地方，没有的是导航无法到达的地方。对于不太满意的地方，可以单击选中具体的游戏对象，重新设置其导航类型，再次烘焙直到满意为止。

9.4.2 玩家游戏对象设置

在这里，玩家和敌人除了处理逻辑不一样外，其他都一样，包括的组件也是一样的。游戏对象所包含的组件及其功能如图 9-2 所示。这里会把除了状态和伤害计算的脚本放到后面，其他的都先添加上。

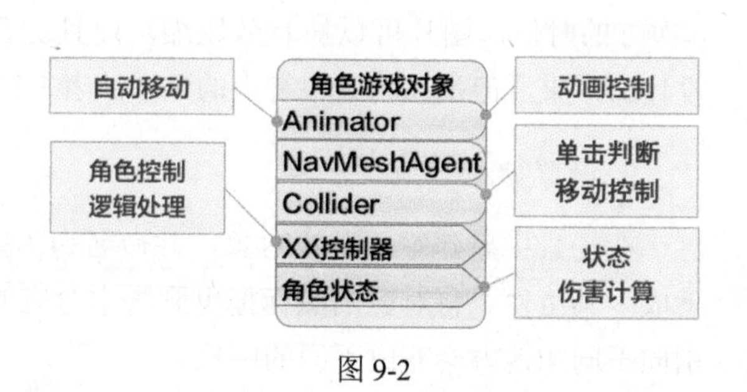

图 9-2

1. 添加模型

将彩色的骑士模型的预制件添加到场景中，放置到地面上。

2. 添加并设置碰撞器

单击 Add Component，添加一个 Capsule Collider（胶囊碰撞器）。设置胶囊碰撞器的大小刚好套住模型身体即可。

3. 添加导航代理

单击 Add Component，添加一个 Nav Mesh Agent（导航网格代理）。

导航网格代理设置说明如表 9-3 所示。

表 9-3　导航网格代理设置说明

属　性	值	说　明
Speed	4	移动速度
Angular Speed	300	转向速度
Acceleration	8	加速度
Stopping Distance	0.2	停止距离
Radius	0.6	半径（和模型匹配）
Height	2	高度（和模型匹配）

4. 添加脚本

在“脚本”目录下新建目录并命名为“玩家控制器”，将其拖曳到模型所在的游戏对象上成为其组件。

5. 设置标签和层

修改游戏对象的 Tag 标签为 Player，这是敌人判断哪个是玩家的标识。设置 layer 层为 Ignore Raycast，这样玩家就不会遮挡射线的判断。

6. 生成预制件

修改游戏对象名称为“玩家”，将其拖曳到“脚本”目录中生成预制件。

过程中会提示是生成原生预制件还是生成“预制件”变体，选择 Original Prefab 生成原生预制件而不是变体。

9.4.3　鼠标控制器脚本修改

这里需要添加两个事件，使用的是 C# 的事件，需要添加 System 的引用。在鼠标单击并且鼠标所在的位置有碰撞器的时候，根据被射线击中的游戏对象的标签决定触发哪个事件。

“点击鼠标 ?.Invoke(_ 命中信息 .point);”语句是当事件被订阅（侦听）的时候，触发该事件并传入对应参数。

9.4.4 玩家控制器脚本编辑

这里用到了导航，需要引用 UnityEngin.AI。在 OnEnable 事件中添加对鼠标管理器的事件的订阅（侦听），在 OnDisable 事件中取消订阅（侦听）。设置导航代理的 destination 属性，即可让导航代理所在的游戏对象自动寻路运动到目标点附近。

```
using UnityEngine;
using UnityEngine.AI;
namespace 动作游戏
{
    public class 玩家控制器 : MonoBehaviour
    {
        NavMeshAgent _导航代理;

    void Awake()
    {
        _导航代理 = GetComponent<NavMeshAgent>();
    }
    void OnEnable()
    {
        鼠标管理器.实例.点击鼠标 += 移动到目标;
        鼠标管理器.实例.点击敌人 += 移动攻击;
    }
    void OnDisable()
    {
        鼠标管理器.实例.点击鼠标 -= 移动到目标;
        鼠标管理器.实例.点击敌人 -= 移动攻击;
    }
    void 移动到目标(Vector3 _目标坐标)
    {
        _导航代理.destination = _目标坐标;
    }
    void 移动攻击(GameObject _目标对象)
    {
        _导航代理.destination = _目标对象.tranform.position;
    }
}
```

9.4.5 运行测试

设置 Main Camera 到合适的位置，从高处俯瞰场景，然后单击快捷栏上的运行按钮。

运行场景的时候，会出现提示 NullReferenceException。这是 Unity 程序开发常见的错误，使用了未赋值或者未初始化的对象。单击错误提示后，详细提示是在玩家控制器脚本的第 17 行，如图 9-3 所示。

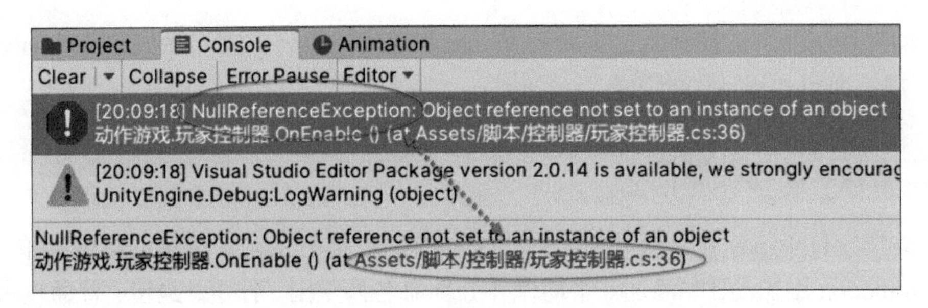

图 9-3

双击错误提示可以打开对应的代码。错误来自下面的代码：

```
{
    鼠标管理器 . 实例 . 点击鼠标 += 移动到目标 ;
    ...
}
```

这行代码只有一个对象，即“鼠标管理器 . 实例”，所以应该是“鼠标管理器”这个游戏对象没有初始化。可以用 Debug.Log 方法打印对应的对象看看判断是否正确。

```
{
    Debug.Log( 鼠标管理器 . 实例 );
    鼠标管理器 . 实例 . 点击鼠标 += 移动到目标 ;
    ...
}
```

再次运行就能看到，果然“鼠标管理器”为空。

这里报错是因为 Unity 处理游戏对象的顺序是程序不可以直接定义的。但是因为玩家、怪物、物品都是场景中最后生成的，所以这个问题不影响最终的结果，只影响当前测试。解决办法很简单，取消玩家游戏对象的激活，场景运行起来以后，再手动单击一下就可以了。等游戏从菜单进入的时候，就不会有这个错误了。

再次运行场景，启用玩家以后，单击屏幕，玩家就会移动到对应的位置。这里把游戏的目标分辨率设置为 1920×1080，在 Game 窗口中选中对应的分辨率，这样就能更准确地知道实际运行时能看到的范围。

9.5　玩家动画制作和移动匹配

这里用到了 6 个动作，即空闲、行走、跑步、普通攻击、暴击、死亡。其中空闲、行走和跑步做成一个混合树，根据角色移动速度自动切换动画。因为玩家和怪物的动画逻辑一致，先建立空的动作，制作空动作的动画控制器并命名为“默认动作控制器”。然后骑士和骷髅的动画控制器都继承自这个只包含空动作的“默认动作控制器”。这样做是为了方便实现持不同武器的情形下的动作切换。如果要骑士从单手剑盾切换成双手武器，只要再新建一个继承“默认动作控制器”的控制器，重新设置对应的动作，再将控制器赋值给 Animator 组件的 Controller 属性即可实现动作的切换。

9.5.1 新建默认动作控制器

在“动作”目录下新建目录并命名为“空动作”。选中空动作目录，单击菜单 Assets → Create → nimation 添加动作。添加 6 个动作并分别命名为空闲、行走、跑步、普通攻击、暴击、死亡。

选中 Animator 目录，单击菜单 Assets → Create → Animator Controller，添加一个动作控制器并命名为“默认动作控制器”。双击动作控制器能打开 Animator 窗口。

9.5.2 添加移动用的混合树

（1）在 Animator 窗口中右击，选择 Create State → From New Blend Tree，添加一个混合树。

（2）因为是控制器中的第一个状态，所以会自动设置为默认状态。双击混合树进入编辑模式。选中 Blend Tree，在 Inspector 窗口中，单击“+”，选中菜单中的 Add Motion Field 添加动作字段。将站立、行走和跑步的动作依次拖曳到 Motion 中为其赋值，顺序不要错。单击 Parameters 变量标签，修改原有变量名称为速度，并且设置 Inspector 窗口中对应变量为速度。这样就能用一个速度变量控制模型站立、行走和跑步 3 个动作的切换，如图 9-4 所示。

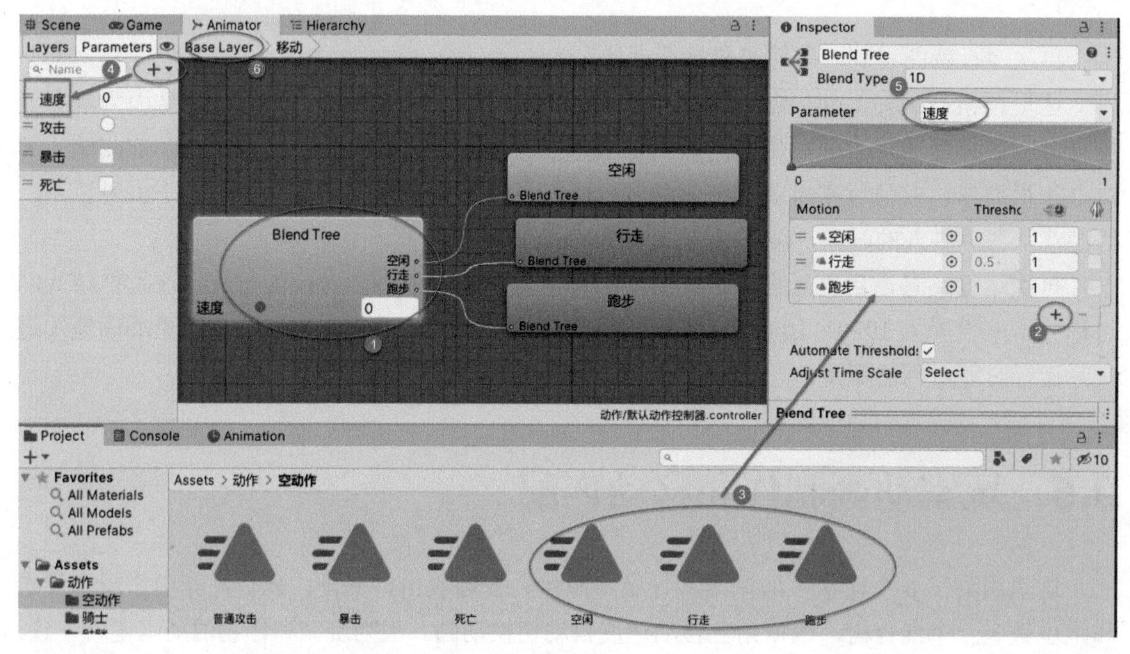

图 9-4

单击 Base Layer 标签可以回到状态机编辑。

9.5.3 添加攻击和死亡状态

1. 添加状态之间的连接

将其他动作拖入 Animator 窗口。选中一个状态并右击，选中 Make Transition，这时会出现连接线，将其连接到其他状态即可。

最终连接如图 9-5 所示，Blend Tree 是默认状态，可以切换到普通攻击和暴击攻击并返回，任意状态都能切换到死亡。

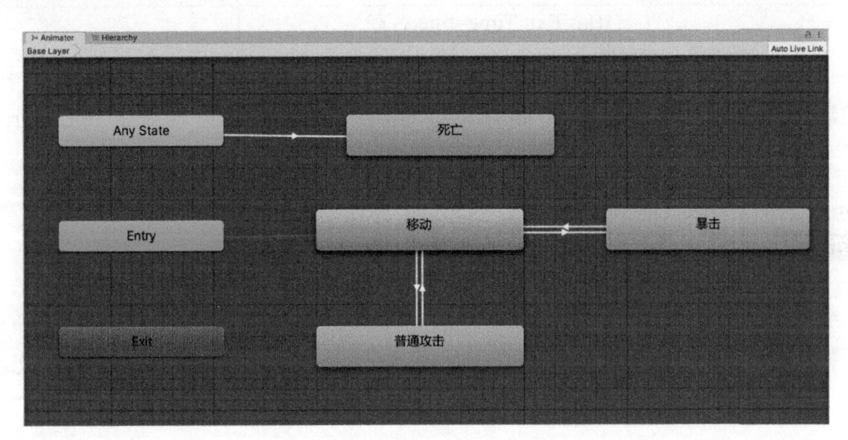

图 9-5

2. 添加参数

单击 Parameters 标签，再单击“+”选择参数类型即可添加参数。

动画参数说明如表 9-4 所示。

表 9-4 动画参数说明

名 称	类 型	说 明
攻击	Trigger	释放攻击
暴击	Bool	判断是不是暴击
死亡	Bool	死亡

3. 设置过渡

选中一个过渡，在 Inspector 窗口中设置 Has Exit Time 决定是否立即切换。一般状态到攻击通常是立即切换，不能选中该选项。攻击必须执行完成才能切换，必须选中该选项。

后面的选项主要是动作混合，简单处理就是动作都不混合。这里 Fixed Duration 取消，后面两项都设置为 0。

Can Transition To 选项取消，否则动画会卡住。最后单击底部的“+”设置状态切换的参数。

过渡参数设置如表 9-5 所示。

表 9-5 过渡参数设置

过　渡	是否立即切换	切换参数
Any State-> 死亡	Has Exit Time=false	死亡 =true
移动 -> 暴击	Has Exit Time=false	攻击 暴击 =true
暴击 -> 移动	Has Exit Time=ture Exit Time=1	
移动 -> 攻击	Has Exit Time=false	攻击 暴击 =false
攻击 -> 移动	Has Exit Time=ture Exit Time=1	

动作控制器设置完成以后，打开玩家的预制件，将动作控制器拖曳到 Controller 属性中为其赋值。

9.5.4 添加玩家动作控制器

选中“动作”目录，单击菜单 Assets → Create → Animator Override Controller，添加一个继承的动画控制器并命名为“玩家动作控制器”。选中“玩家动作控制器”，先将默认动作控制器拖曳到 Controller 属性中，然后将骑士对应的动作拖曳到 Inspector 窗口对应的属性中。

9.5.5 修改玩家控制器脚本

在脚本中添加动画控制器的属性，导航代理的 velocity 属性是当前运动的向量，用 sqrMagnitude 获取的向量长度就是当前的移动速度，赋值给动作的“速度”变量即可。将动画控制器中的变量名字符串转换为哈希是为了避免后面写错的同时也能提高性能，具体代码请参考随书内容。

单击运行以后，玩家会自动切换移动的动作。

9.6 玩家攻击敌人

玩家攻击敌人的代码在玩家控制器脚本中实现，有以下 4 个要点：

（1）当玩家移动到敌人旁边的时候需要停止，这时通过设置 agent.isStopped 来使玩家停止。所以在移动前需要重新设置使玩家能够移动。

（2）通过使用协程加 while 判断距离的方式实现玩家移动到敌人旁边。为了使移动过程中可以取消攻击，移动到目标点的时候要取消协程。

（3）攻击冷却时间在 Update 方法中计时。若冷却时间小于 0，则表示可以攻击。攻击执行后重置冷却时间。

（4）暴击计算要放在攻击前。

这里把死亡判断先加入进去，但是不影响攻击。玩家攻击的流程图如图 9-6 所示。

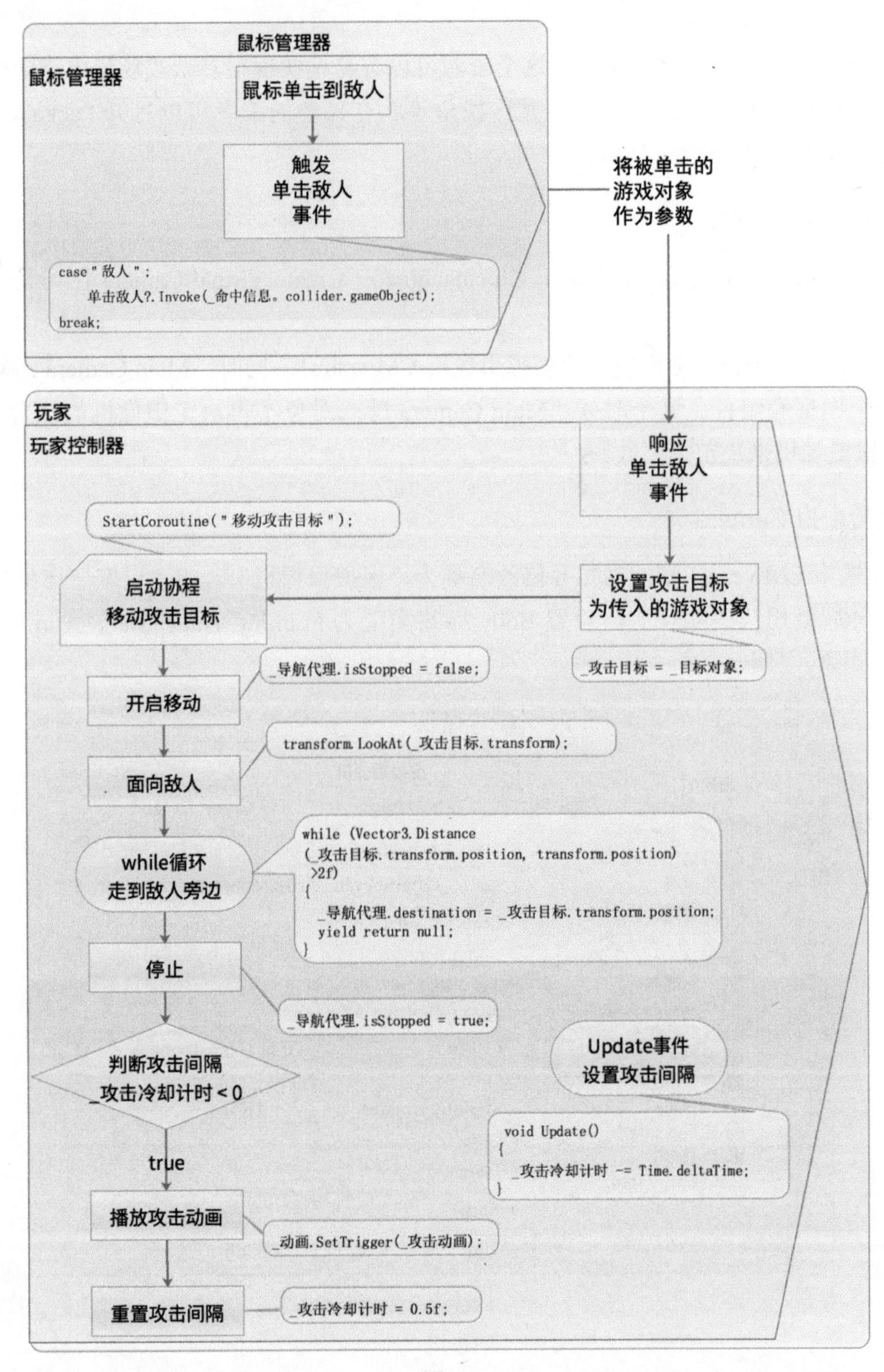

图 9-6

单击运行，单击敌人后玩家会移动到敌人旁边进行攻击。

9.7 摄像机镜头设置

Unity 提供了 Cinemachine 资源，这个资源可以容易地实现很多游戏场景中需要的摄像机类型，例如各种第一人称视角、第三人称视角等。有兴趣的读者可以打开 Package Manager 窗口安装这个资源的示例进行学习。

1. 添加虚拟摄像机

在安装 Cinemachine 后，单击菜单 Cinemachine → Create Virtual Camera 往场景中添加虚拟摄像机。

添加完以后，场景中会出现一个虚拟摄像机 CM vcam1。同时，Main Camera 游戏对象上会多出一个图标和组件。这个时候，Main Camera 游戏对象不再决定摄像机的位置，由 CM vcam1 虚拟摄像机来决定。

2. 设置虚拟 Camera

（1）选中 CM vcam1 游戏对象并修改名称为“虚拟摄像机”，将“玩家”拖曳到 Follow 属性中（之后会用代码实现）。设置 Body 标签类型为 Framing Transposer、Aim 标签为 Do nothing，如图 9-7 所示。

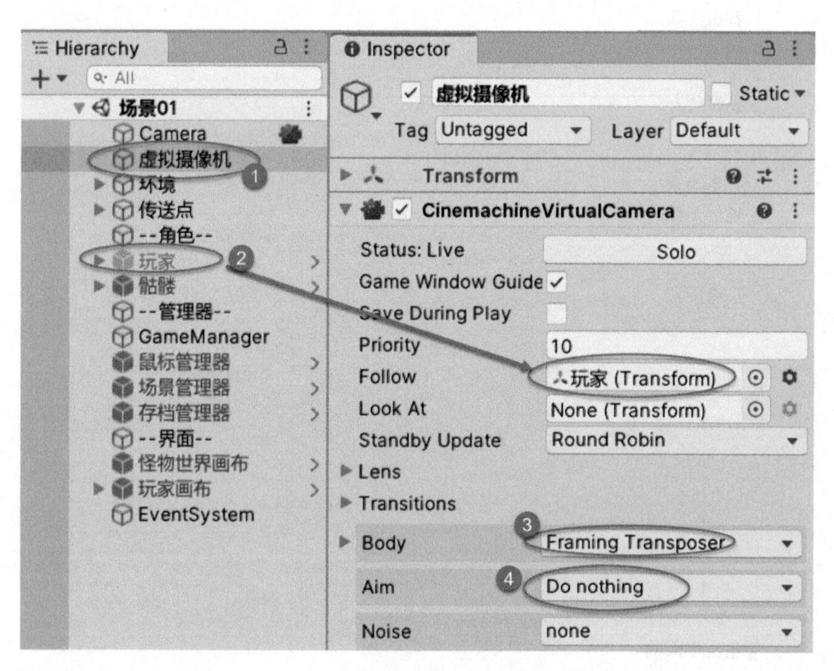

图 9-7

（2）设置 Body 标签下的 Tracked Object Offset 的 Y 为 1，这样会跟踪玩家的头部。设置 Camera Distance 为 6，这是镜头和玩家的距离。

（3）设置 Transform 组件的 Rotation 属性可以调节镜头的方向和角度。

这个时候运行，摄像机就会随着玩家的移动而移动，如图 9-8 所示。

图 9-8

这里有一个 Bug，玩家会被其他的模型（例如树木、石头和房子）挡住。常用的处理方法有两种，但这里只进行描述，不具体实现。

方法一，添加通用渲染管线（Universal Render Pipeline，URP），利用 URP 的后处理实现当玩家被遮挡的时候，使用特殊的材质将玩家的轮廓显示出来。这种做法类似于火炬之光的效果。

方法二，因为玩家基本在屏幕中心，从屏幕中心发出射线，当射线照射到可能遮挡玩家的模型的时候，将模型隐藏或者替换成半透明的材质。这种做法的效果类似于暗黑破坏神的效果。

9.8　怪物攻击

9.8.1　骷髅动画控制器制作

动画准备

这里的动画控制器和玩家的一样，继承自默认动作控制器。骷髅的动作只有攻击、空闲和行走，其他两个用骑士的动作来代替。因为都是人形，而且两个模型的身高比例差距不大，所以动作可以自动匹配。

选中“动作”目录，单击菜单 Assets → Create → Animator Override Controller，添加一个继承的动画控制器并命名为“骷髅动作控制器”。选中“玩家动作控制器”，先将“默认动作控制器”拖曳到 Controller 属性中，再将骷髅和骑士对应的动作拖曳到 Inspector 窗口对应的属性中。

9.8.2　骷髅预制件制作

1. 添加模型

将骷髅模型拖曳到场景中，设置其位置和角度，并修改名称为“骷髅”。

2. 修改动作控制器

选中“骷髅”游戏对象，将“骷髅动作控制器”拖曳到 Controller 属性中为其赋值。

3. 添加并设置碰撞器

单击 Add Component 为模型添加一个碰撞器，可以是方盒、圆柱或球体。添加完以后，设置碰撞器大小基本和模型一致即可。

4. 添加并设置导航网格代理

单击 Add Component 按钮添加导航网格代理。设置对应的速度等参数，确保骷髅速度比玩家慢，否则玩家无法逃脱。设置高度和半径基本和模型大小一致即可。

这里没有对不同的角色导航情况进行细分，如果需要细分，推荐使用 Unity 官方提供的 NavMeshComponet 插件。

5. 添加脚本

在“脚本”→“控制器”目录下新建脚本并命名为“怪物控制器”，将其拖曳到“骷髅”游戏对象上成为其组件。

6. 修改标签

修改游戏对象的标签为“敌人”，用于识别敌人。

7. 生成预制件

将“骷髅”游戏对象拖曳到“预制件”目录下生成预制件，有提示的时候选择生成原生的预制件。

9.8.3 编写基本的有限状态机

敌人控制脚本的主要功能是实现一个简单的有限状态机。默认可以是巡逻或者固定站桩状态，当玩家靠近到一定范围的时候，进入追击玩家的状态。如果自己血量为空，则进入死亡状态。其实还有一个状态是玩家死亡时候的状态，不过玩家死亡以后，游戏就切换到了其他场景，所以可以没有这个状态。状态机的逻辑如图 9-9 所示。

简单状态机的实现前面已经叙述过。发现玩家是通过 Physics. OverlapSphere 方法找出对应范围内的所有碰撞器，然后遍历找到的碰撞器，对比标签来判断是否有玩家。具体代码可参考本书配套资源。

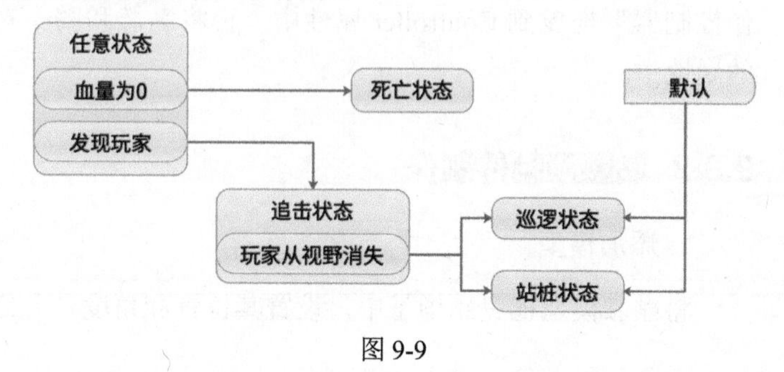

图 9-9

9.8.4 编写死亡和站桩状态

敌人的死亡状态很简单，禁用导航代理和碰撞器，这样就不会移动或被玩家识别而继续攻击，然后等死亡动画播放结束以后删除即可。

站桩状态是判断当前位置是否在预定站桩的位置，因为可能被玩家吸引离开了原有位置。如果没在预定位置，则要返回预定位置，到达预定位置再转向原有方向即可。为此还需要两个变量记录预定位置和方向。

9.8.5 编写巡逻状态

巡逻状态比站桩稍微复杂，判断是否到达巡逻点，如果没有到达就移动到巡逻点。到达了以后，会有一个停留时间，然后前往下一个巡逻点，如图 9-10 所示。

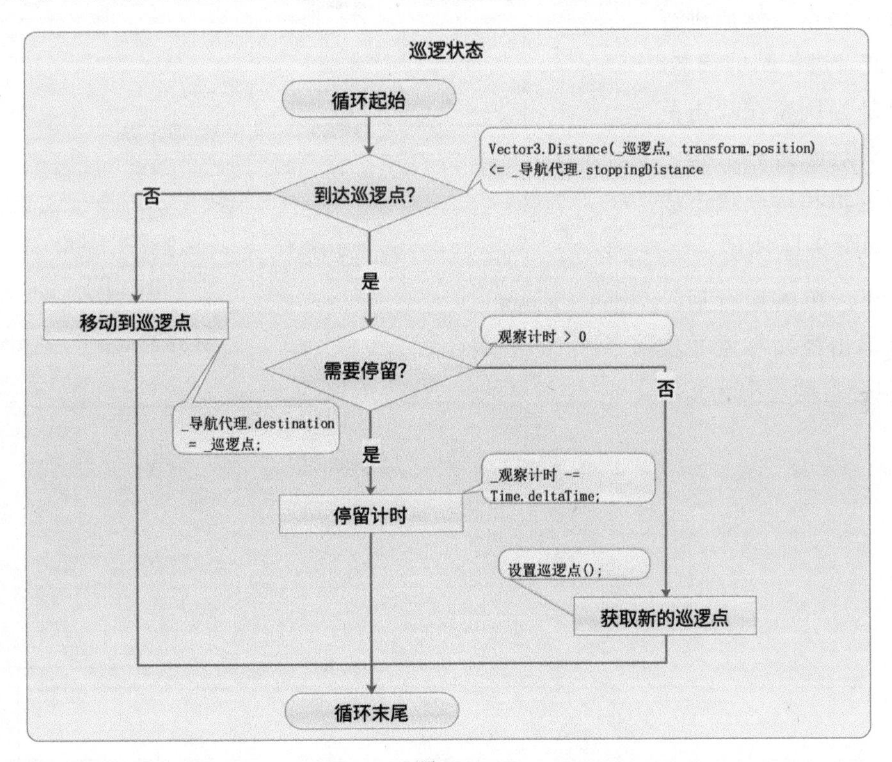

图 9-10

巡逻状态的代码需要注意以下几点：

（1）随机点的获取，这里用的方法是取一个三维数（X, Y, Z），令 Y=0，X、Z 取随机数，然后与骷髅出生位置的 Position（X, Y, Z）相加，获取到一个正方形区域。也可以用 Random.insideUnitCircle 方法获取圆形区域的点。

（2）获取随机点以后，需要用 NavMesh.SamplePosition 方法判断随机点是否可以到达，避免随机点是无法导航到达的点，例如特别陡的坡上。

（3）随机点的中心是敌人生成时的位置，高度是生成时的高度。为了避免随机点生成在地图的下方，敌人生成的位置需要在巡逻范围内最高的点，即如果巡逻范围有山坡，则最好在坡顶。

（4）启动以后，需要先生成一个巡逻点，避免启动后跑回坐标原点。

（5）Gizmos 方法可以在选中敌人的时候在编辑器中显示对应的内容。这里显示了敌人的攻击范围，也可以显示敌人的巡逻范围。这个不影响程序的运行，只是提供设置时的参考。

9.8.6 编写追击状态

追击状态分为两部分。第一部分是当发现玩家的时候，向玩家移动。如果没有发现玩家则停留，然后进行范围巡逻或者进行站桩状态。第二部分是当玩家在攻击范围内时，对玩家进行攻击。这部分的逻辑和玩家攻击敌人类似，如图 9-11 所示。

到这里，单击运行后，玩家可以单击怪物靠近并攻击，怪物也会自动攻击玩家。

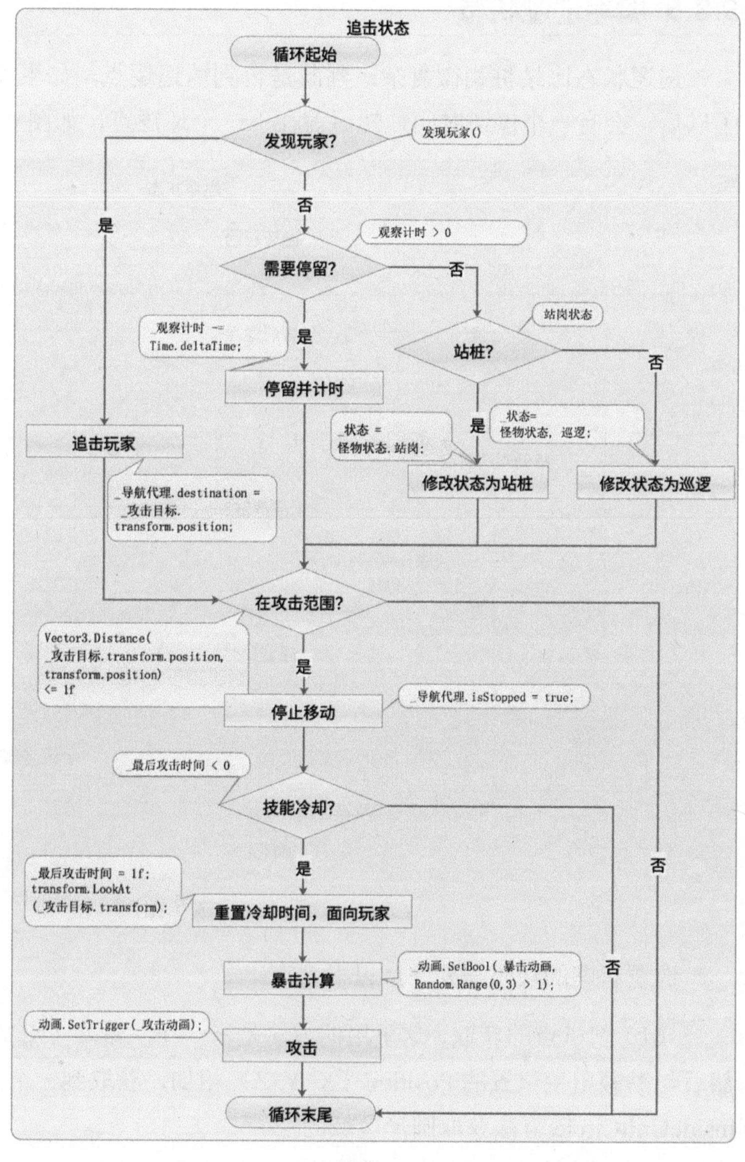

图 9-11

第 10 章 更复杂的 3D 动作游戏

本章将在上一章示例动作游戏开发的基础上继续深入，重点讲解角色状态、伤害计算、等级升级、敌人血量显示、玩家血量经验值显示、当前场景传送、玩家数据的保存和读取、不同场景传送、菜单场景等的开发方法和技巧。

10.1 角色状态

通常通过 ScriptableObject 脚本生成数据资源来设置角色的各种状态，这样方便查看和修改。再通过一个普通的 Unity 脚本获取生成的数据资源，将其中的属性转换为脚本自身的属性，如图 10-1 所示。其他脚本要获取角色属性，不直接获取 ScriptableObject 脚本生成的数据，而是获取转换的属性。这样做的好处是当基础数据存储发生改变的时候，例如角色属性改为保存在数据库的时候，其他脚本的内容不需要修改。

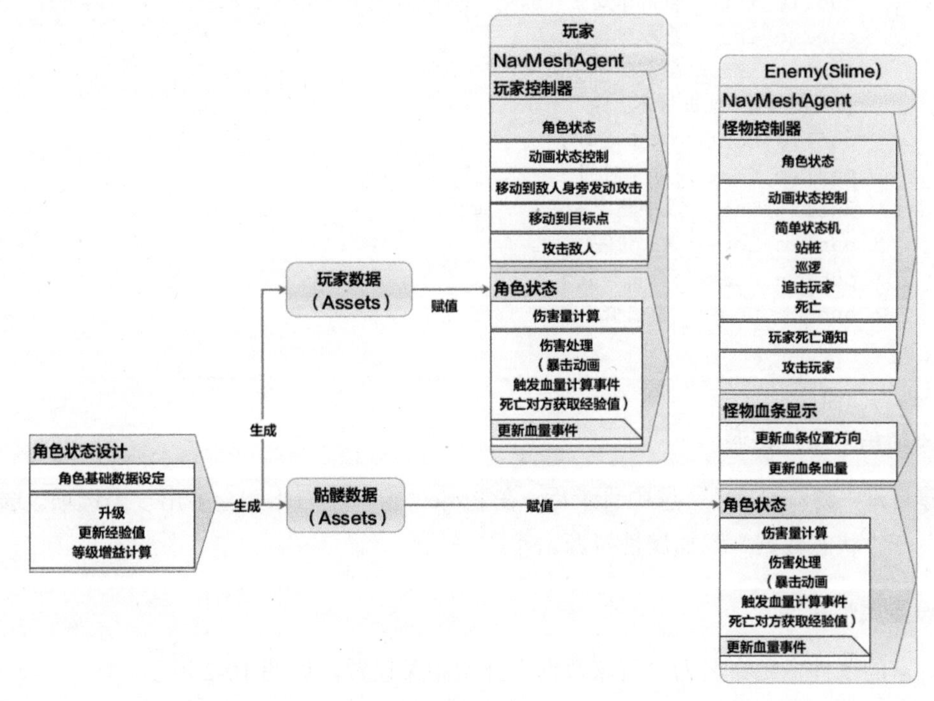

图 10-1

这种方法不仅可以用于角色属性，还可以用于道具、物品栏的设置。这里只有一个属性脚本。如果不同的物品有不同的属性加成，可以拆分属性脚本，即角色属性一个脚本，攻击属性一个脚本，以实现角色持有不同物品的攻击力和攻击范围不同。

1. 添加脚本

在“脚本”目录下新建目录“角色状态”，用于放置角色属性的脚本。在角色状态目录下新建目录“脚本化对象”，用于放置对应的 ScriptableObject 脚本。在角色状态目录下新建目录“运行脚本”，用于放置对应的普通的 Unity 脚本。

2. 编写 ScriptableObject 脚本

ScriptableObject 脚本需要继承自 ScriptableObject 类。通过 CreateAssetMenu 注解设置编辑器菜单。可以通过 Header 注解让脚本在编辑器中看起来更清晰。

```
using UnityEngine;
using System;
namespace 动作游戏
{
    [CreateAssetMenu(fileName = "新数据", menuName = "状态信息/状态数据")]
    [Serializable]
    public class 角色状态设计 : ScriptableObject
    {
        [Header("状态信息")]
        public int _最大血量;
        public int _当前血量;
        public int _基础防御;
        public int _当前防御;
        [Header("攻击信息")]
        public float _攻击范围;
        public float _冷却时间;
        public int _最小伤害;
        public int _最大伤害;
        public float _暴击加成;
        public float _暴击概率;
    }
}
```

3. 添加角色属性资源

新建目录“游戏设置”，选中目录后，在 Project 窗口中右击，会多出一个选项。选择“状态信息”→“状态数据”添加属性资源。

4. 设置属性资源

将玩家的属性资源命名为“玩家数据”并做相关设置，如图 10-2 所示。

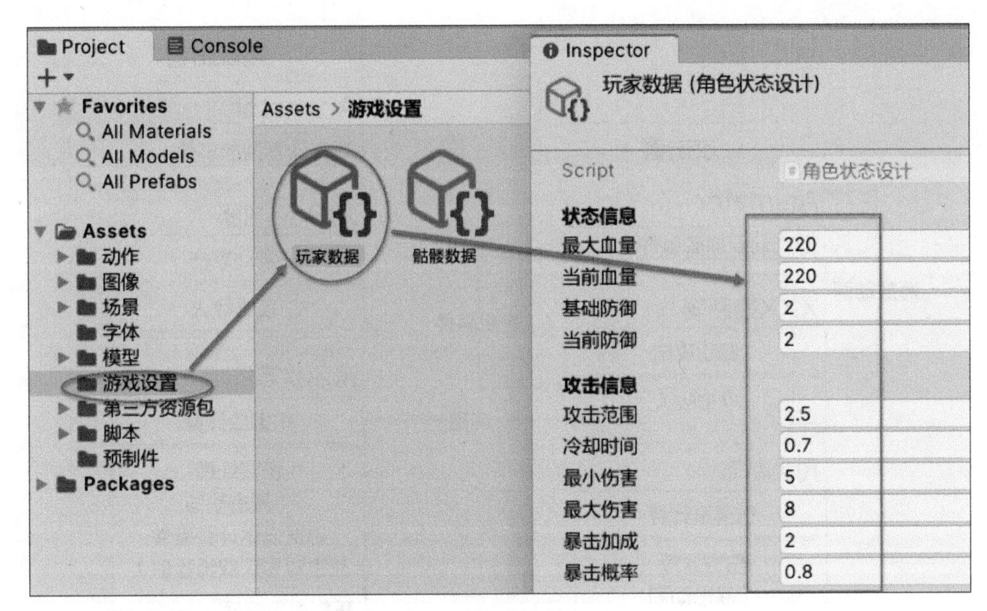

图 10-2

将骷髅的属性资源命名为“骷髅数据”并做相关设置。

5. 编写角色状态脚本

添加两个“角色状态设计”变量，一个是模板，另一个用于实际使用。在启动的时候，通过模板生成实际使用的数据。这样，多个敌人不会直接共享相同的血量。但是，现阶段，为了能看到血量变化，先把生成实际使用数据的内容注释掉。

对照角色状态设计脚本的变量添加需要被其他脚本引用的属性，可以全部添加或者用到一个添加一个。在游戏过程中，不变化的属性不需要添加用于设置值的 set 语句。

6. 设置脚本

选中“玩家”游戏对象，将“游戏设置”目录下的“玩家数据”拖曳到脚本上，为“模板数据”和“角色数据”两个属性赋值。选中“骷髅”游戏对象，将“游戏设置”目录下的“骷髅数据”拖曳到脚本上，为“模板数据”和“角色数据”两个属性赋值。

10.2 伤害计算

伤害计算是当距离合适的时候，玩家单击鼠标或者敌人自动发动攻击，开始播放攻击动画。当攻击动画播放到某个时间点的时候触发事件。这个时候就认为攻击生效，如图 10-3 所示。在这个示例中，只要攻击发动就一定会生效，这类似于没有打断的魔兽世界。这个不像格斗游戏，生效前还要用物理碰撞判断是否击中。

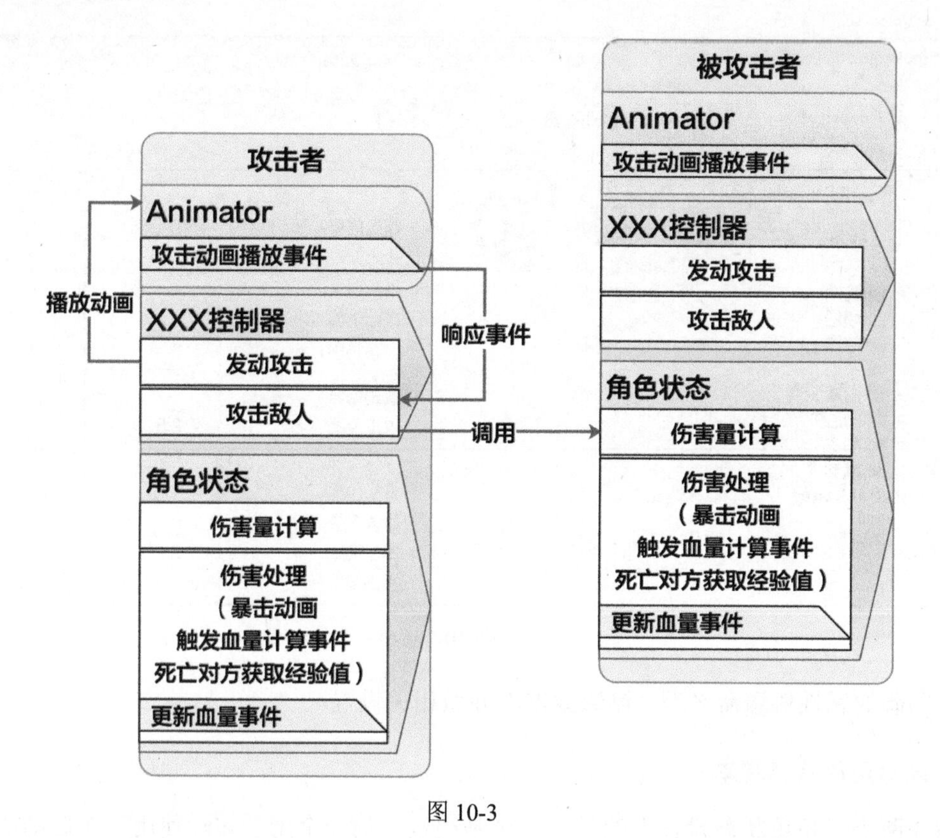

图 10-3

10.2.1 修改脚本添加伤害计算

1. 修改角色状态脚本

添加暴击计算以及伤害计算、血量扣除。

2. 修改玩家控制器脚本

添加“角色状态”属性，并用“_角色状态”中的“攻击范围”属性、“暴击判断”方法等内容替换原来脚本中写死的表示距离、暴击判断等的具体数值。在攻击前进行暴击计算。添加“攻击”方法，用于响应并进行伤害计算。

3. 修改怪物控制器脚本

添加“角色状态”属性，并用“_角色状态”中的“攻击范围”属性、“暴击判断”方法等内容替换原来脚本中写死的表示距离、暴击判断等的具体数值。在攻击前进行暴击计算。添加攻击方法，用于响应并进行伤害计算。

```
public class 怪物控制器 : MonoBehaviour
{
    …
```

```
    void 追击状态 ()
    {
        …
        if (_ 攻击目标 != null)
        {
            if (Vector3.Distance(_ 攻击目标 .transform.position,
  transform.position) <= _ 角色状态 . 攻击范围 )
            {
                _ 导航代理 .isStopped = true;
                if (_ 最后攻击时间 < 0)
                {
                    _ 最后攻击时间 = _ 角色状态 . 冷却时间 ;
                    transform.LookAt(_ 攻击目标 .transform);
                    _ 角色状态 . 暴击判断 ();
                    _ 动画 .SetBool(_ 暴击动画 , _ 角色状态 . 发生暴击 );
                    _ 动画 .SetTrigger(_ 攻击动画 );
                }
            }
        }
    }
    void 攻击 ()
    {
        if (_ 攻击目标 != null)
        {
            var _ 目标状态 = _ 攻击目标 .GetComponent< 角色状态 >();
            _ 目标状态 . 造成伤害 (_ 角色状态 , _ 目标状态 );
        }
    }
  }
```

10.2.2 添加动作事件

在场景中选中“玩家”游戏对象，单击菜单 Window → Animation → Animation，打开 Animation 窗口。在 Animation 窗口中，选择动画“骑士攻击 01”基础攻击。用鼠标左键拖曳白线到合适的位置，这个时候可以看到“Scene”窗口中的玩家动作会跟着白线联动。当到了合适的位置，在时间线下右击，选择 Add Animation Event 添加事件，如图 10-4 所示。

选中添加的事件，选中后会变成蓝色。在 Inspector 窗口中，在 Function 下拉菜单中选中“攻击 ()”方法用于响应事件，如图 10-5 所示。

这里要注意，能选择的方法必须是“玩家”游戏对象上的脚本的公开方法，即必须先在游戏对象上有角色状态，脚本才会有攻击方法。

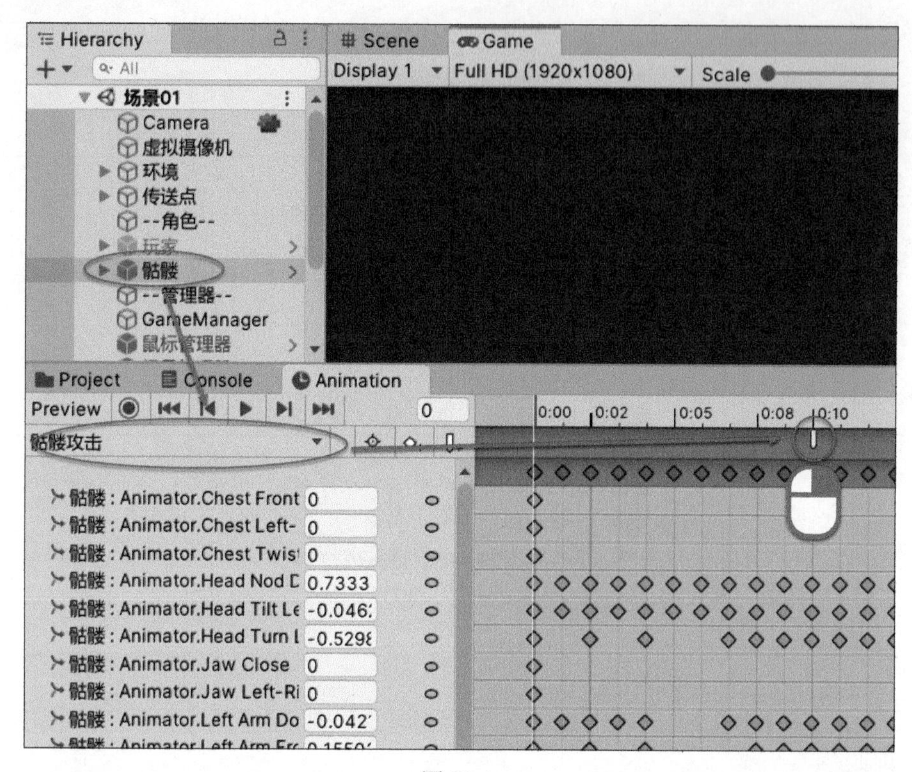
Hierarchy
场景01
Camera
虚拟摄像机
环境
传送点
--角色--
玩家
骷髅
--管理器--
GameManager
鼠标管理器
Scene
Game
Display 1
Full HD (1920x1080)
Scale
Project
Console
Animation
Preview
骷髅攻击
骷髅 : Animator.Chest Front
骷髅 : Animator.Chest Left-
骷髅 : Animator.Chest Twis
骷髅 : Animator.Head Nod D
骷髅 : Animator.Head Tilt Le
骷髅 : Animator.Head Turn L
骷髅 : Animator.Jaw Close
骷髅 : Animator.Jaw Left-Ri
骷髅 : Animator.Left Arm Do

图 10-4

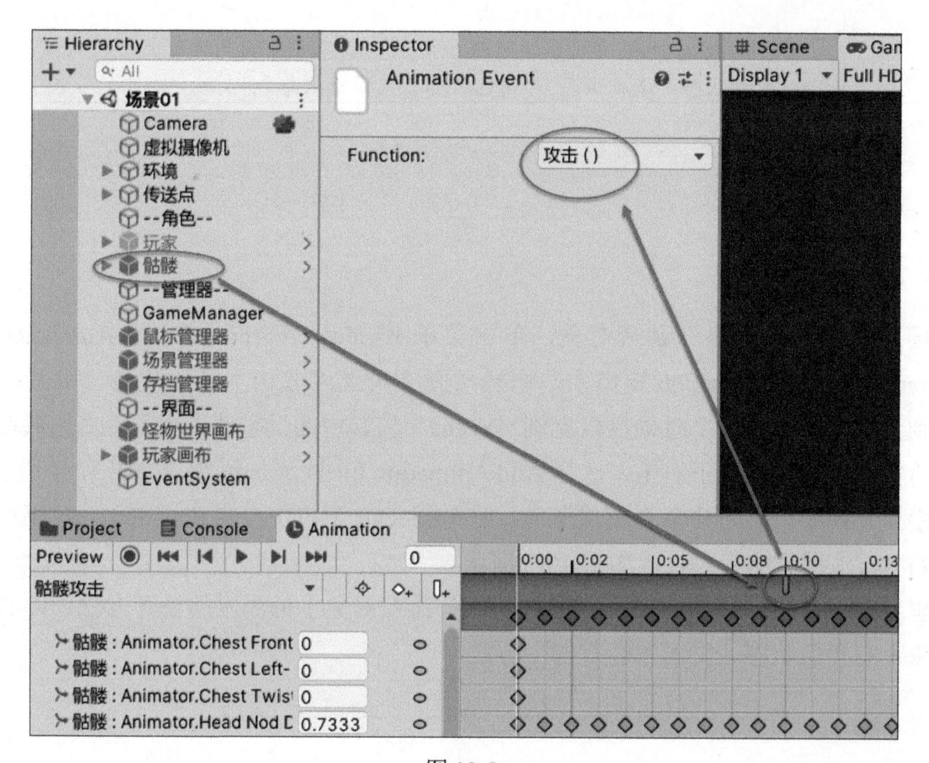
Hierarchy
场景01
Camera
虚拟摄像机
环境
传送点
--角色--
玩家
骷髅
--管理器--
GameManager
鼠标管理器
场景管理器
存档管理器
--界面--
怪物世界画布
玩家画布
EventSystem
Inspector
Animation Event
Function:
攻击 ()
Scene
Display 1
Project
Console
Animation
Preview
骷髅攻击
骷髅 : Animator.Chest Front
骷髅 : Animator.Chest Left-
骷髅 : Animator.Chest Twis
骷髅 : Animator.Head Nod D

图 10-5

用同样的方法设置玩家的暴击攻击事件以及骷髅的普通攻击和暴击攻击事件。

10.2.3 运行测试

单击播放进行测试，运行的时候，选中“骷髅数据”资源可以看到实时的血量变化。要注意的是，在 Unity 编辑器状态下，停止运行以后，血量不会自动恢复，即测试运行的数据会保留。记得每次测试前修改血量，以避免开始的时候，骷髅或玩家的血量还是上次测试时的数值，从而会导致骷髅或者玩家开场就死亡。

10.3 等级提升

等级提升的计算方法放在角色状态设计脚本中，升级的逻辑如图 10-6 所示。

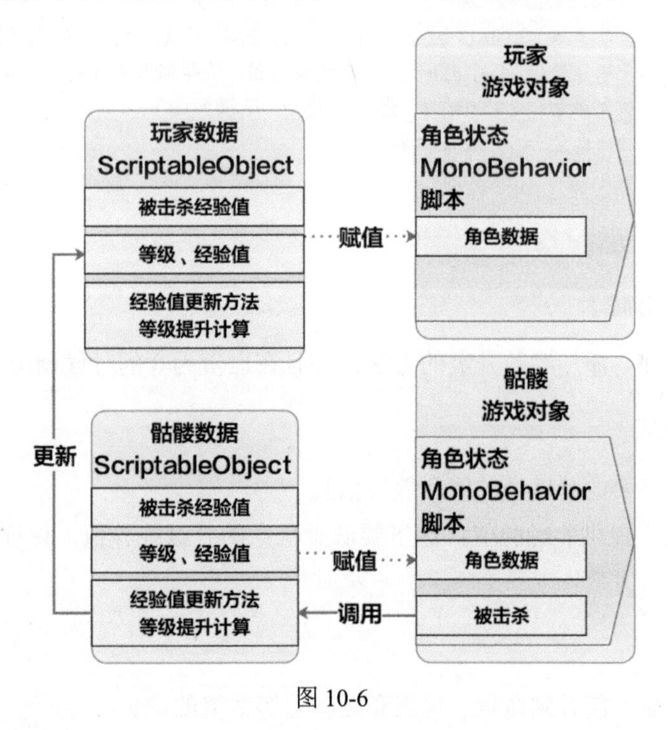

图 10-6

1. 修改角色状态设计脚本

添加经验值相关属性和升级计算方法。这里升级只提高了血量。等级升级的计算也可以放在角色状态脚本中。

```
public class 角色状态设计 : ScriptableObject
{
    …
    [Header(" 经验信息 ")]
```

```
    public int _击杀经验值；
    [Header("等级信息")]
    public int _当前等级；
    public int _最高等级；
    public int _升级经验值；
    public int _当前经验值；
    public float _等级加成；
    public float 等级加成
    {
        get { return 1 + (_当前等级 - 1) * _等级加成； }
    }
    public void 获得经验值(int _经验)
    {
        _当前经验值 += _经验；
        if (_当前经验值 >= _升级经验值)
        {
            _当前等级 = Mathf.Clamp(_当前等级 + 1, 0, _最高等级)；
            _升级经验值 += (int)(_升级经验值 * 等级加成)；
            _最大血量 = (int)(_最大血量 * 等级加成)；
            _当前血量 = _最大血量；
        }
    }
}
```

2. 修改角色状态脚本

添加对应的属性。添加经验升级的方法，并且在血量为0的时候调用。

3. 设置属性资源

设置玩家升级需要的基础经验值和等级信息。

设置史莱姆死亡提供的经验值，这里要低于玩家的升级经验值，保证杀死一个敌人就能升级。

4. 运行测试

当杀死敌人以后，能看到血量、等级和经验值等数值的增长。

5. 再次修改角色状态脚本

确认程序正确，将“_角色数据”属性改为私有，去掉属性模板复制的注释。这样敌人的血量就不会共享了。

```
public class 角色状态 : MonoBehaviour
{
    public 角色状态设计 _模板数据；
    角色状态设计 _角色数据；
```

```
    void Awake()
    {
        if (_模板数据 != null)
        {
            _角色数据 = Instantiate(_模板数据);
        }
    }
    …
}
```

6. 更新预制件

选中“玩家”游戏对象，单击 Inspector 窗口中 Overrides 下面的 Apply All，这样就能更新玩家预制件，并用同样的方式更新骷髅的预制件。

7. 更新角色状态资源

重新设置角色状态资源之后就不用再次设置了。

10.4 敌人血量显示

敌人血条是 UI，因为要显示在敌人的头顶上，所以血条 UI 的画布是世界模式的渲染，通过预制件生成血条。在计算完血量的时候，统一触发事件，这样玩家的血条也可以用该事件更新。在其他脚本中响应事件并更新血量，同时更新血条的位置和方向，如图 10-7 所示。

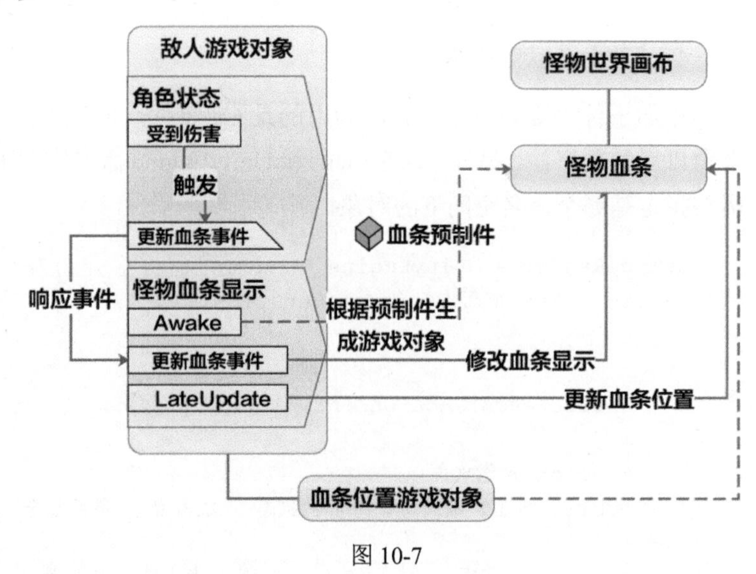

图 10-7

10.4.1 添加血条预制件

1. 添加并设置画布

在场景中新建空的游戏对象并命名为“一界面一”，用于分割显示。单击 Unity 菜单 GameObject → UI → Canvas，新建画布并命名为“怪物世界画布”。设置画布的 Rect Transform 为默认值。设置画布的 Render Mode 为 World Space，并把 Main Camera 拖曳到 Event Camera 中为其赋值。

2. 添加并设置血条背景

选中画布，单击菜单 GameObject → UI → Image，添加一幅图片作为血条背景，设置名称为“怪物血条”。设置宽度和高度（这里设置的是 1×0.1），并设置血条背景颜色（这里设置的是红色）。

3. 添加并设置血条

选中血条背景并右击，在弹出的菜单中选择 UI → Image，在血条背景下添加一幅图片作为血条，并命名为“当前血量”。血条游戏对象是血条背景游戏对象的子游戏对象。

设置血条的宽度、高度、位置与血条背景一致。将之前导入的白色图片拖曳到 Source Image 中为其赋值。设置血条颜色并设置血条图片的 Image Type 为 Filled，Fill Method 为 Horizontal，即水平填充。方向可以通过 Fill Origin 属性设置。

4. 生成预制件

将“怪物血条”游戏对象拖曳到“预制件”目录下生成预制件。

10.4.2 脚本修改

1. 修改角色状态脚本

添加事件“更新血条”。因为用的是 C# 事件，所以需要添加 System 的引用。在计算完血量以后触发事件。另外，在 System 和 UnityEngine 命名空间下都有一个叫 Random 的对象，需要指定是哪个命名空间下的对象。

```
using Random = UnityEngine.Random;
public class 角色状态 : MonoBehaviour
{
    …
    public event Action<int, int> 更新血条;
    …
    #region 角色攻击
    public void 造成伤害(角色状态 _攻击者, 角色状态 _防御者)
    {
        int _伤害 = Mathf.Max(_攻击者.当前伤害量() - _防御者.当前防御, 0);
        当前血量 = Mathf.Max(当前血量 - _伤害, 0);
        更新血条?.Invoke(当前血量, 最大血量);
        if (当前血量 <= 0)
        {
            _攻击者.获得经验值(_角色数据._击杀经验值);
        }
    }
}
```

2. 添加并编辑怪物血条显示脚本

在“脚本”目录下新建目录“界面”，并添加脚本“怪物血条显示”。

启动的时候，获取所有的画布，通过画布的 RendererMode 来确定血条的画布。如果场景中有多个世界渲染的画布，则不能用这种方法。

LateUpdate 事件发生在逻辑判断之后，即敌人移动之后。更推荐在这里更新血条的位置和方向，避免一些闪烁的 Bug 出现。

在响应事件的方法中，计算血量百分比来更新血条长度。

10.4.3 设置敌人

1. 添加血条位置

在“骷髅”游戏对象下，添加空的子游戏对象并命名为“血条位置”，设置其坐标在“骷髅”游戏对象的上方。

2. 添加脚本

将脚本“怪物血条显示”拖曳到“骷髅”游戏对象成为其组件。

3. 设置脚本

选中“骷髅”游戏对象，将前面做的血条预制件拖曳到“血条预制件”属性中为其赋值。将“血条位置”游戏对象拖曳到“血条位置”属性中为其赋值。设置是否一直可见，或者“显示时长”。

4. 保存到预制件

选中“骷髅”游戏对象，单击 Inspector 窗口的 Overrides 标签下的 Apply All 按钮，将对“骷髅”游戏对象的修改保存成对预制件的修改。

运行场景，当玩家攻击骷髅的时候，会显示其血量。

10.5 玩家血量经验值显示

这里通过 GameManager 脚本来传递一些信息。把玩家状态注册到 GameManager 脚本的属性中，其他地方需要使用的时候可以直接取用，既方便，又能使逻辑更清晰，如图 10-8 所示。

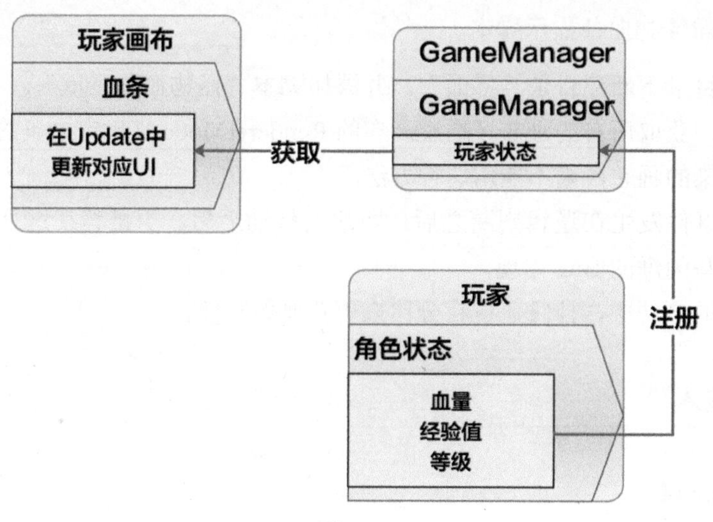

图 10-8

10.5.1 设置玩家血量界面

1. 设置目标分辨率并添加画布

设置游戏的目标分辨率，这里设置为全高清大小。单击菜单 GameObject → UI → Canvas，在场景中添加一个画布，并命名为“玩家画布”。

2. 添加血量显示

原理和敌人的血量显示一样，通过两个图片实现。

选中“玩家画布”游戏对象并右击，在弹出的菜单中选择 UI → Image，为“玩家画布”游戏对象添加一个子游戏对象。

设置图片名称为“血条”，设置图片的位置和大小，这里设置在屏幕左上角。然后设置图片颜色。

选中“血条”游戏对象并右击，在弹出的菜单中选择 UI → Image，为“血条”游戏对象添加一个子游戏对象。

设置图片名称为“当前血量”，设置图片位置和大小与背景图片一致。将 UIImages 目录下的 white 图片拖曳到 Source Image 中为其赋值。然后设置图片颜色。接着设置血条图片的 Image Type 为 Filled，Fill Method 为 Horizontal，即水平填充。

3. 添加经验条显示

选中“玩家画布”游戏对象并右击，在弹出的菜单中选择 UI → Image，为“玩家画布”游戏对象添加一个子游戏对象。

设置图片名称为“经验条”，并设置图片的位置和大小以及图片颜色。

选中“经验条”游戏对象并右击，在弹出的菜单中选择 UI → Image，为“经验条”游戏对象添加一个子游戏对象。

设置图片名称为“当前经验”，设置图片位置和大小与背景图片一致。将 UIImages 目录下的 white 图片拖曳到 Source Image 中为其赋值。然后设置图片颜色。接着设置血条图片的 Image Type 为 Filled，Fill Method 为 Horizontal，即水平填充。

4. 添加等级显示文本

选中“玩家画布”游戏对象并右击，在弹出的菜单中选择 UI → Text，为“玩家画布”游戏对象添加一个子游戏对象。

设置文本名称为“等级”，并设置其位置、字体大小和颜色。

10.5.2 添加并编辑玩家控制器脚本

玩家控制器脚本一方面是用来控制整个游戏的过程，另一方面是作为一个中心，用于转发一些数据。在这里主要是转发玩家的数据。当其他地方需要用到玩家数据的时候，可以直接获取。

在场景中新建空的游戏对象，并命名为 GameManager。在 Scripts → Manager 目录下新建脚本并命名为 GameManager，将其拖曳到 GameManager 游戏对象上成为其组件。GameManager 脚本会自动变成一个特殊的图标。

GameManger 脚本也是继承单实例。其作用是添加玩家状态的属性，然后添加注册方法，并在注册的时候将玩家添加到 Cinemachine 摄像机中。

```
using Cinemachine;
namespace 动作游戏
{
    public class GameManager : 单实例<GameManager>
    {
        public 角色状态 _玩家状态;
        CinemachineVirtualCamera _虚拟摄像机;
        public void 注册玩家(角色状态 _玩家)
        {
            _玩家状态 = _玩家;
            _虚拟摄像机 = FindObjectOfType<CinemachineVirtualCamera>();
            if (_虚拟摄像机)
            {
                _虚拟摄像机.Follow = _玩家状态.transform;
                _虚拟摄像机.LookAt = _玩家状态.transform;
            }
        }
    }
}
```

10.5.3 修改玩家控制器脚本

在玩家脚本激活的时候，将玩家注册到玩家控制器中。

```
public class 玩家控制器 : MonoBehaviour
{
    …
    void OnEnable()
    {
        鼠标管理器 . 实例 . 点击鼠标 += 移动到目标 ;
        鼠标管理器 . 实例 . 点击敌人 += 移动攻击 ;
        GameManager. 实例 . 注册玩家 ( _ 角色状态 );
    }
}
```

10.5.4 添加并编辑玩家信息显示脚本

1. 添加玩家信息显示脚本

在 Scripts → UI 目录下新建脚本并命名为“玩家信息显示 I”，将其拖曳到“玩家画布”游戏对象下成为其组件。

2. 编写脚本

这里比较简单，在 Update 方法中通过玩家控制器获得玩家信息并显示。

3. 设置脚本

选中“玩家画布”游戏对象，将血量、经验值和等级的游戏对象拖曳到对应的属性中为其赋值。

运行游戏，会实时显示玩家的血量、经验值和等级。

10.6 当前场景传送

这里通过“传送目的地”脚本的属性进行传送目标的判断。在“传送点”脚本中设置传送到哪个目标。为了简单起见，把传送点和目标点放在了同一个游戏对象中。

通过场景管理器脚本来进行传送。传送前保存玩家数据。这样当发生不同场景传送的时候，将不会丢失数据。用“存档管理器”脚本保存读取的玩家数据，将玩家数据通过 PlayerPrefs 类保存到本地。

同场景传送的时候，按下空格键，“场景管理器”脚本通过 GameManager 脚本获取到玩家的游戏对象，然后修改玩家的位置和角度即可，过程如图 10-9 所示。

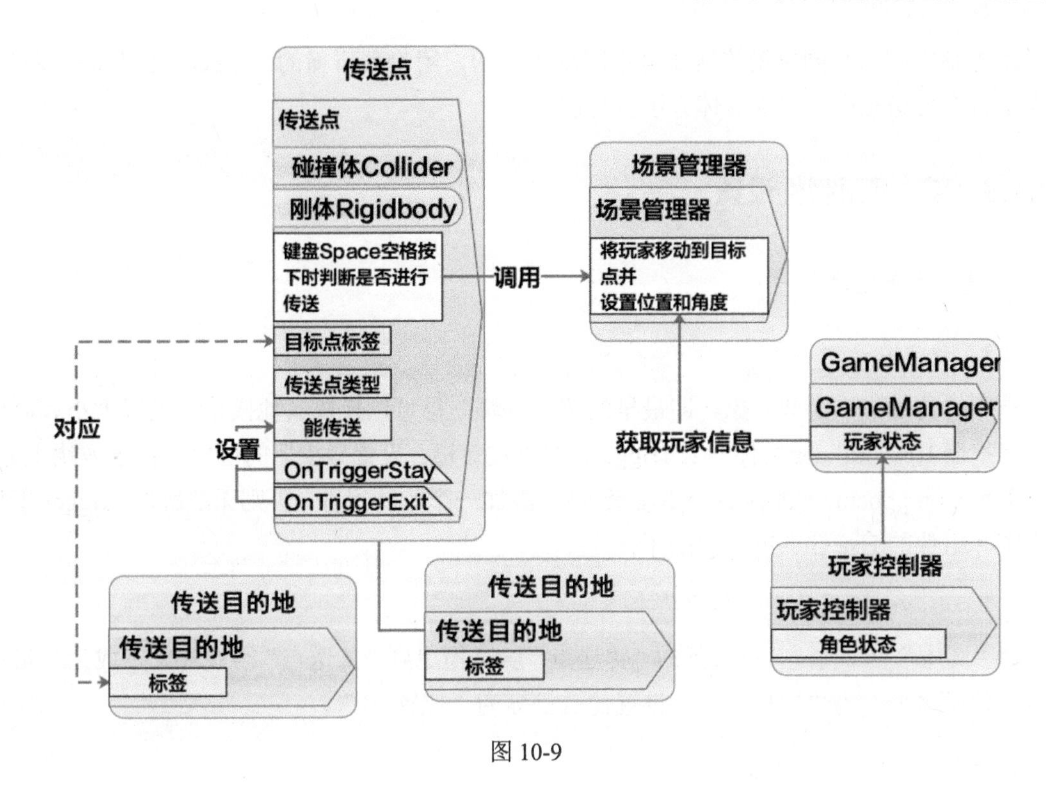

图 10-9

10.6.1 添加传送目标点脚本

在“脚本”目录下新建目录“传送”，在目录下新建脚本并命名为“传送目的地”。用一个枚举来设定传送目的地。这里设置了入口、位置 01、位置 02 三种类型。

```
using UnityEngine;
namespace 动作游戏
{
    public class 传送目的地 : MonoBehaviour
    {
        public 目的地标签 _目标标签;
    }
    public enum 目的地标签
    {
        入口,
        位置01,
        位置02
    }
}
```

10.6.2 添加传送起始点脚本

在“脚本”→“传送”目录中新建脚本并命名为“传送点”。

用枚举来判断是同场景传送还是不同场景传送，用物理碰撞的 Trigger（触发器）来判断玩家是否在传送点中，传送具体方法暂时留空。

10.6.3 传送点预制件设置

1. 设置传送起始点

（1）设置默认组件

选中“传送点”游戏对象，即最早的那个方块，也可以换成其他模型。设置大小和高度。选中碰撞器 Box Collider 组件的 Is Trigger，即可被穿透。设置碰撞器的位置为位于方块上方。单击菜单 Component → Physics → Rigidbody，添加一个刚体组件，否则无法触发 Trigger 事件。取消刚体组件的 Use Gravity 重力属性。

（2）添加并设置传送起始点脚本

将“脚本”→“传送”目录下的“传送点”脚本拖曳到“传送点”游戏对象下成为其组件。设置“传送类型”为“同场景”，设置传送目标为“位置 01”。

2. 添加并设置传送目标点

选中“传送点”游戏对象并右击，在弹出的菜单中选择 Empty GameObject，在“传送点”游戏对象下添加一个空的游戏对象并命名为“传送目的地”。将“脚本”→“传送”目录下的“传送目的地”脚本拖曳到“传送目的地”游戏对象下成为其组件。设置“传送类型”为“入口”。（这里传送目的地是在代码里面这么写的，本意是传送目的地简写了一下，只要和代码统一就好了。之前的说明图也是这么写的。）

3. 生成传送点预制件

将“传送点”游戏对象拖曳到“预制件”目录中成为预制件。

4. 添加其他传送点

将“预制件”目录下的“传送点”预制件拖曳到场景中，再添加一个传送点。重新设置传送点位置。设置传送目标“目的地标签”为“入口”。设置当前目标点“目的地标签”为“位置 01”。

5. 重新烘焙导航地图

因为添加了新的传送点，单击菜单 Window → AI → Navigation，打开导航窗口，单击 Bake 标签下的 Bake 按钮，重新烘焙导航网格。

10.6.4 添加并编写场景管理器脚本

1. 添加脚本

在场景中新建一个空的游戏对象，设置名称为“场景管理器”。在“脚本”→“管理器”目录下新建脚本并命名为“场景管理器”，将脚本拖曳到“场景管理器”游戏对象下成为其组件。

2. 编写脚本

通过 FindObjectsOfType 方法获取场景中所有的目标点，对比目的地标签属性来确定传送目标。传送前要关闭导航，避免传送完成后玩家往回跑。

3. 修改传送点脚本

前面留空的传送方法在这里补上。

运行场景，当玩家移动到传送点的时候，按下空格键就能传送到其他传送点。

10.7 玩家数据的保存和读取

保存玩家的方式是存档管理器脚本通过 GameManager 脚本获取到玩家的角色状态，将其转换成 JSON 字符串，再用 PlayerPrefs.SetString 方法保存到设备，如图 10-10 所示。不同设备的保存路径方法不一样，可以查看官方手册。

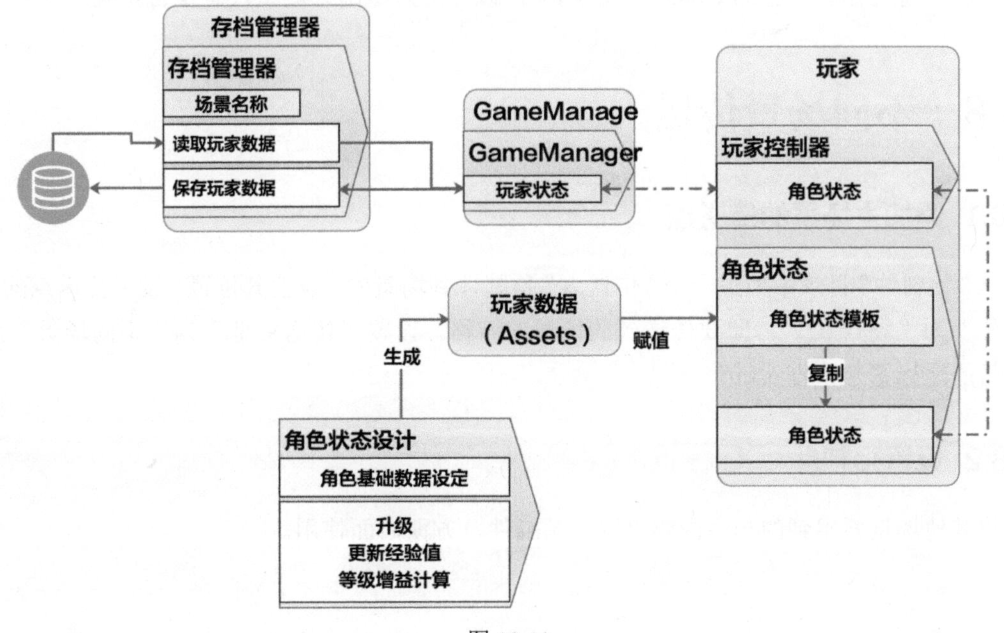

图 10-10

1. 修改角色状态脚本

为了获取玩家的角色状态，这里按照之前的原则转换一次，即其他脚本都不能直接访问角色状态设计及其下的内容。

```
public class 角色状态 : MonoBehaviour
{
    …
    public 角色状态设计 角色数据
    {
        get { return _角色数据 ; }
        set { _角色数据 = value; }
    }
}
```

2. 添加存档管理器脚本

在场景中新建空的游戏对象并命名为“存档管理器”。在“脚本”→“管理器”目录下新建脚本并命名为“存档管理器”，将其拖曳到“存档管理器”游戏对象上成为其组件。

用PlayerPrefs.SetString方法保存的时候，需要设置KEY（密钥）。这里用“角色数据.name”作为KEY（密钥），也可以自己定义。

保存玩家数据的时候，同时保存了当前场景的名称，供以后使用。

完成后需要将Update方法及其下的内容删除。这里只是为了测试。运行测试，启动后打个怪，然后按键盘上的S键，就能保存数据。停止运行，再次启动以后，按键盘上的L键，就能加载数据。

将存档管理器脚本中的Update方法删除，该方法只是用来测试代码是否正确。

10.8 不同场景传送

10.8.1 添加主场景的传送点

从“预制件”目录中拖曳一个“传送点”预制件到场景中，设置其位置。设置传送点的“场景名称”为“场景02”，即要传送到的场景的名称。设置“传送类型”为“不同场景”，设置“目的地标签”为“入口”。

10.8.2 设置预制件

将其他场景要用到的一些内容设置为预制件，方便后面使用。

1. 设置玩家预制件

选中“玩家”游戏对象，单击 Overrides 标签下的 Apply All 按钮，将玩家的修改保存到预制件。因为玩家如果一开始是激活的会报错，前面测试的时候可能会将玩家的激活状态取消，而设置预制件的时候要确保玩家游戏对象是激活的。

2. 设置预制件

将场景中的所有管理器游戏对象都拖曳到“预制件”目录下成为预制件。将玩家画布、怪物世界画布游戏对象也拖曳到“预制件”目录下成为预制件。

10.8.3 另一个场景的设置

打开场景 02。

1. 设置摄像机

删除原有摄像机的 Cameras 游戏对象。原来的场景中有两个摄像机。单击菜单 GameObject → Camera 为场景添加一个新的摄像机。修改摄像机的 Tag 属性为 MainCamera，否则会出错，因为 Camera.Main 方法会找不到摄像机。然后设置摄像机的位置和角度。

2. 设置导航区域

选中“环境”游戏对象下的子游戏对象，单击菜单 Window → AI → Navigation，打开导航窗口，单击 Object 标签，选中 Navigation Static 选项并设置 Navigation Area，将所有内容加入导航中。因为场景简单，也不大，所以这里将简单粗暴地处理。

3. 添加传送点

从“预制件”目录中拖曳一个“传送点”预制件到场景中，设置其位置。设置传送点的“场景名称”为“场景 01”，即要传送到的场景的名称。设置“传送类型”为“不同场景”，设置“目的标签”为“入口”。然后将传送点也加入导航中。

4. 导航烘焙

单击 Navigation 窗口中 Bake 标签下的 Bake 按钮，烘焙导航区域。

5. 设置地面

选中地面的几个游戏对象，将其 Tag 属性改为“地面”，否则鼠标无法单击进行移动。

6. 添加玩家 UI

将 Prefabs 目录下的“玩家画布”预制件拖曳到场景中。因为界面没有需要单击的地方，所以不用添加事件系统。

10.8.4 可用场景设置

单击菜单 File → Build Settings...，打开 Build Settings 窗口，将“场景”目录下的场景拖曳到 Scenes In Build 中，确保“菜单”场景是第一个场景，否则在场景切换的时候会报错。

10.8.5 脚本修改

1. 修改场景管理器脚本

不同场景传送的时候，先要保存玩家数据，然后通过协程异步加载场景和玩家。使用协程的目的是确保场景加载完成后再加载玩家，玩家加载完成后再设置玩家数据，如图 10-11 所示。

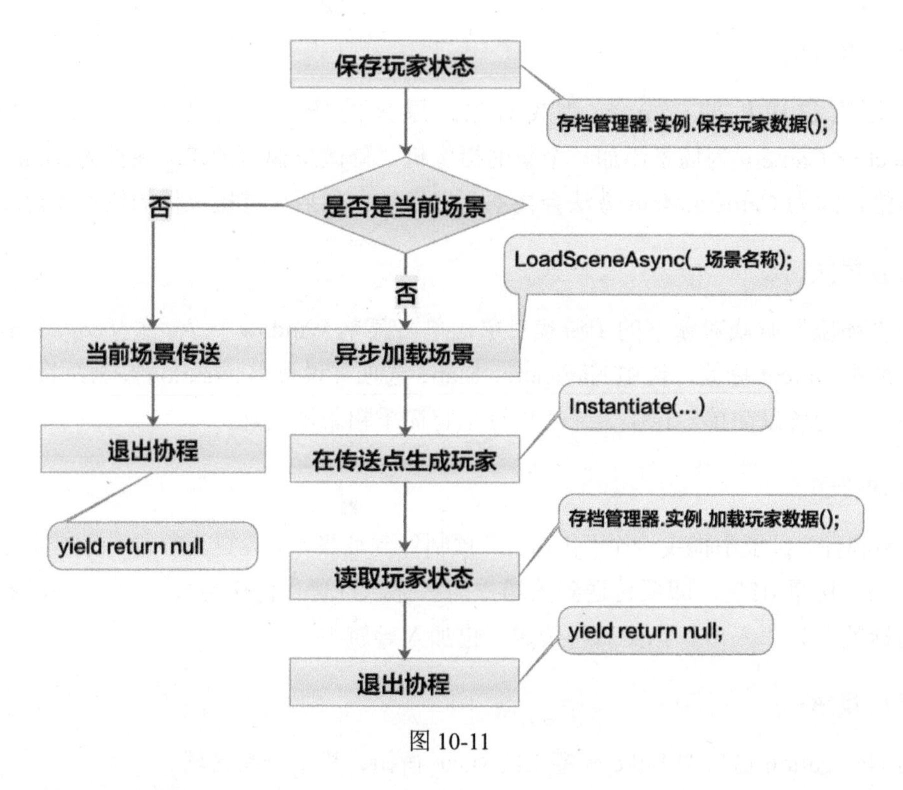

图 10-11

2. 更新场景管理器预制件

选中“场景管理器”游戏对象，单击 Inspector 窗口的 Open 按钮，打开预制件修改。选中预制件单击也有一样的效果。

将“预制件”目录下的“玩家”预制件拖曳到“玩家预制件”中为其赋值。然后单击箭头返回。这样，场景中的“场景管理器”也会被修改。

运行测试，启动后走到新的传送点，按空格键后就会传送到场景 02。

在该场景可以移动，并且血量等显示也正确。回到传送点按空格键，又可以传送回场景 01。

10.9 菜单场景

菜单场景相对简单。在场景管理器中添加根据场景名称跳转的功能即可。

这里添加了按 Esc 键返回菜单的功能。

1. 场景管理

异步加载场景，生成玩家，然后加载玩家数据即可。

2. 修改菜单场景

（1）添加标题

单击菜单 GameObject → UI → Text，添加一个文本，设置其位置、内容以及字体大小、对齐方式和颜色。

（2）添加按钮

单击菜单 GameObject → UI → Button，添加一个按钮，修改按钮名称为“新游戏按钮”。设置按钮位置和颜色。

选中按钮下的 Text 游戏对象，设置按钮文本和字体。

用同样的方法再设置另外两个按钮。这样场景中就有新游戏、继续游戏、退出游戏 3 个按钮了。

3. 添加菜单场景界面脚本

在 Scripts 目录下新建脚本并命名为“菜单场景界面”，并将其拖曳到 Canvas 游戏对象上成为组件。

4. 编辑脚本

脚本内容很简单，内容如下：

```
using UnityEngine;
namespace 动作游戏
{
    public class 菜单场景界面 : MonoBehaviour
    {
        public void 新游戏()
        {
            场景管理器.实例.新游戏传送();
```

```
        }
        public void 继续游戏 ()
        {
            场景管理器 . 实例 . 继续游戏传送 ();
        }
        public void 退出游戏 ()
        {
            Application.Quit();
        }
    }
}
```

5. 按钮单击事件设置

选中“新游戏按钮”游戏对象，单击 On Click() 标签下的“+”，添加按钮单击事件响应。将 Canvas 游戏对象拖曳到标签下，并设置响应方法为“菜单场景界面”脚本的“新游戏”方法。

用同样的方法设置“继续游戏按钮”的响应事件为“菜单场景界面”脚本的“继续游戏”方法，设置“退出游戏按钮”的响应事件为“菜单场景界面”脚本的“退出游戏”方法。

6. 添加预制件

将“预制件”目录下的“GameManager”预制件和 3 个管理器（场景管理器、鼠标管理器、存档管理器）预制件拖曳到场景中。

7. 删除玩家

打开场景 01，删除玩家游戏对象。场景中的 Manager 游戏对象因为单实例的缘故会自动删除。

至此，这个简单的游戏示例就完成了。

第 11 章 Unity 其他功能介绍

Unity 除了之前介绍的功能外，还有很多功能未介绍，例如地形、粒子、渲染器等。本章将简单介绍一些对初学者来说能快速上手的功能。

11.1 新的输入工具 Input System

Input System 是 Unity 官方用来替代原有的 Input Manager 的一个功能，需要通过 Package Manger 窗口进行安装。这个工具安装完后，可以在其说明界面上继续安装官方示例。Input System 对比原有的 Input Manager 可以更方便地对输入来源进行配置，并添加了触感笔、VR 手柄等的支持，对触屏的支持也更丰富。同时可以在游戏中方便地添加和修改快捷键。

Input System 除了使用传统的脚本进行控制外，官方还推出了一个叫 Input Action 的资源，图标是折页上有个闪电，如图 11-1 所示。在 Input Action 中，可以方便地对输入进行配置，设置输入的来源、类型等，使用起来很方便。

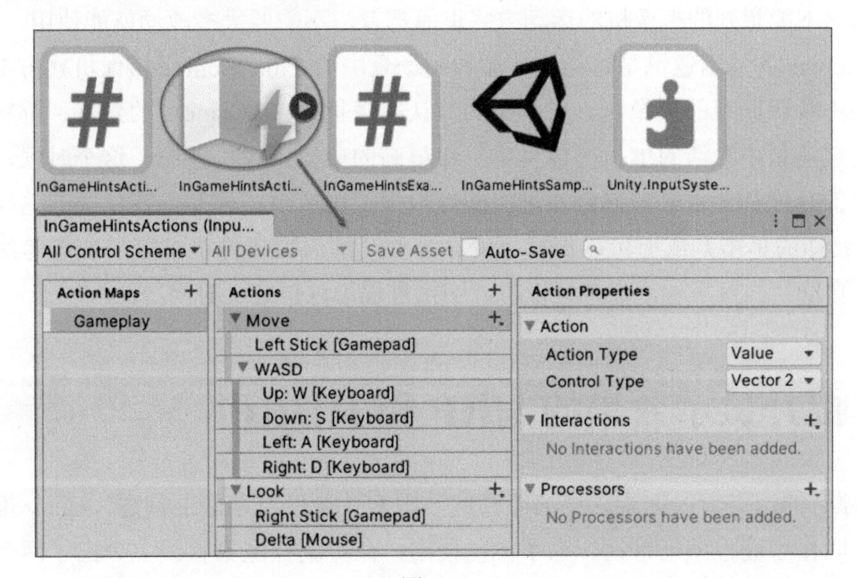

图 11-1

配置以后，可以通过添加 Player Input 组件将 Input Action 资源添加到游戏对象中，通过 Send Messages 方法或者事件将输入传递给其他脚本。也可以将 Input Action 资源直接生成脚本来使用。具体使用方法请参考官方示例。

11.2 镜头利器 Cinemachine

Cinemachine 是官方推出的一个摄像机镜头工具，需要通过 Package Manager 窗口进行安装。这个工具安装完后，可以在其说明界面上继续安装官方示例。安装以后，会在 Unity 菜单出现一个 Cinemachine 菜单，单击菜单就可以添加对应的摄像机，如图 11-2 所示。

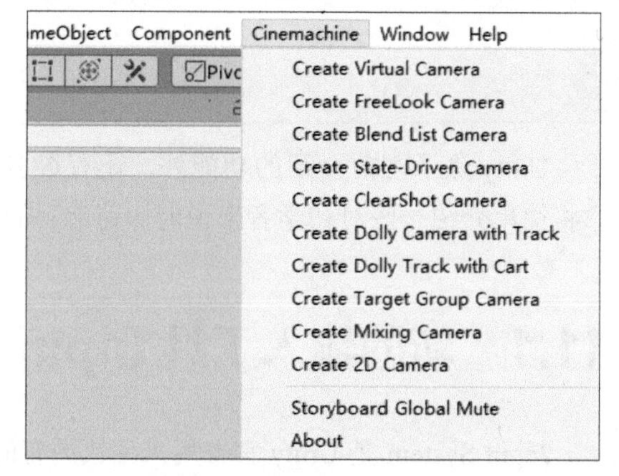

图 11-2

Cinemachine 是一个非常强大的工具，强烈推荐在各类项目游戏开发中使用。Cinemachine 默认摄像机（Virtual Camera）提供了常用的摄像机位置跟随、摄像机目标跟踪以及常用的跟随跟踪过程的偏移、延迟和抖动，这个在做类似暗黑 3 和原神的动作 RPG 时可以直接使用。此外，还提供了环绕查看（FreeLook）的摄像机，用来查看人物或者物品建筑非常方便。另外，还有限定轨道的摄像机（Dolly Camera with Track），可以用于实时动画制作。还有支持查看多个目标的摄像机（Target Group Camera），可以用于类似足球游戏的体育竞技游戏中。总之，Cinemachine 非常强大，建议还没有使用过的读者先下载官方示例，绝大多数情况下能想到的摄像机的运动方式里面都有，不需要太多改动就能使用。

Cinemachine 的基本逻辑是这样的，添加到场景中的 Cinemachine 摄像机官方都称为虚拟摄像机，并不替代原有的摄像机。场景中的默认摄像机 Main Camera 的角度、位置和其他一些属性，会被场景中激活的虚拟摄像机中等级最高的虚拟摄像机控制。这个时候，如果需要控制摄像机的角度和位置等，只能通过控制虚拟摄像机实现。但是，其他的一些操作（例如场景的 3D 物体的单击）依旧可以保持不变。当激活的虚拟摄像机被禁用或者等级发生变化的时候，会自动切换到下一个虚拟摄像机，切换过程可以自定义时间等。

11.3 提升显示效果的 URP 和 HDRP

Unity 原有的渲染管线称为内置渲染管线，因为效果以及功能的问题，Unity 推出了新的渲染管线，叫作可编程渲染管线。为了方便使用，在可编程渲染管线上分出了两个更易用的渲染管线，即通用渲染管线（URP）和高清渲染管线（HDRP）。URP 和 HDRP 都需要通过

Package Manager 窗口进行安装。但是官方示例是在 Unity Hub 新建项目的时候选择对应选项进行安装的。

官方推荐的 URP 可以在任何项目中使用，比起原有的内置渲染管线，URP 可以获得更好的显示效果和更好的性能，同时也提供了更多的功能。同时，可以根据项目要求对同一个项目设置不同的效果以便发布到不同的平台。URP 官方示例如图 11-3 所示。

图 11-3

对于初学者，URP 的使用还是需要谨慎。因为很多效果插件不一定支持 URP，或者支持有限。如果在项目或者游戏中不会使用到官方以往的效果插件和着色器，那么可以大胆使用 URP，并使用高的 Unity 版本。如果项目中会使用到第三方的效果插件或者着色器，那么最好在项目或者游戏开发之前先测试项目插件是否支持。如果不确定，则推荐使用版本相对低的 Unity。例如 Unity 2019 安装的 URP 是 7.0，而 Unity 2020 安装的 URP 是 10.3。

Unity 长期被诟病的一个地方就是显示效果太差，官方推出的 HDRP 就是来解决这个问题的，虽然效果不够惊艳，但确实提高了非常多，当然性能消耗也大了很多。图 11-4 是 HDRP 的官方例子。

图 11-4

如果项目对效果要求比较高，而且最终运行程序的设备的性能也足够的话，可以考虑使用HDRP，不过要注意的是支持HDRP的效果资源很少，如果没有自己开发特效（如着色器等）的能力，不建议使用HDRP。

11.4 更好的文本显示 Text Mesh Pro

Text Mesh Pro 是官方用于替代现有 Unity GUI 中文本显示的功能，已经内置在 Unity 2020 中，但是使用前需要配置。

Text Mesh Pro 的优点是显示效果好，缺点是配置项目略多，配置起来比较麻烦。Text Mesh Pro 显示的字体更平滑，即使放大很多也不会出现锯齿，可以根据游戏或者项目中出现的文本内容配置字体文件的内容，减小安装包的大小并提升性能。Text Mesh Pro 可以插入表情包，这是 UGUI 无法做到的，如图 11-5 所示。

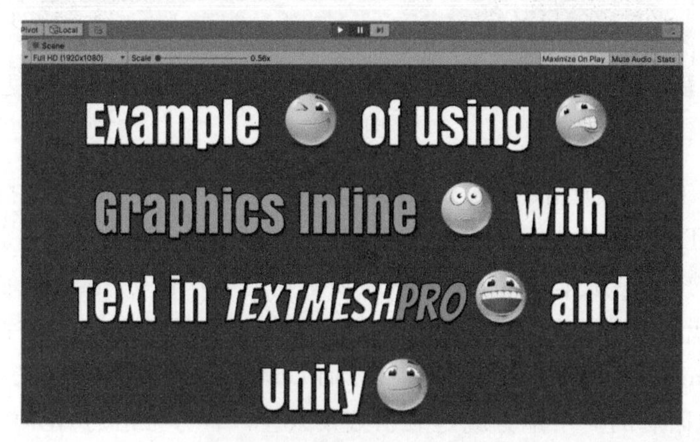

图 11-5

另外，Text Mesh Pro 还可以添加材质和纹理，同时还能根据光照和阴影的影响做出效果更好的字体，如图 11-6 所示。

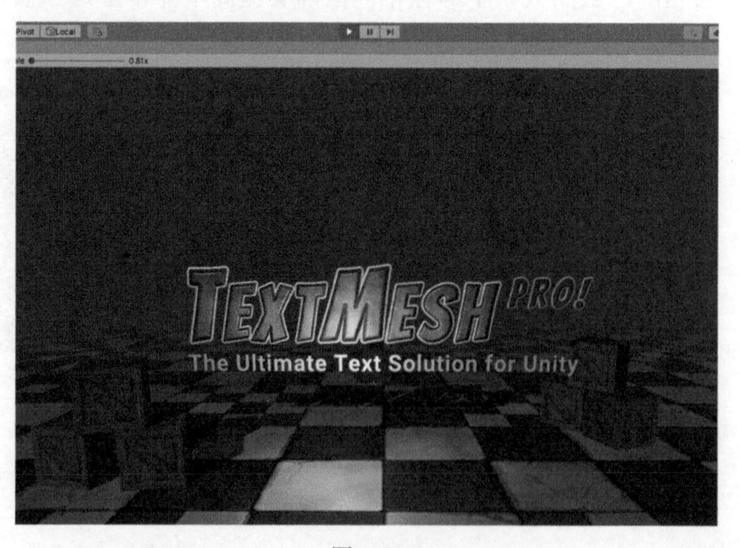

图 11-6

11.5 实时动画利器 Timeline

Timeline 是官方提供的一个制作实时动画的功能，已经内置在 Unity 2020 中，可以直接使用。

Timeline 的使用方式类似于视频编辑，如图 11-7 所示。

图 11-7

Timeline 可以方便地设置声音的播放、游戏对象的激活和禁用、游戏对象的动画等，再配置动画脚本，可以快速地实现很多项目或者游戏中的实时动画场景。另外，Timeline 还有专门的类，可以用于精确控制具体的动画内容，实现动作游戏击杀的慢动作回放等功能。当项目或者游戏中需要固定展示某些内容（如过场动画）的时候，可以使用 Timeline。

11.6 动态载入资源的 Addressables AssetBundle

当需要动态载入单个资源的时候，使用 UnityWebRequet 类就可以实现，但是如果要实现实时更新游戏的静态资源（除脚本以外的资源），或者动态加载场景（当要打开场景的时候，才从本地或者网络端读取所有场景需要的内容），UnityWebRequet 就力不从心了。之前 Unity 有 AssetBundle 处理这些问题。新的 Addressables AssetBundle 相比老的 AssetBundle，易用性更好，能够方便地进行配置和使用。

Addressables AssetBundle 可以简单地设置哪些内容需要动态载入，并打包成专用的格式，如图 11-8 所示。当需要使用的时候，用专门的脚本将内容载入到场景中或加载场景就可以使用。

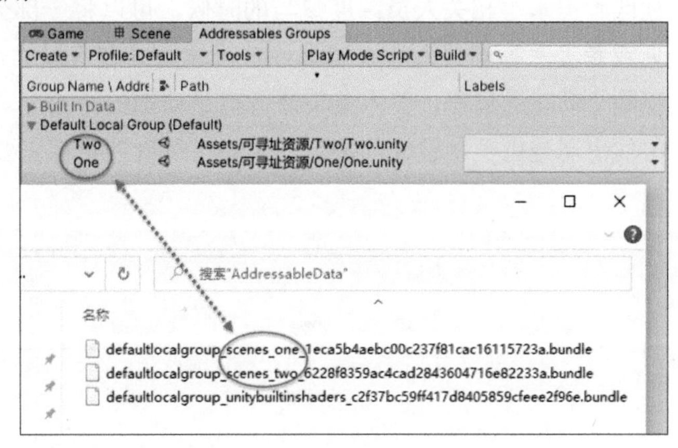

图 11-8

如果希望减少安装包大小，或者实现动态更换皮肤等功能，建议使用 Addressables AssetBundle。

11.7 官方的可视化脚本 Bolt

Bolt 原本是一个第三方收费插件，公司被 Unity 收购以后，这个插件可以免费使用了。Bolt 需要通过 Unity 商城购买后安装，如图 11-9 所示。

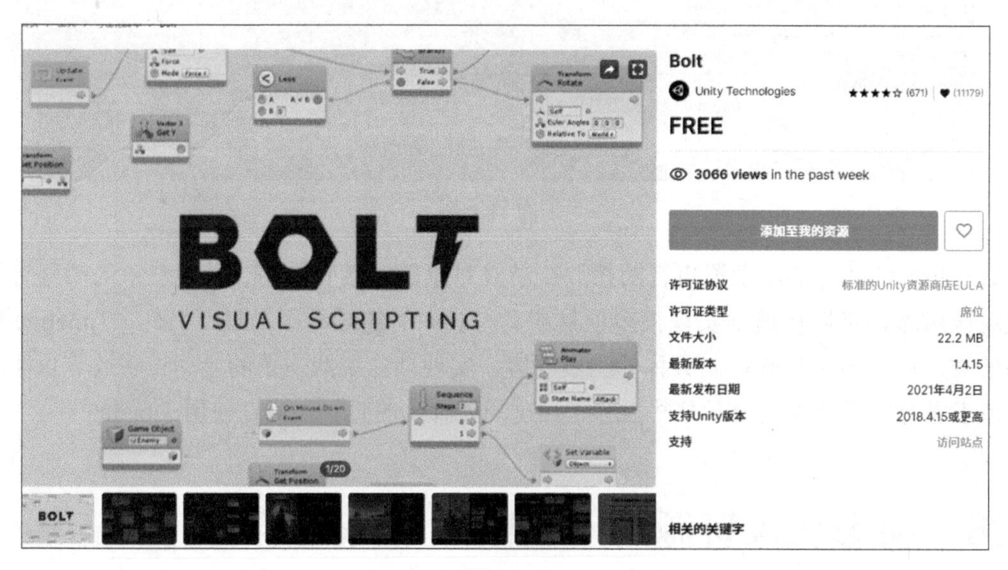

图 11-9

Bolt 简单来说就是可以不写脚本而是通过连线的方式（俗称连连看的方式）实现 Unity 脚本的功能，主要是面向策划以及美术等相关人员。总体来说，脚本能实现的功能 Bolt 都能实现，但是使用起来并非对脚本一无所知就能搞定，基本上能用 Bolt 搞定的时候，距离写脚本也不远了。不建议完全用 Bolt 进行开发，将其作为一种补充即可。在项目或者游戏需要策划或者美术等相关人员深度参与的时候，可以将一部分内容由程序员用 Bolt 实现后，再由策划或者美术等相关人员来使用。有兴趣的读者可以尝试一下，连连看也蛮好玩的。（游戏过程是个动态的过程，美术效果通常也是动态的。一个美术效果，该什么时候出现在什么位置、如何出现是由美术设计师决定的。如果每次调整都需要程序员在旁边改代码就很麻烦。）

第12章 简单的射击游戏

这里将用另一种截然不同的思路来制作一个简单的游戏。上一个游戏除了用到官方的Cinemachine和免费的模型以外，主要内容都是自己编写的。本章将尽可能地使用各种资源，尽可能少地自己写代码来实现一个小的射击游戏。

这里除了使用免费的模型外，将使用官方的Starter Assets - First Person Character Controller来实现玩家的移动和动画，使用Easy Weapons来实现开枪和射击的内容，使用AI Behavior来实现简单的敌人AI，使用光子引擎（Photon Engine）来实现简单的联网对战。

12.1 新建项目并导入模型资源

1. 环境模型

新建一个项目，导入建筑环境模型和人物模型。建筑模型用的是Polylised-Medieval Desert City。用其中的模型简单搭建了一个封闭地图，如图12-1所示。

图12-1

2. 角色模型

人物模型用的是 Battle Royale Duo Polyart PBR。这个模型里面有基本的跑动和射击等动作，如图 12-2 所示。

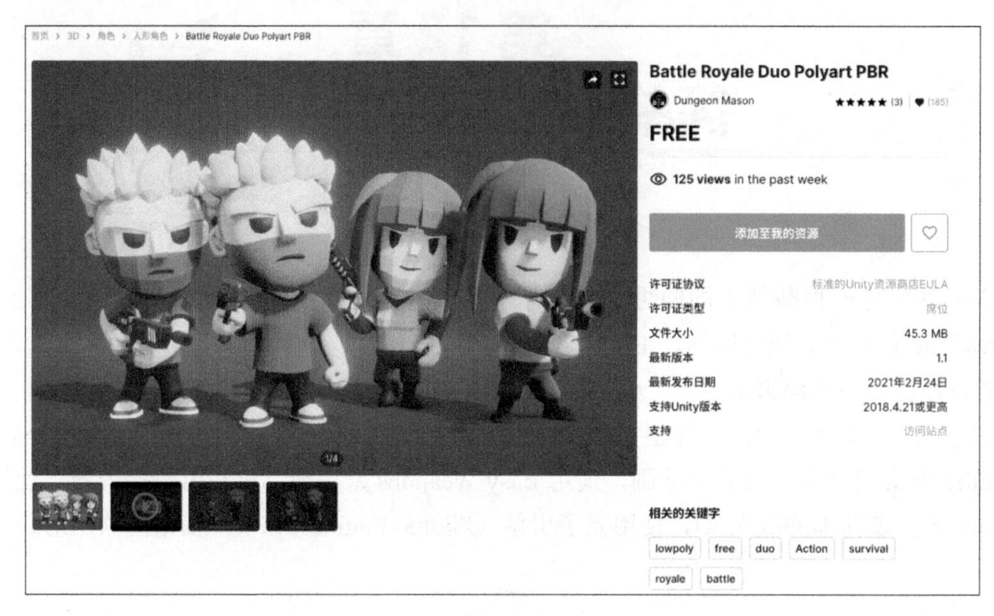

图 12-2

3. 简单的动画状态机

模型动作简单的做法是用混合树实现移动和跑步。然后在混合树状态下连接射击、跳跃和装弹。死亡和胜利的状态连接到任意状态，如图 12-3 所示。

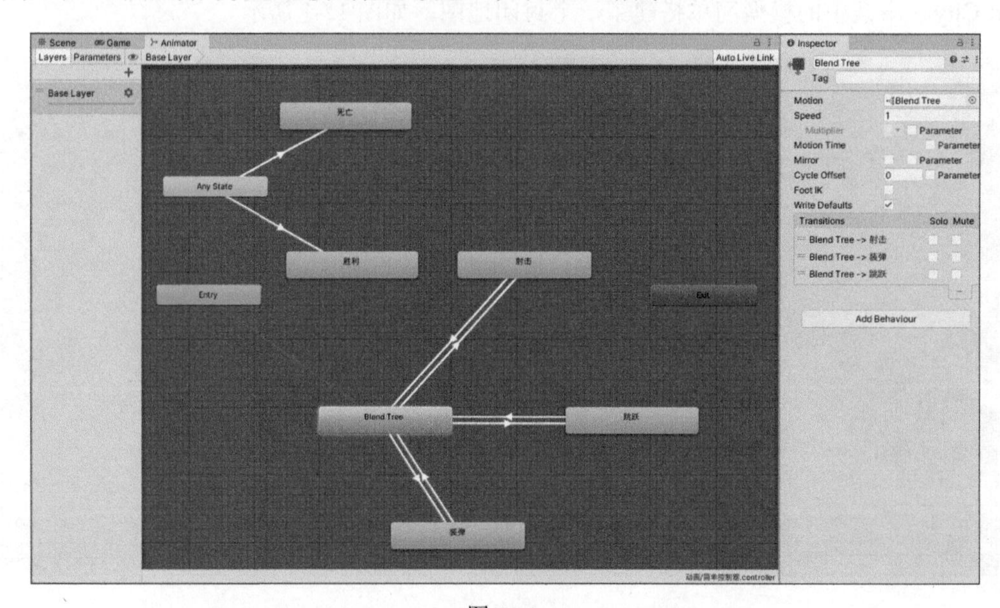

图 12-3

这种做法的好处是简单，但是无法实现处于跳跃、跑动的时候进行射击。

4. 复杂的动画状态机

用混合树实现二维的跑动，这样可以有水平移动的动画，如图 12-4 所示。

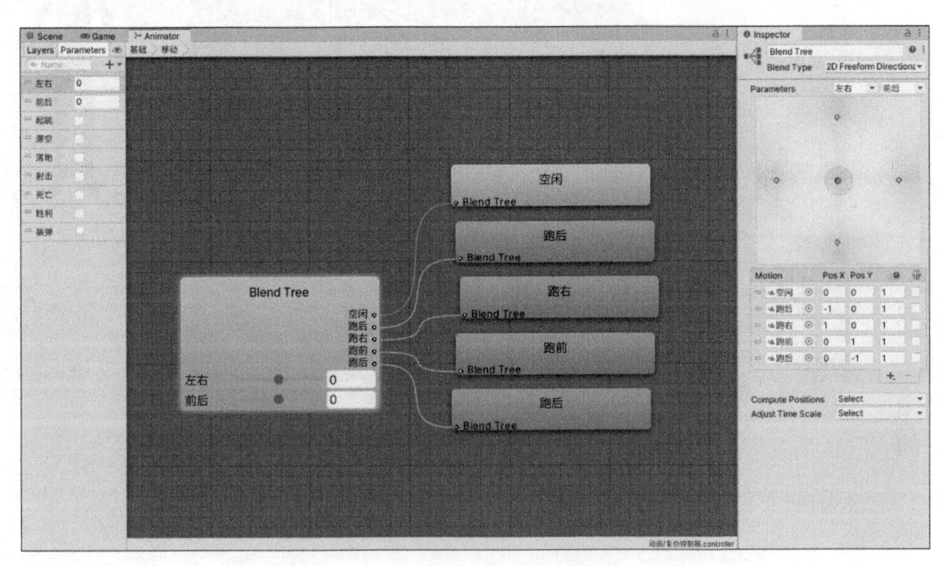

图 12-4

建立 3 个动画层，其中基础层用于移动和跳跃，这样的实现方法使得人物在从高处落下的时候也能有动画，如图 12-5 所示。

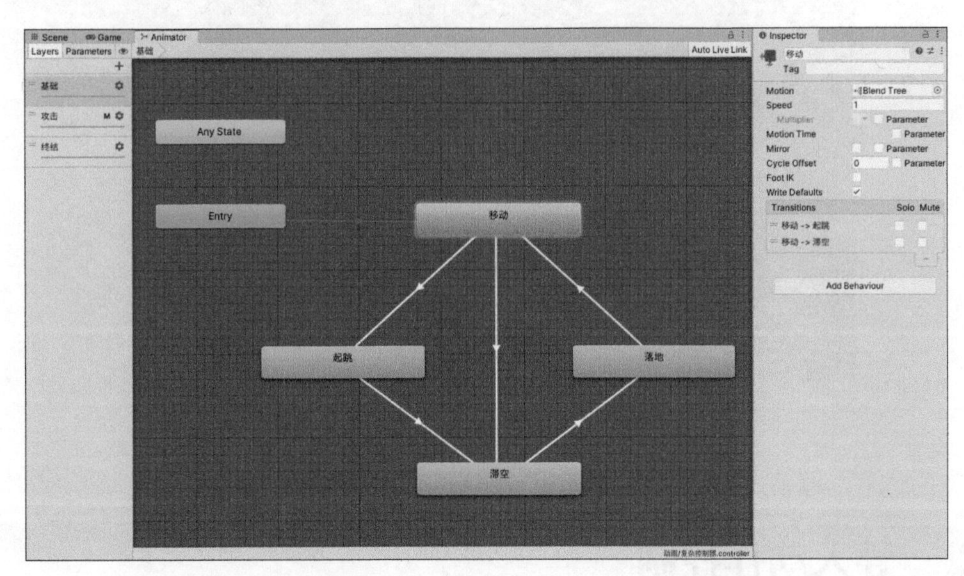

图 12-5

在攻击层添加射击和装弹的动画，通过 Avatar 蒙版将射击、装弹的动作与跑动、跳跃的动作混合，实现边跑边射击，如图 12-6 所示。

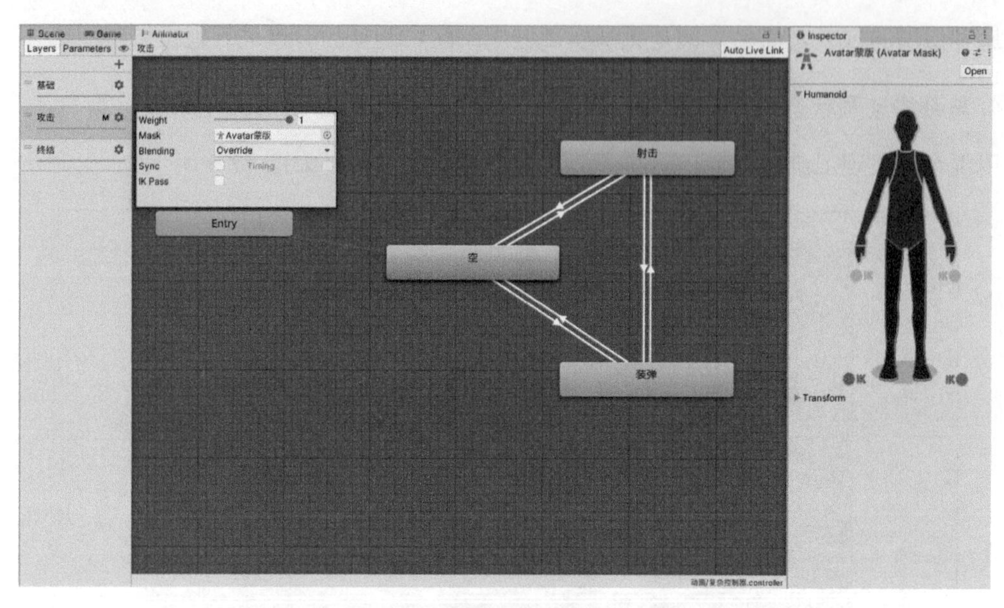

图 12-6

最后一层实现简单的胜利和死亡状态，如图 12-7 所示。

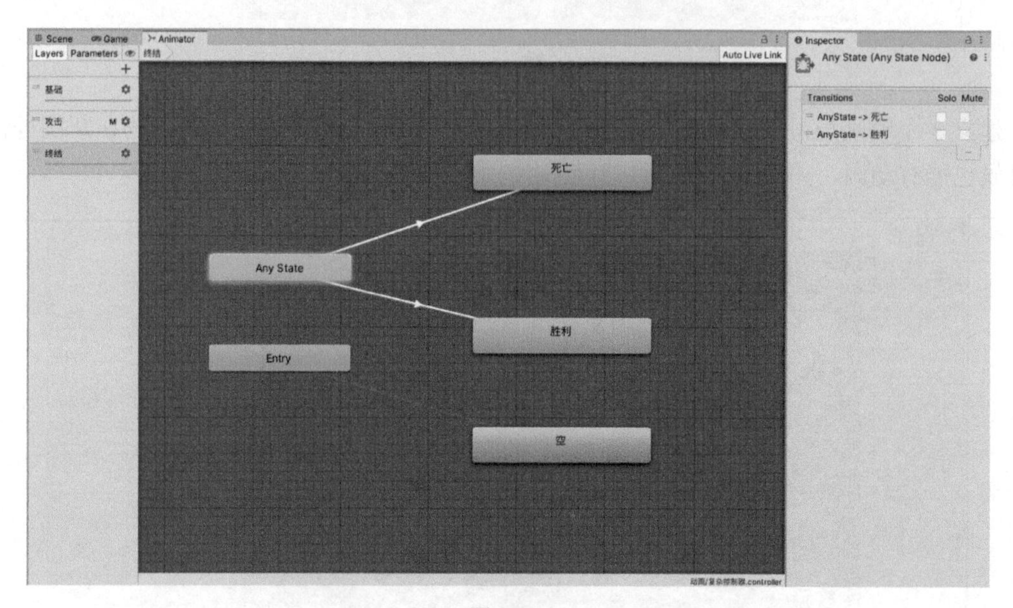

图 12-7

12.2 导入动作控制

动作控制使用的是 Unity 官方的 Starter Assets - First Person Character Controller，如图 12-8 所示。

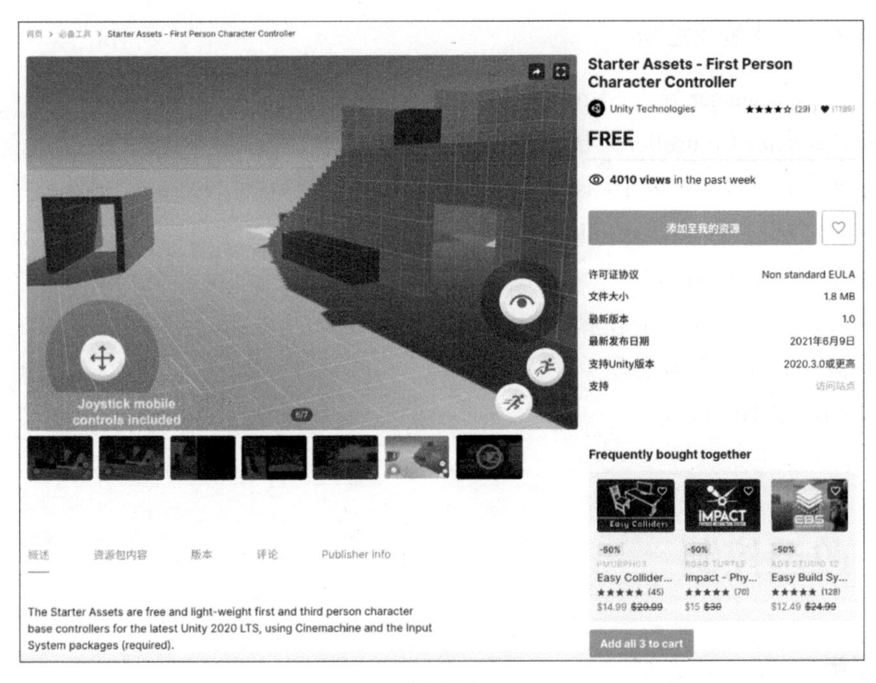

图 12-8

1. 导入基本插件

这里需要的动作、方向控制是官方的第一人称视角例子里的，动画控制参照第三人称视角例子。这个资源基于官方的 Input System、Universal RP 和 Cinemachine 三个插件，所以要先导入这三个插件。通过 Package Manager 窗口导入 Input System、Universal RP 和 Cinemachine 插件。

2. 设置通用渲染管线

通用渲染管线是 Unity 官方替代原有内置渲染管线的新管线之一，导入后需要配置。在 Project 窗口右击选择 Create → Rendering → Universal Render Pipeline → Pipeline Asset 来添加通用渲染管线的配置文件。

打开 Project Settings 窗口，选中 Graphics 标签，将新添加的资源添加到 Scriptable Render Pipeline Settings 选项中，启用通用渲染管线，如图 12-9 所示。

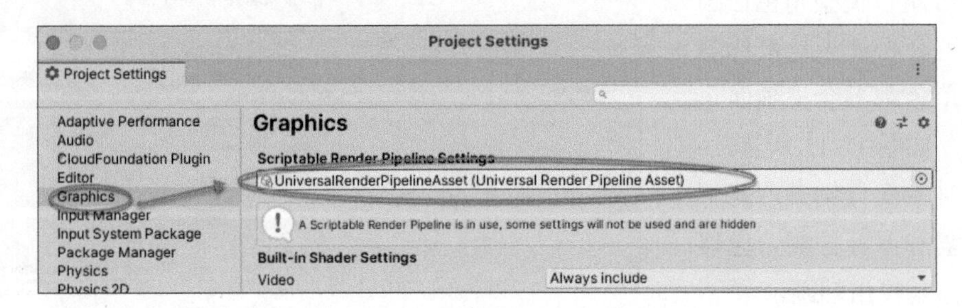

图 12-9

3. 添加第一人称视角控制

通过 Package Manager 导入 Starter Assets - First Person Character Controller。导入后，打开做好的场景菜单，单击菜单 Tools → Starter Assets → Reset First Person Controller 就可以添加官方的第一人称视角控制。

这时候场景中会多出一个胶囊体的游戏对象相关控制，运行场景能实现第一人称视角的移动，如图 12-10 所示。

图 12-10

12.3 改造控制

12.3.1 视角改造

添加角色模型

将做好的角色的预制件放到 PlayerCapsule 游戏对象下，将胶囊体 Capsule 游戏对象的 Mesh Renderer 组件删除，这样显示的就是角色了。

选中 PlayerFollowCamera 游戏对象，调整摄像机的位置。修改 Camera Distance 属性可以将摄像机位置往后拉，这样就变成第三人称视角，能看见角色后背了。修改 Vertical Arm Length 可以调整角色在画面中的位置，保证无论鼠标怎么移动，角色都不会把画面正中心挡住，如图 12-11 所示。

这个时候运行场景，就可以通过键盘和鼠标控制角色移动跳跃，但是没用动画。

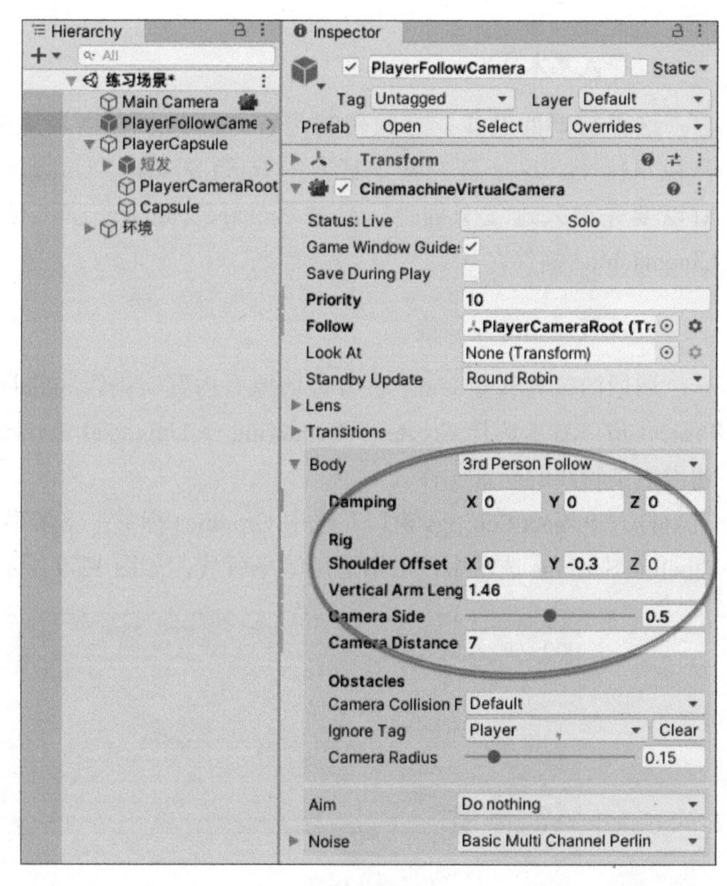

图 12-11

12.3.2 添加基本动作

官方资源中的输入逻辑结构如图 12-12 所示。

在 StarterAssets 资源中配置输入的内容，通过 PlayerInput 组件获取输入的信息，用 SendMessage 方法传递到 StarterAssetsInput 脚本中，将输入转换成脚本对应的变量。FirstPersonController 脚本通过赋值获取到 StarterAssetsInput 脚本中的输入变量，并控制 CharacterController 组件实现角色的移动。

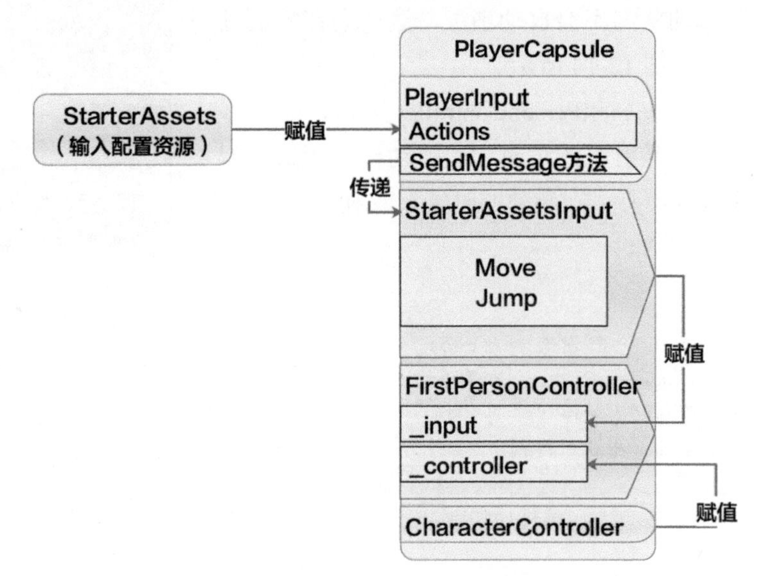

图 12-12

1. 添加移动跳跃

参照 Unity 官方的 Starter Assets – Third Person Character Controller 资源中的脚本，修改 FirstPersonController 即可添加基本动作，即在控制角色移动的时候，将对应的参数传到 Animator 组件。具体参考代码。

2. 添加射击和装弹

射击和装弹的动作沿用官方的逻辑，首先修改 StarterAssets 资源。射击设置在鼠标左键上，要注意射击是可以一直按住的，所以 Action Type 需要设置为 Pass Through，参考加速的设置，如图 12-13 所示。装弹设置在鼠标右键，可以参考跳跃的设置。

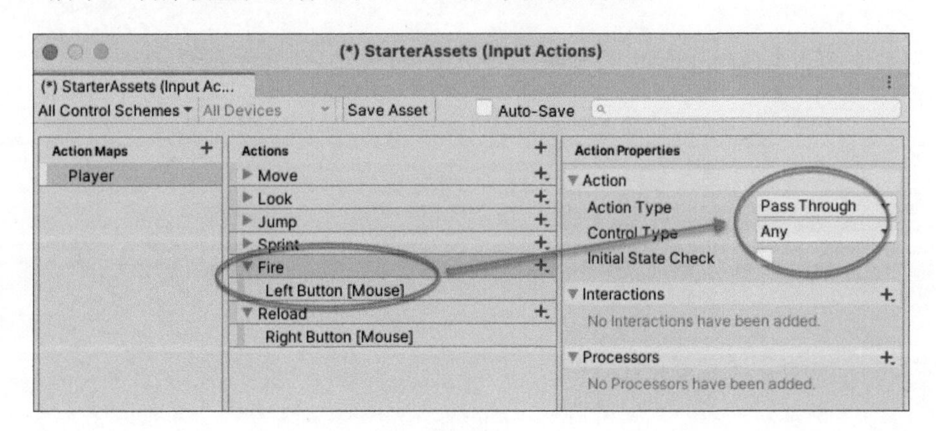

图 12-13

修改原有的 StarterAssetsInput 脚本，参照脚本中的其他内容进行修改。此时右击，装弹的状态不会自动消失，这个会在后面处理，如图 12-14 所示。

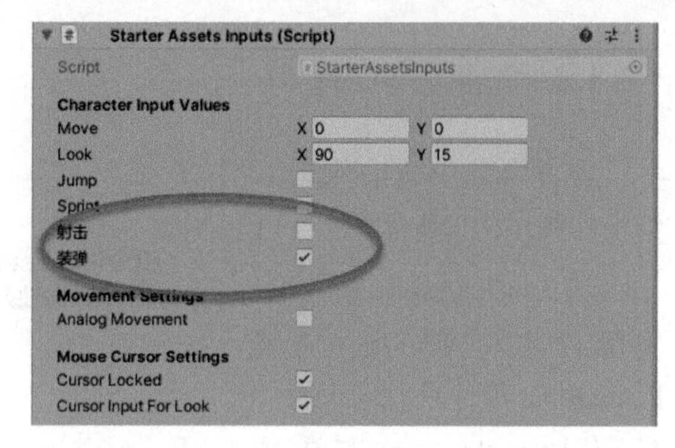

图 12-14

修改 FirstPersonController 脚本，添加参数和装弹射击的逻辑。装弹动作的逻辑类似于技能冷却，在装弹的时候不能射击。

```
bool _可射击 = true;
public float _装弹时长;
float _装弹计时 = 0;
void 射击装弹判断()
{
    if (_装弹计时 < 0)
    {
        _可射击 = true;
        if (_input._装弹)
        {
            _动画.SetTrigger(_参数装弹);
            _input._装弹 = false;
            _装弹计时 = _装弹时长;
            _可射击 = false;
        }
    }
    else
    {
        _input._装弹 = false;
        _可射击 = false;
    }

    if (_可射击 && _input._射击)
    {
        _动画.SetBool(_参数射击, true);
    }
    else
    {
        _动画.SetBool(_参数射击, false);
    }

    _装弹计时 -= Time.deltaTime;
}
```

12.4　添加武器系统

12.4.1　导入武器系统插件 Easy Weapons

武器系统使用的是 Easy Weapons 插件，这款免费的插件可以轻松地实现一些简单的武器效果，如图 12-15 所示。

图 12-15

Easy Weapons 插件的结构并不复杂，主要功能都集中在 Weapon 脚本上，逻辑结构如图 12-16 所示。

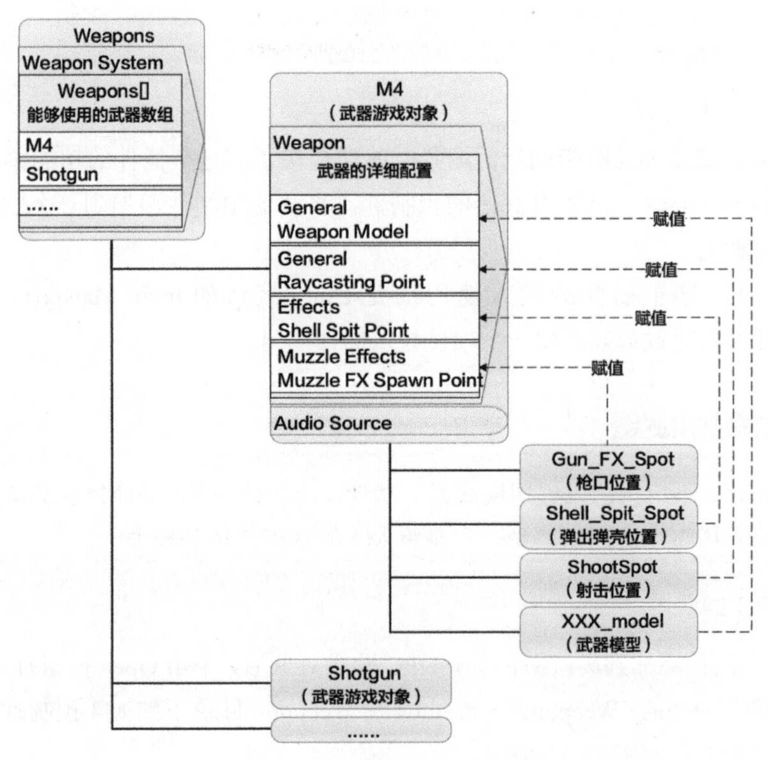

图 12-16

Weapon System 脚本负责武器的切换，需要将可使用的武器的预制件游戏对象设置为 Weapon System 脚本所在游戏对象的子游戏对象，并将这些子游戏对象设置到 Weapons 数组中。

每种武器都带有一个 Weapon 脚本，有很多配置项目，用于配置和实现不同武器的攻击和特效，包括武器的射击方式、威力、弹壳掉落、枪口火焰、弹孔等效果。另外，需要一个声音播放插件。在脚本的游戏对象的子游戏对象中，需要有 Gun_FX_Spot 指示枪口火焰位置的游戏对象、Shell_Spit_Spot 指示弹出弹壳位置的游戏对象、ShootSpot 指示射击位置的游戏对象，以及一个武器模型的对象，如图 12-17 所示。

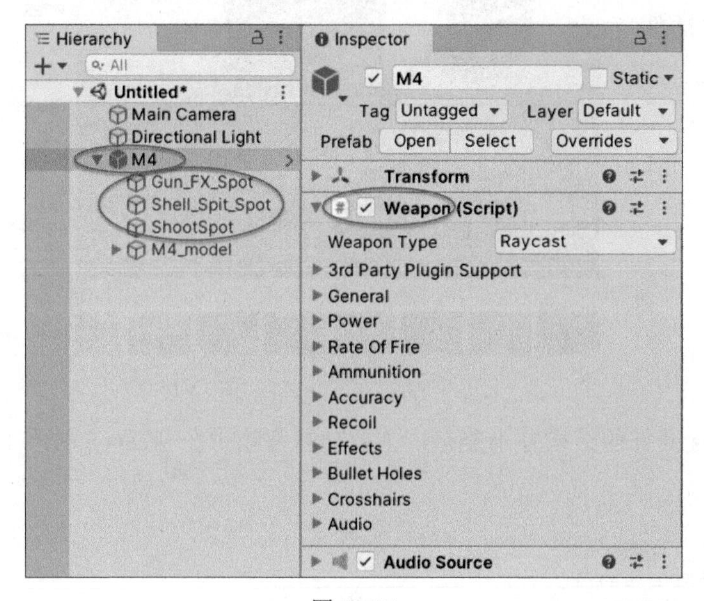

图 12-17

导入资源后，试试插件附带的示例场景，就能很快了解这个插件的功能。在插件的 Easy Weapons/Prefabs/Weapons 目录下有武器的预制件，将武器预制件添加到一个空场景，运行以后单击即可完成射击。

要注意的是，这个插件的输入使用的是 Unity 默认的 Input Manager，而不是 Input System，学习插件的时候最好新建一个项目导入插件学习。

12.4.2 设置模型和武器

这里进行简化，不给角色设置切换武器的功能，统一使用其中的 M4 作为参照设置角色。武器模型沿用原有模型中的武器模型，只是将 M4 的功能移植到模型上。

1. 添加 NPC 的武器

将 NPC 的预制件添加到场景中，选中 NPC 游戏对象后，单击 Open 按钮打开预制件编辑。将“第三方资源”→ Easy Weapons → Prefabs → Weapons 目录下的 M4 预制件添加到和 root 游戏对象同一层级中，如图 12-18 所示。

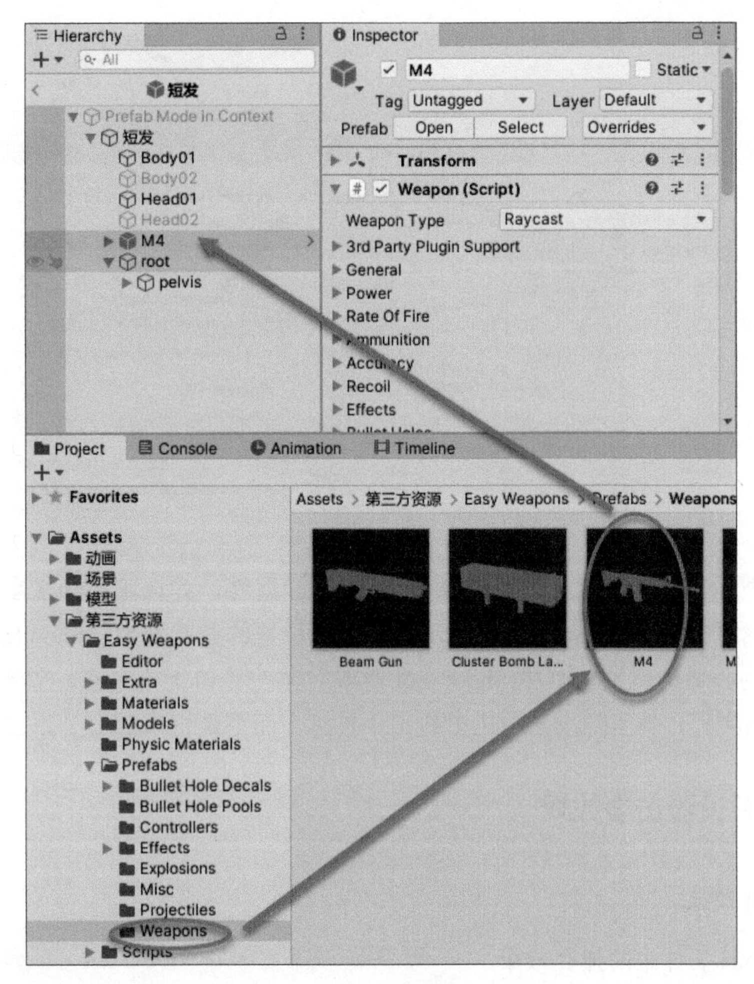

图 12-18

2. 移植武器系统

选中 M4 游戏对象并右击，单击 Prefab → Unpack 打开预制件，避免对当前武器的修改影响到原有设置。将 M4 游戏对象下用于指示位置的 3 个游戏对象拖曳到 root 游戏对象下，并为 root 游戏对象添加 Weapon 脚本和 Audio Source 组件，如图 12-19 所示。

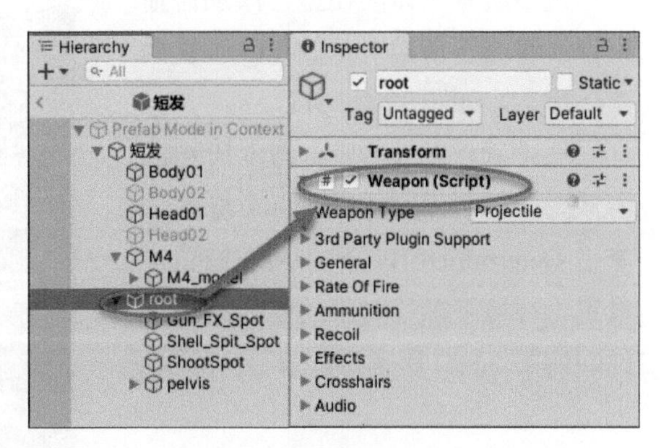

图 12-19

3. 设置武器系统

选中 M4 游戏对象，在 Weapon 组件右击，选择 Copy Component 复制组件设置。选中 root 游戏对象，在 Weapon 组件右击，选择 Paste Component Values 粘贴组件设置，如图 12-20 所示。

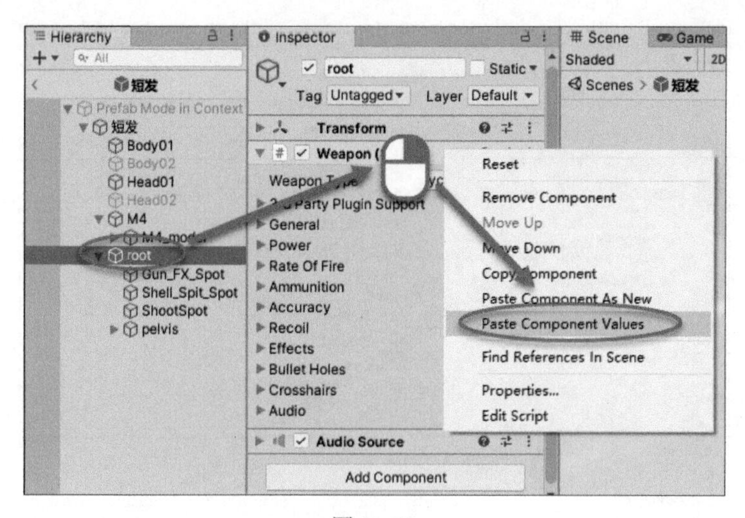

图 12-20

将武器模型 pelvis 游戏对象赋值给 Weapon Model 属性，并调整 Gun_FX_Spot 指示枪口火焰位置的游戏对象，Shell_Spit_Spot 指示弹出弹壳位置的游戏对象，ShootSpot 指示射击位置的游戏对象到合适的位置。其中 ShootSpot 游戏对象在枪口上方一点，差不多是瞄准器的位置即可，因为实际计算是瞄准器射出射线击中目标，而不是枪口射出子弹击中目标。

12.4.3 添加并设置击中效果

1. 添加弹孔效果

Easy Weapons 插件中的弹孔效果是配置标签来实现的。首先添加一个名为“环境”的标签。

选中所有物体的模型，添加碰撞组件。将这些游戏对象的 Tag 设置为“环境”，如图 12-21 所示。

选中武器的 Weapon 脚本所在的游戏对象，设置 Bullet Holes 标签，单击 Determined By 下的 Add 按钮，设置“环境”标签对应的弹孔的预制件，如图 12-22 所示。

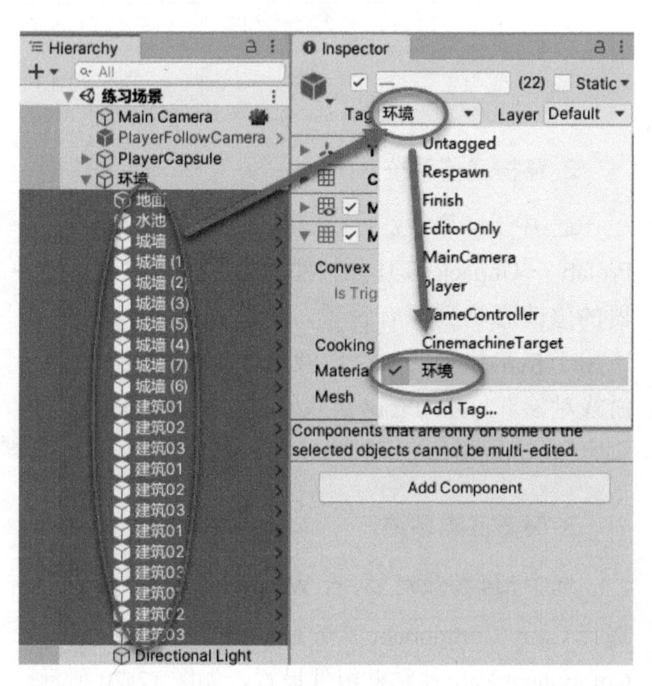

图 12-21

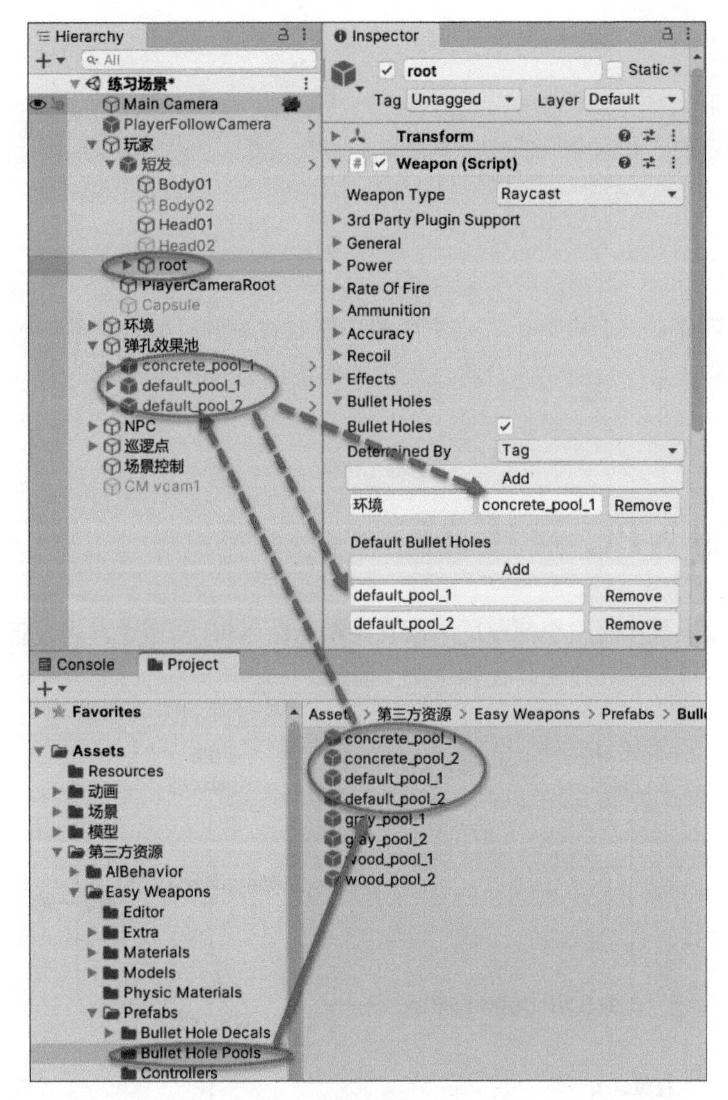

图 12-22

这里可以设置不同标签游戏对象上有不同的弹孔，例如木头、水泥上的弹孔不一样。Default Bullet Holes 下设置的是默认弹孔。此外，需要将弹孔的预制件添加到场景中。

2. 命中掉血

击中目标后，Easy Weapons 插件会向被击中的游戏对象发送 SendMessage 命令，调用 ChangeHealth 和 Damage 方法，前一个用于减少固定值的血量，后一个用于减少百分比的血量。

可以简单添加一个脚本，内容如下：

```
public class 生命 : MonoBehaviour
{
    public void ChangeHealth(float amount)
    {
```

```
            Debug.Log(amount);
        }

        public void Damage(float persent)
        {
            Debug.Log(persent);
        }
    }
```

将脚本添加到任意一个模型上。当击中对应游戏对象的时候，就能在控制台看到掉血的情况。到这里，武器系统添加完成。将添加了武器系统的 NPC 重新保存为一个新的预制件，在后面使用。

12.5 添加 NPC 及其 AI

接下来将通过插件实现一个简单的有限状态机 AI。NPC 会巡逻，当发现玩家或者受到玩家攻击的时候，对玩家进行攻击，如图 12-23 所示。

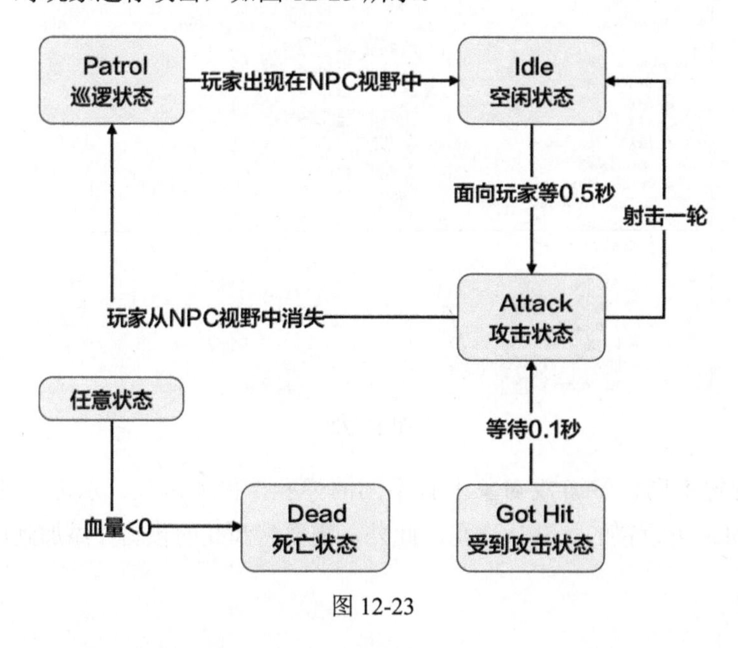

图 12-23

12.5.1 导入 AI Behavior 插件

这里使用的控制 NPC 行为的插件是 AI Behavior，这款插件可以快速实现一些场景的 NPC 行为，如图 12-24 所示。

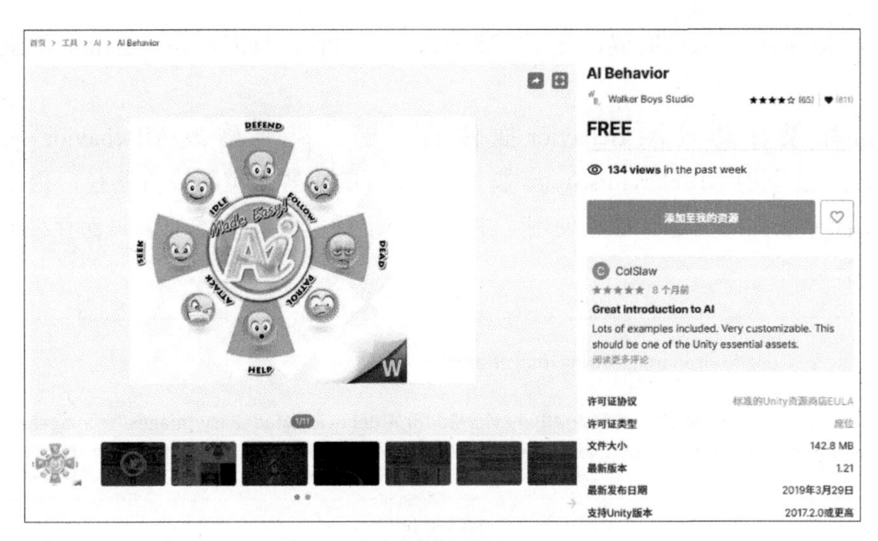

图 12-24

AI Behavior 插件定义了一些常用状态的状态机，通过菜单添加到 NPC 的游戏对象上。需要由 Animator 组件来控制动画，Nav Mesh Agent 组件实现导航，Character Controller 组件控制移动。其中 AI Animation States 脚本用于设置可以播放的动画有哪些，AI Behaviors 脚本用于设置使用哪些状态以及如何在各个不同的状态进行过渡，如图 12-25 所示。

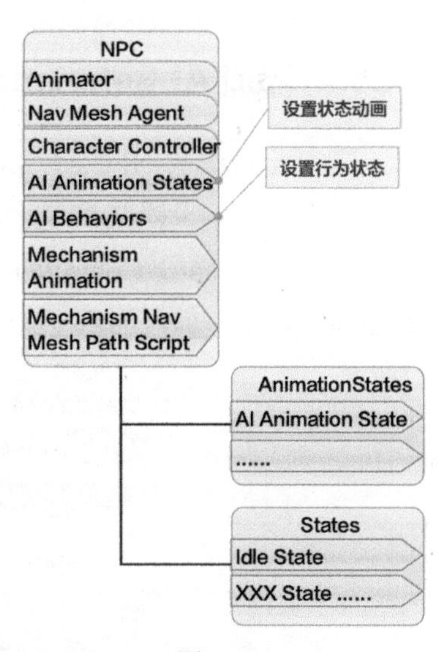

图 12-25

AI Behaviors 脚本是定义状态机的关键，通过设置有哪些状态，这些状态又通过哪些触发器转换到其他状态，从而实现一个简单可配置的状态机 AI，主要设置如表 12-1 所示。

表 12-1 AI Behaviors 状态机主要设置

主要设置	说 明
脚本顶部	脚本顶部用于添加并设置 NPC 的所有状态，包括默认状态
General AI Properties 部分	定义被控制的 Transform，定义 NPC 的视野，即能看多大范围、看多远以及能看到的 Layers，定义血量和目标对象
Global Triggers	定义全局触发器，即任何状态下都会触发的状态改变
Triggers	具体状态下的触发器，即该状态下会触发的状态改变
Animations	该状态下的动画
Movement Properties	该状态下的移动、转动速度
Audio	该状态下的声音设置
其他的一些设置	针对该状态下的其他设置，不同状态可能不同

AI Behavior 插件导入的时候，并不需要导入全部内容，只需要导入 Editor 和 Scripts 目录即可使用。

另外，如果移动过 AI Behavior 插件的目录，需要修改 AIBehavior → Scripts → EditorHelper 目录下的 AIBehaviorsStyles 脚本第 44 行的内容，重新设置路径，否则添加状态和动画的图标无法正确显示。如果使用了中文路径，还需要将脚本的编码保存为 UTF-8，如图 12-26 所示。

```
41
42  Texture2D LoadButtonImage(string imageName)
43  {
44      string path = "Assets/第三方资源/AIBehavior/Editor/AIBehaviorsMadeEasy/Images/" + imageName + ".png";
45      return UnityEditor.AssetDatabase.LoadAssetAtPath(path, typeof(Texture2D)) as Texture2D;
46  }
```

图 12-26

12.5.2 添加 AI Behavior

选中场景中的 NPC 游戏对象，添加 Nav Mesh Agent 组件。打开 Navigation 窗口，选中地面游戏对象，设置其 Navigation Area 属性为 Walkable，并烘焙导航区域。

添加 Character Controller 组件，单击菜单 AI Behavior → Mechanism Setup，添加 AI Behavior 插件内容，如图 12-27 所示。

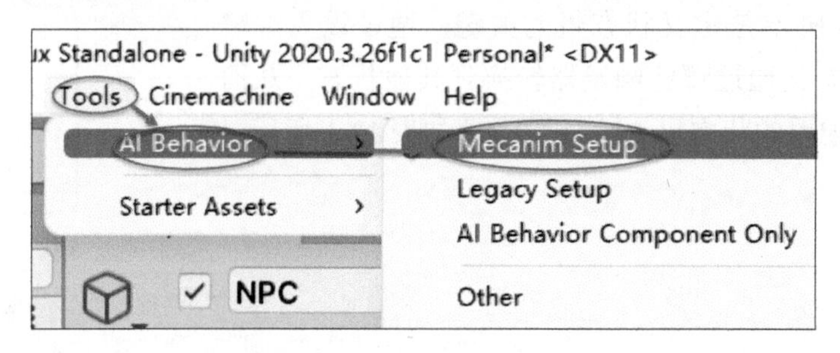

图 12-27

12.5.3 设置动画

AI Behavior 插件通过本身的脚本控制动画控制器，所以其动画控制器的设置和前面内容的设置不同。

将“跑步”“空闲”“射击”和“死亡”的动作添加到动画控制器中，默认动作是“空闲”。

添加一个 Float 参数“速度”用于“跑步”动作和“空闲”动作的过渡，不需要其他的动作过渡，如图 12-28 所示。

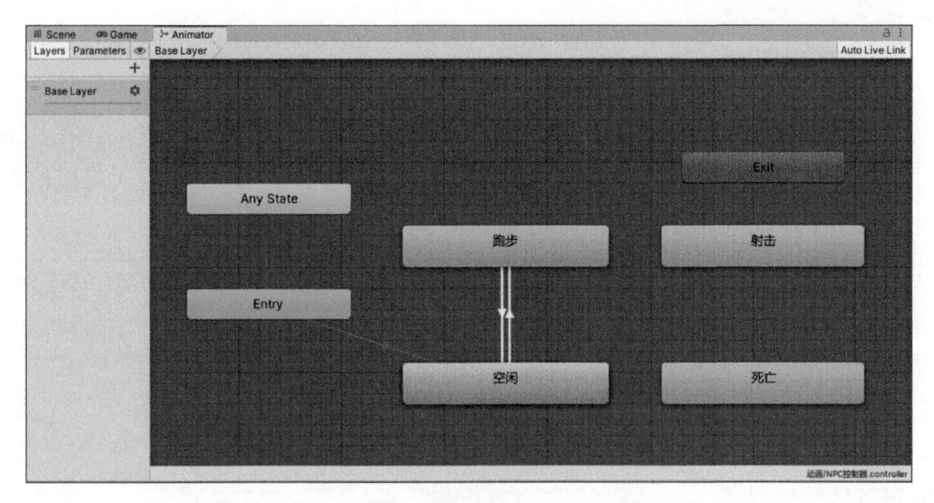

图 12-28

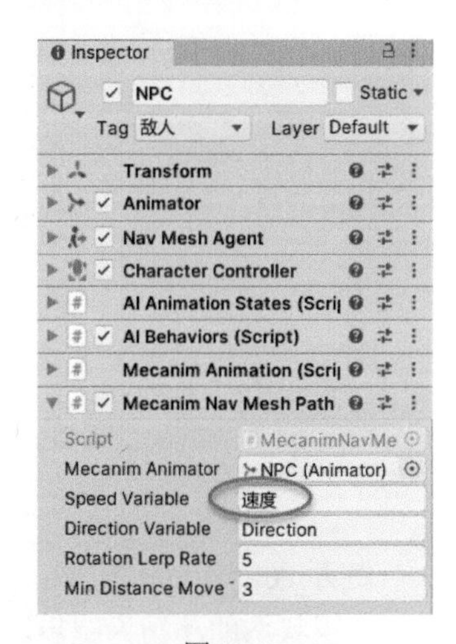

图 12-29

选中 NPC 游戏对象，设置 Animator 组件的 Controller 属性为刚才添加的动画控制器。设置 Mecanim Nav Mesh Path Script 脚本组件的 Speed Variable 为“速度”，即刚才在动画控制器中设置的变量名称，如图 12-29 所示。

在 AI Animation States 脚本组件中添加具体的动作。其中，Name 是动画控制器中的层的名称加动作名称。其中“射击”和“死亡”动作要选中 Cross Fade In 和 Cross Fade Out 过渡渐变效果，如图 12-30 所示。

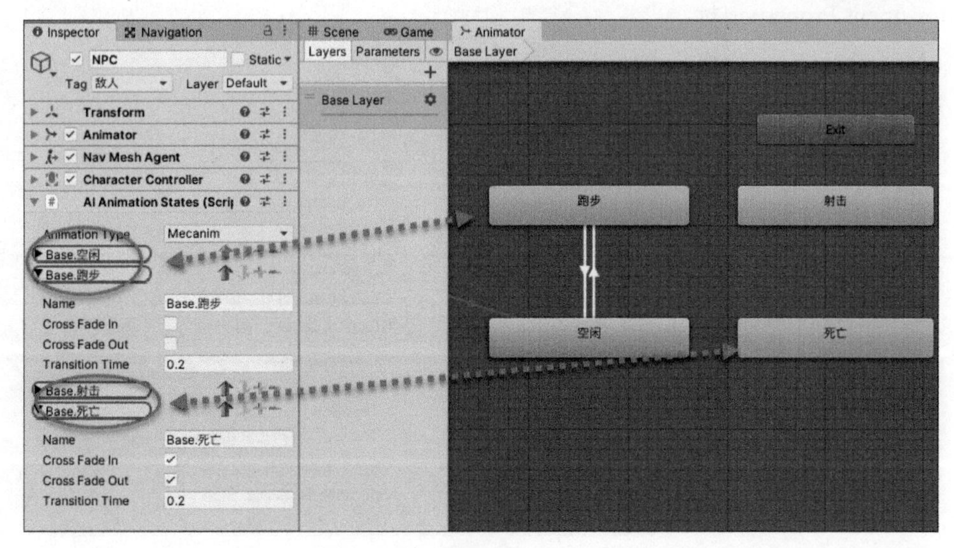

图 12-30

12.5.4 添加巡逻状态

首先，添加一个空的游戏对象，用于放置巡逻点，并命名为“巡逻点”。在其下添加空的游戏对象，将新建的空的游戏对象拖曳到要训练的位置。为了方便设置，可以给新建的游戏对象设置一个图标以便于查看。

选中 NPC 游戏对象的 AI Behavior 脚本组件，先将其他的状态取消选中，只保留 Patrol（巡逻）状态启用，如图 12-31 所示。单击旁边的 Edit 编辑具体的设置。

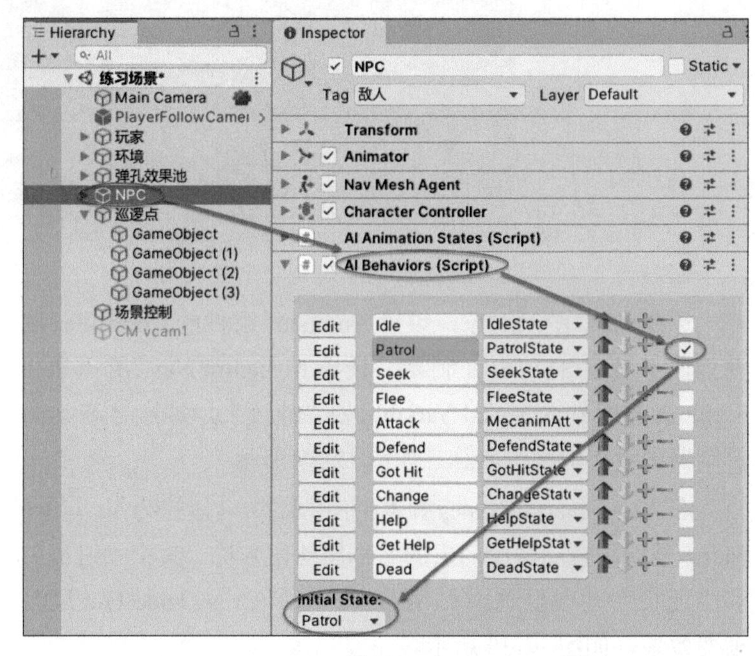

图 12-31

点开 Animations 标签，设置巡逻状态的动画为跑步。点开 Movement Properties 标签，设置 Movement Speed（巡逻速度）为 3，设置 Rotation Speed（转动速度）为 120，如图 12-32 所示。

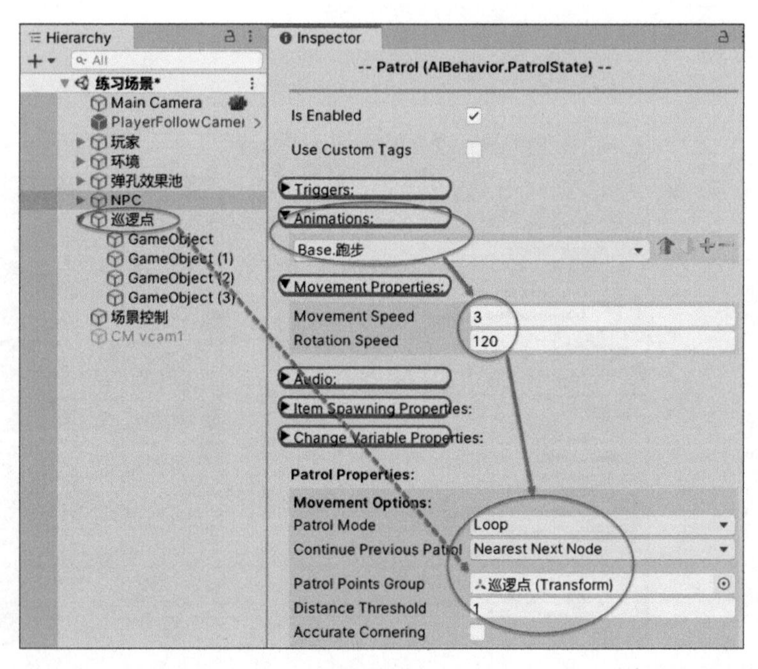

图 12-32

Patrol Properties 标签下的设置项是巡逻状态独有的设置。

◎ Patrol Mode 设置的是具体的巡逻模式。Loop 是在几个点循环绕，Ping Pong 是在几个点往复绕，Radom 是随机到的某个巡逻点，Once 是单次。

◎ Continue Previous Patrol 是当进入巡逻状态的时候，先到哪一个巡逻点。Reset 是回到第一个巡逻点，Continue Previous 是上一次的巡逻点，Nearest Node 是最近的巡逻点，Nearest Next Node 是最近的下一个巡逻点，Random 是随机的一个巡逻点。

◎ Patrol Points Group 需要将之前的巡逻点游戏对象赋值到这里。Distance Threshold 用于设置巡逻的时候，当 NPC 距离巡逻点位置多远就算到达巡逻点，这里不可以太小，避免被卡住。这个时候运行，NPC 就会在几个巡逻点来回转。

12.5.5 添加攻击状态

选中 Attack 状态的选项，启用攻击状态。单击 Attack 状态旁的 Edit 按钮，进入对攻击状态的编辑，如图 12-33 所示。

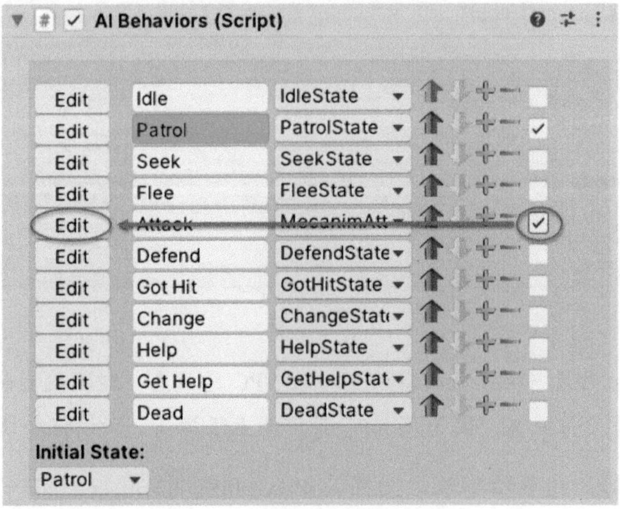

图 12-33

点开 Animations 标签，设置巡逻状态的动画是跑步。点开 Movement Properties 标签，设置 Movement Speed 是 1，Rotation Speed 是 360，如图 12-34 所示。

Attack Properties 标签下是攻击状态专用设置。

◎ Attack Damage 是攻击造成的伤害。

◎ Plus Or Minus Damage 用于设置攻击伤害的浮动范围。

◎ Find Visible Targets Only 选项选中以后，只会攻击视野中的对象，当玩家躲到物品后方的时候就会结束攻击。

◎ Movement Settings 选项选中后，NPC 会保持上一个状态的移动路径，同时进行攻击。

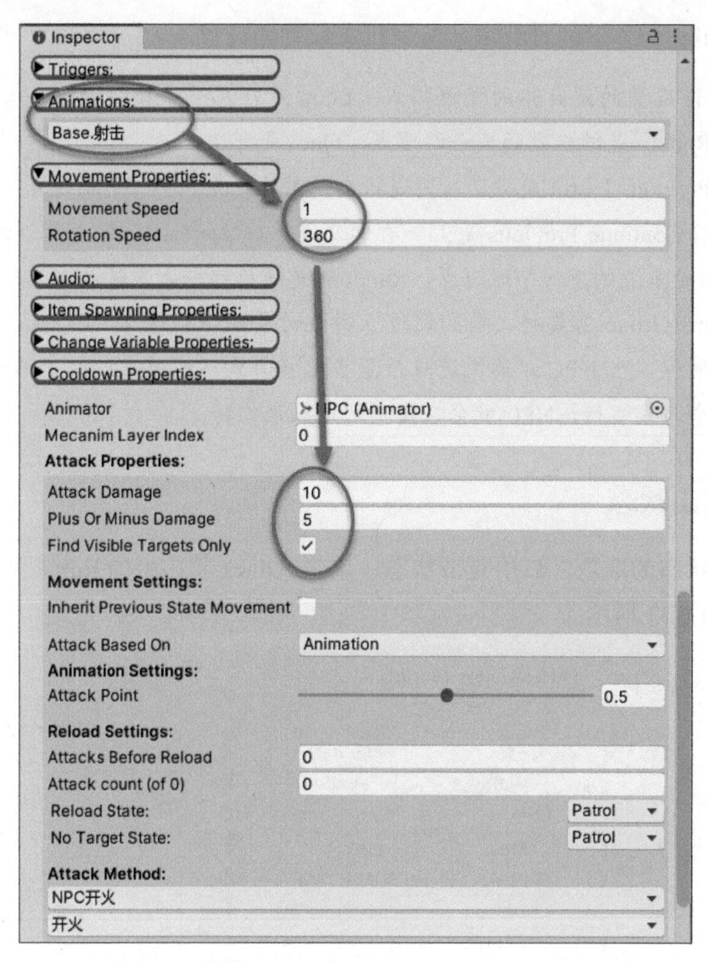

图 12-34

◎ No Target State 设置当玩家从视野消失以后 NPC 的状态，这里设置的是返回巡逻状态。

◎ Reload State 是装弹状态，因为将 NPC 设置为无限弹药，所以保持攻击状态即可。

单击 Triggers 标签，在下拉菜单中选择 NoPlayerInSightTrigger，即当玩家从视野中消失后的处理。设置 Trigger After Time 为 1，Change to State 为 Patrol，即返回巡逻状态，如图 12-35 所示。

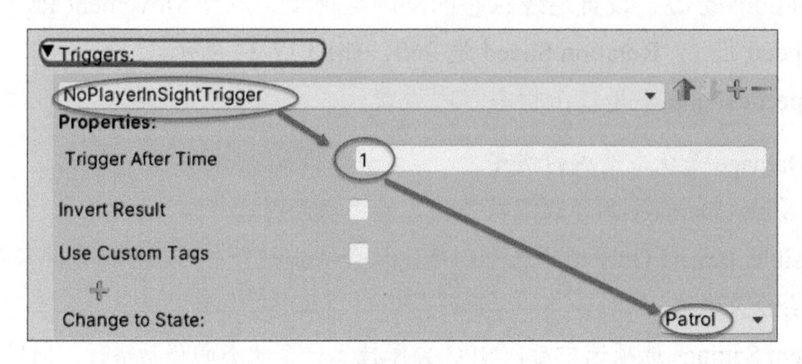

图 12-35

重新单击 Patrol 状态旁的 Edit 按钮，在巡逻状态下新增状态触发器。点开 Triggers 标签，在下拉菜单中选择 LineOfSightTrigger，即玩家出现在 NPC 的视野中的处理。设置 Change to State 为 Attack，即进入攻击状态，如图 12-36 所示。

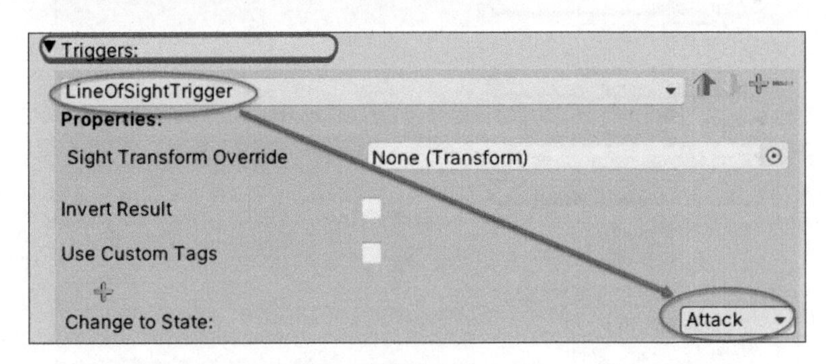

图 12-36

这样，当 NPC 巡逻的时候，一旦看见玩家，就会立即开枪。

12.5.6 添加受到攻击和死亡状态

选中 Got Hit 状态的选项，启用受到攻击的状态。单击 Got Hit 状态旁的 Edit 按钮，进入受到攻击的状态编辑。

点开 Animations 标签，设置巡逻状态的动画为跑步。点开 Movement Properties 标签，设置 Movement Speed 为 1，设置 Rotation Speed 为 360。

设置 Hit State Duration 为 0.5，即受到攻击会在这个状态等待 0.5s。设置 Change To State 为 Attack，即之后会进入攻击状态，如图 12-37 所示。

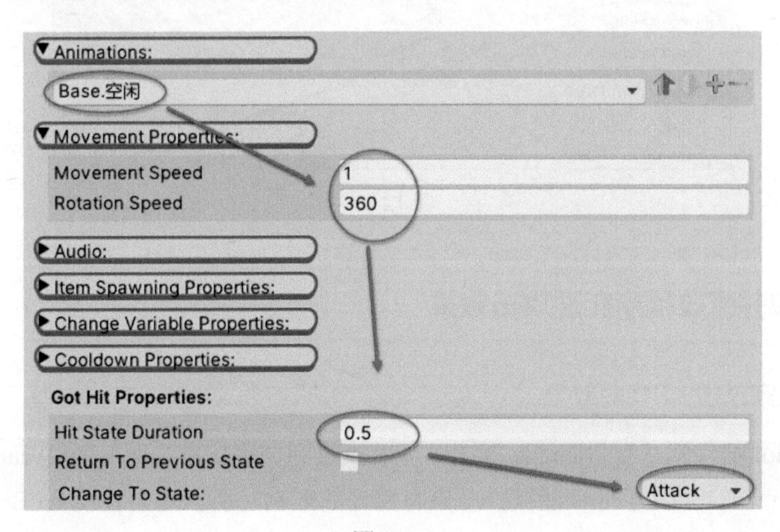

图 12-37

选中 Dead 状态的选项，启用死亡状态。单击 Dead 状态旁的 Edit 按钮，进入死亡状态编辑。

点开 Animations 标签，设置巡逻状态的动画为死亡。

选中 Destroy This Object 选项，即死亡后，NPC 会消失。设置 Destroy After Time 为 2，保证 NPC 播放完死亡动画后才消失，如图 12-38 所示。

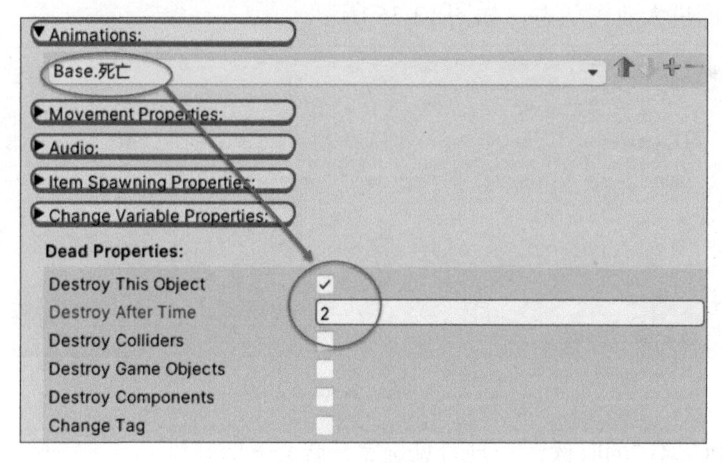

图 12-38

因为任何状态都可能进入死亡，所以死亡状态需要全局的触发器。官方没有提供死亡的触发器，但是提供了存活的触发器，通过将存活的触发器反转，就能得到死亡的触发器。点开 Global Triggers 标签，添加一个新的全局触发器，设置类型为 IsAliveTrigger，即当前 NPC 为存活状态。选中 Invert Result 将判断反转，即变成当 NPC 死亡的时候触发。设置 Change To State 值为 Dead，即当 NPC 死亡的时候进入死亡状态的状态机进行逻辑处理，如图 12-39 所示。

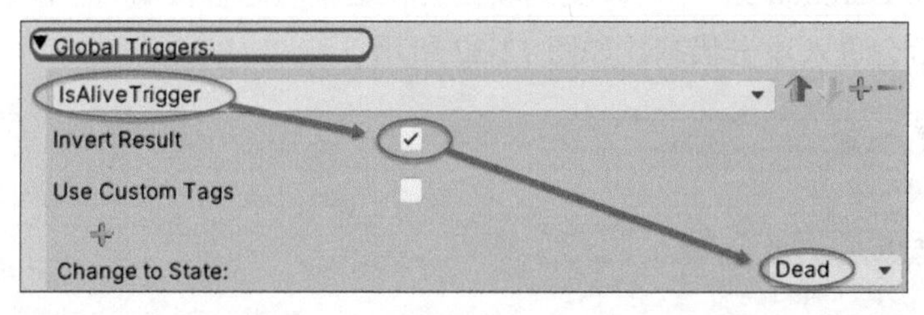

图 12-39

12.5.7 添加并修改程序实现攻击效果

1. 实现玩家攻击 NPC 的效果

AI Behavior 插件默认有 Damage 方法，可以接收到伤害信息，而 Easy Weapons 插件的这个方法是血量百分比。为了尽可能减少对原有插件的影响，所以还是参照 AI Behavior 插件例子中的脚本写新脚本。

新建脚本并命名为“NPC 掉血”，代码内容如下：

```
public class NPC掉血 : MonoBehaviour
```

```
{
    AIBehaviors _状态机;

    void Start()
    {
        _状态机 = GetComponent<AIBehaviors>();
    }
    public void ChangeHealth(float _伤害)
    {
        _状态机.Damage(-_伤害);
        BaseState _受伤状态 = _状态机.GetStateByName("Got Hit");
        if (_受伤状态 != null && _状态机.health > 0)
        {
            _状态机.ChangeActiveState(_受伤状态);
        }
    }
}
```

选中 NPC 游戏对象，将脚本添加到其上成为其组件。这个时候，对 NPC 进行射击就可以将其击毙。

2. 实现 NPC 开火

NPC 开火通过调用 Easy Weapons 插件中 Weapon 脚本上的 RemoteFire 方法即可实现。但是每次调用只能射击一次，不能实现连发，所以通过一个简单的协程实现连发。

新建脚本并命名为“NPC 开火”，脚本代码如下：

```
public class NPC开火 : MonoBehaviour
{
    public Weapon _武器;
    float _射击间隙=0.1f;

    public void 开火(AttackData _伤害)
    {
        //_武器.gameObject.SendMessage("RemoteFire");
        StartCoroutine(发射());
    }
    IEnumerator 发射()
    {
        _武器.gameObject.SendMessage("RemoteFire");
        yield return new WaitForSeconds(_射击间隙);
        _武器.gameObject.SendMessage("RemoteFire");
        yield return new WaitForSeconds(_射击间隙);
        _武器.gameObject.SendMessage("RemoteFire");
        yield return new WaitForSeconds(_射击间隙);
    }
}
```

这样 NPC 就能正确向玩家射击了。

3. 玩家掉血和死亡

玩家控制都写在了 FirstPersonController 脚本中，所以在脚本中继续添加血量和被击中时掉血的逻辑，内容如下：

```
public void ChangeHealth(float _伤害)
{
    _血量 += _伤害;
    if (_血量 < 0)
    {
        _动画.SetBool(_参数死亡, true);
        _input.enabled = false;
    }
}
```

当玩家死亡以后，不可以继续做动作，修改 Update 方法，内容如下：

```
private void Update()
{
    if (_血量 > 0)
    {
        JumpAndGravity();
        GroundedCheck();
        Move();
        射击装弹判断();
    }
}
```

到这里，这个射击游戏的基本逻辑就完成了。调整玩家和 NPC 的血量和位置，就可以简单地和 NPC 进行对战了。

12.6 实现网络对战

这里使用光子引擎来实现网络对战。光子引擎除了支持游戏对战外，还支持语音和聊天功能，不过这里只使用基本的游戏联机对战服务。

光子引擎支持多人联机，其中免费版支持最多 20 个人联机。这里使用的就是免费版。

12.6.1 插件导入和基础设置

1. 下载并导入 SDK

光子引擎在 Unity 商城里有，这里使用的是 PUN2-FREE，如图 12-40 所示。

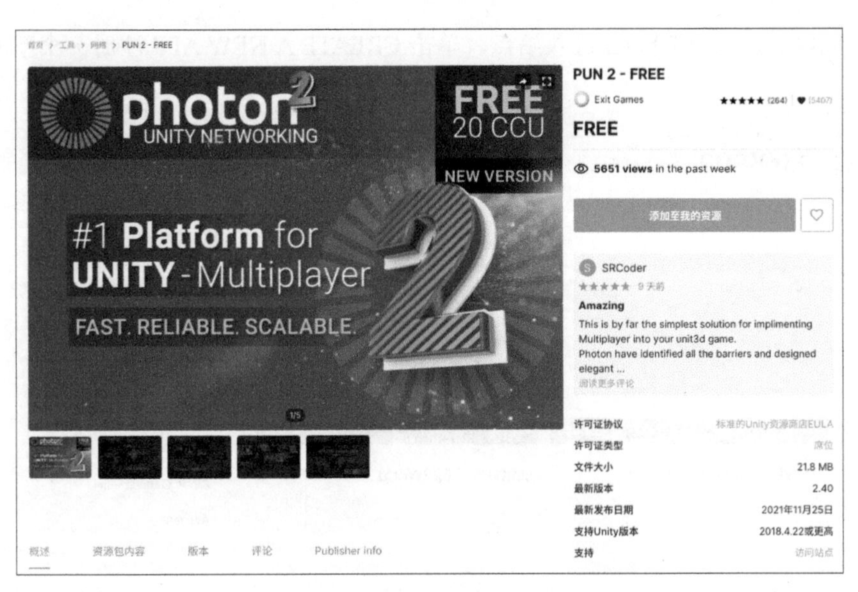

图 12-40

下载后，打开 Package Manager 窗口导入的时候，PhotonChat 目录可以不导入，这里面是聊天对话用的内容。另外，PhotonRealtime/Demos 目录也可以不导入，这里的例子暂时用不到。

2. 获取 App ID

光子引擎有国内站点和国际站点，即使要使用国内站点的服务，也需要先在国际站点注册才行。

打开光子引擎的国际站点，单击右上角的 Sign In（登录）按钮，就可以登录国际站点或者注册新账号，如图 12-41 所示。

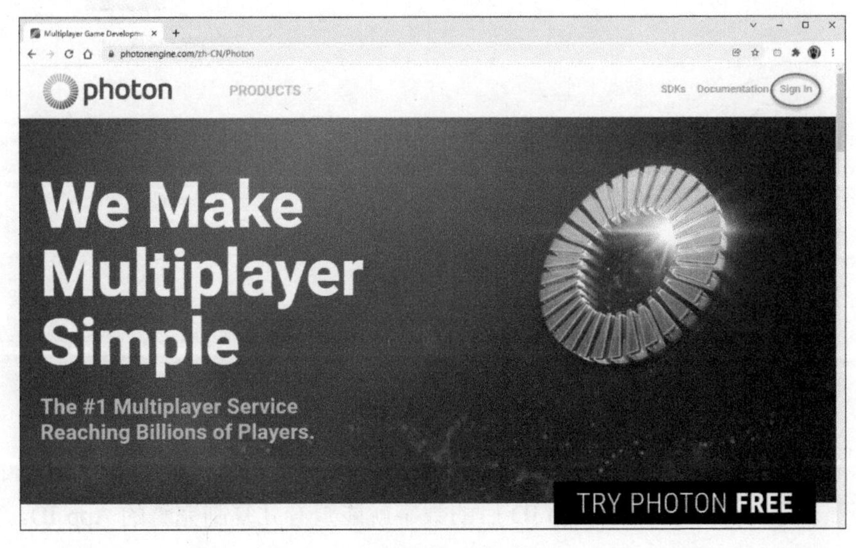

图 12-41

注册完成以后，登录 Photon 进入站点，单击 CREATE A NEW APP 注册一个新的应用，如图 12-42 所示。

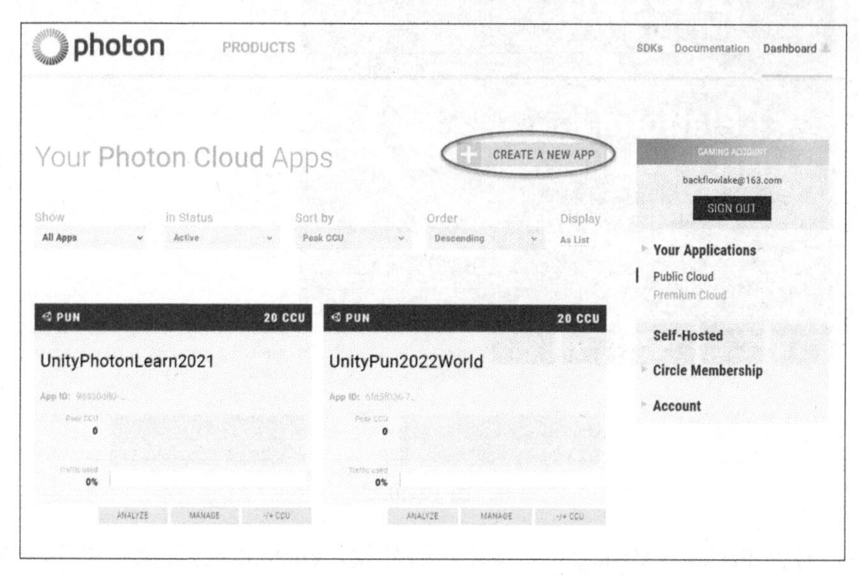

图 12-42

其中 Photon Type 可以选择 Photon PUN 或者 Photon Realtime。填写 Name（名称）、Description（简介）和 Url（相关网址）后，单击 CREATE（创建）按钮即可，如图 12-43 所示。

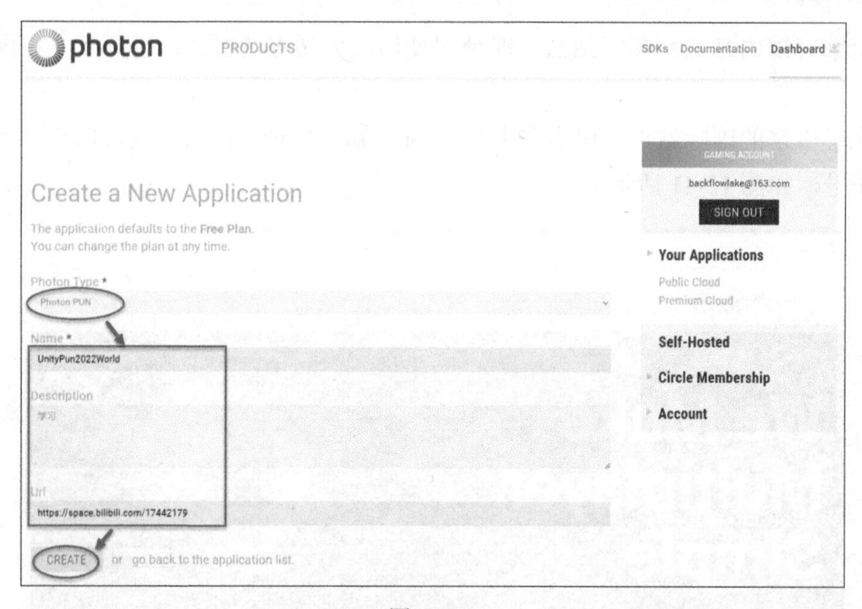

图 12-43

完成以后就能在登录后的控制台面板看到新注册的内容，默认是最多 20 人联机的免费版。在面板上还显示了 App ID，单击 App ID 后的数字就能查看并复制完整的 App ID，如图 12-44 所示。

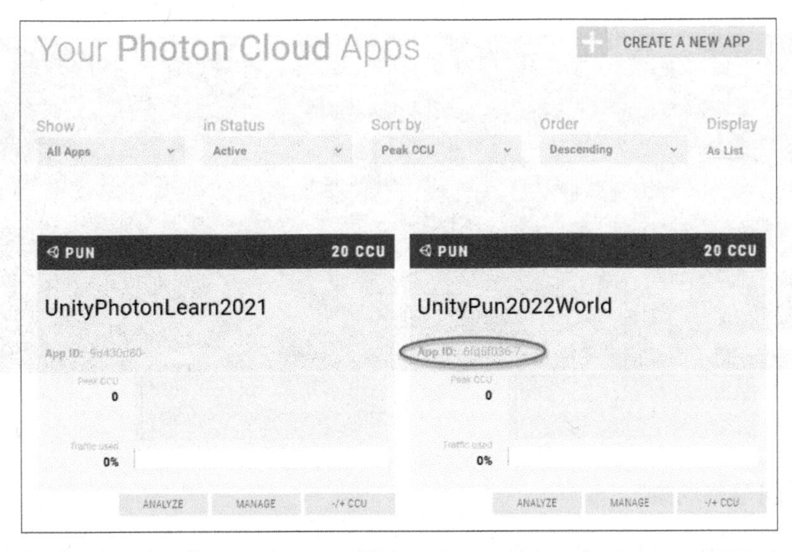

图 12-44

3. 设置 App ID

导入 PUN2-FREE 插件以后，会弹出 PUN Wizard 窗口，将前面获取的 App ID 复制并粘贴到输入框中，再单击 Setup Project 即可，如图 12-45 所示。

如果不小心把窗口关了，单击菜单 Window → Photon Unity Networking → PUN Wizard 即可再次打开窗口。

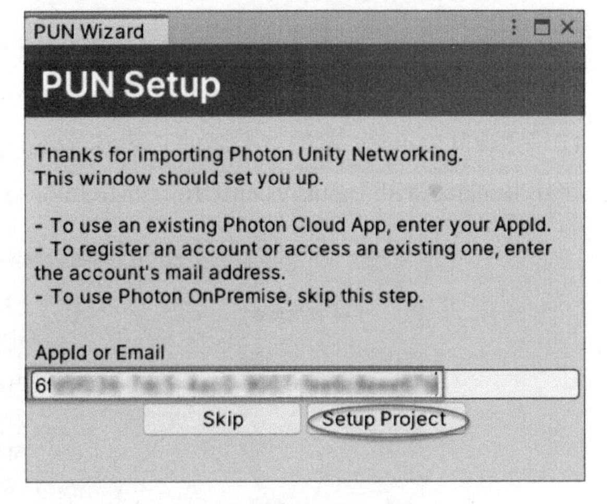

图 12-45

12.6.2 创建房间功能

PUN2-FREE 的官方例子里面有多个示例，如创建房间、加入房间的示例。打包成 Windows 程序以后，同时运行多个 Windows 程序，就可以在一台计算机上模拟多个用户登录并联机。这里将直接使用官方示例中的用户自动登录程序，如图 12-46 所示。

1. 添加联网对战场景

打开前面章节的练习场景，将其另存为“网络对战”场景，删除原有场景中的 NPC 和巡逻点游戏对象。

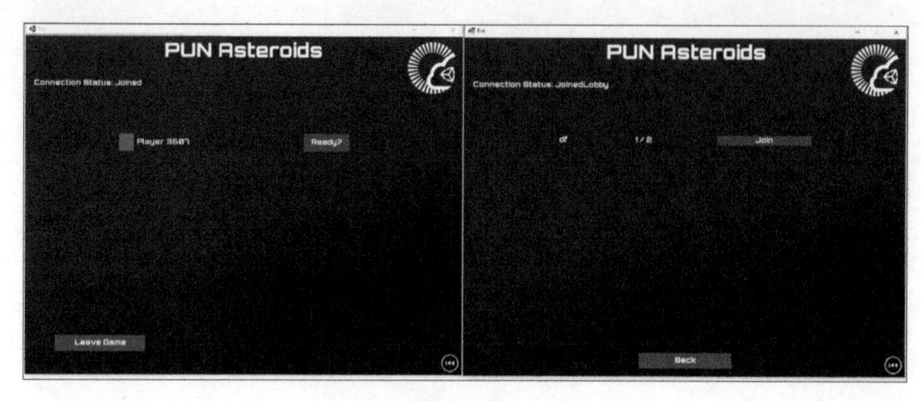

图 12-46

2. 添加联网菜单场景

单击打开 Photon → PhotonUnityNetworking → Demos → DemoAsteroids → Scenes 目录下的 DemoAsteroids-LobbyScene 场景，并将其另存为“网络菜单”场景。

3. 修改菜单输入方式

PUN2-FREE 原来使用的输入方式是 Input Manage，需要修改为新的 Input System。

删除“网络菜单”场景中原有的 EventSystem 游戏对象。单击 Unity 菜单 GameObject → UI → Event System，添加一个新的 EventSystem 游戏对象。选中新添加的 EventSystem 游戏对象，单击 Replace with InputSystemUIInputModule，将输入方式修改为 Input System，如图 12-47 所示。

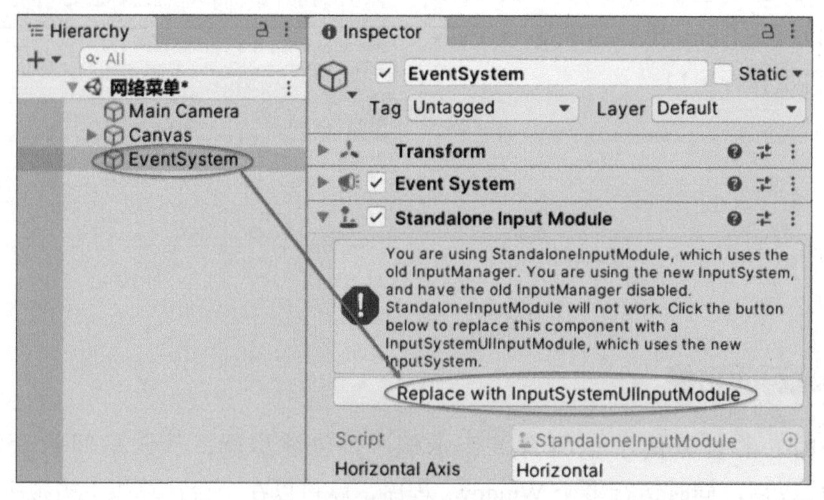

图 12-47

4. 设置人数上限

这个小游戏仅限两人对战。单击 MaxPlayersInput 游戏对象，修改 Text 属性为 2，并选中 Read Only 选项，这样每个房间最多只能有两个玩家对战，如图 12-48 所示。

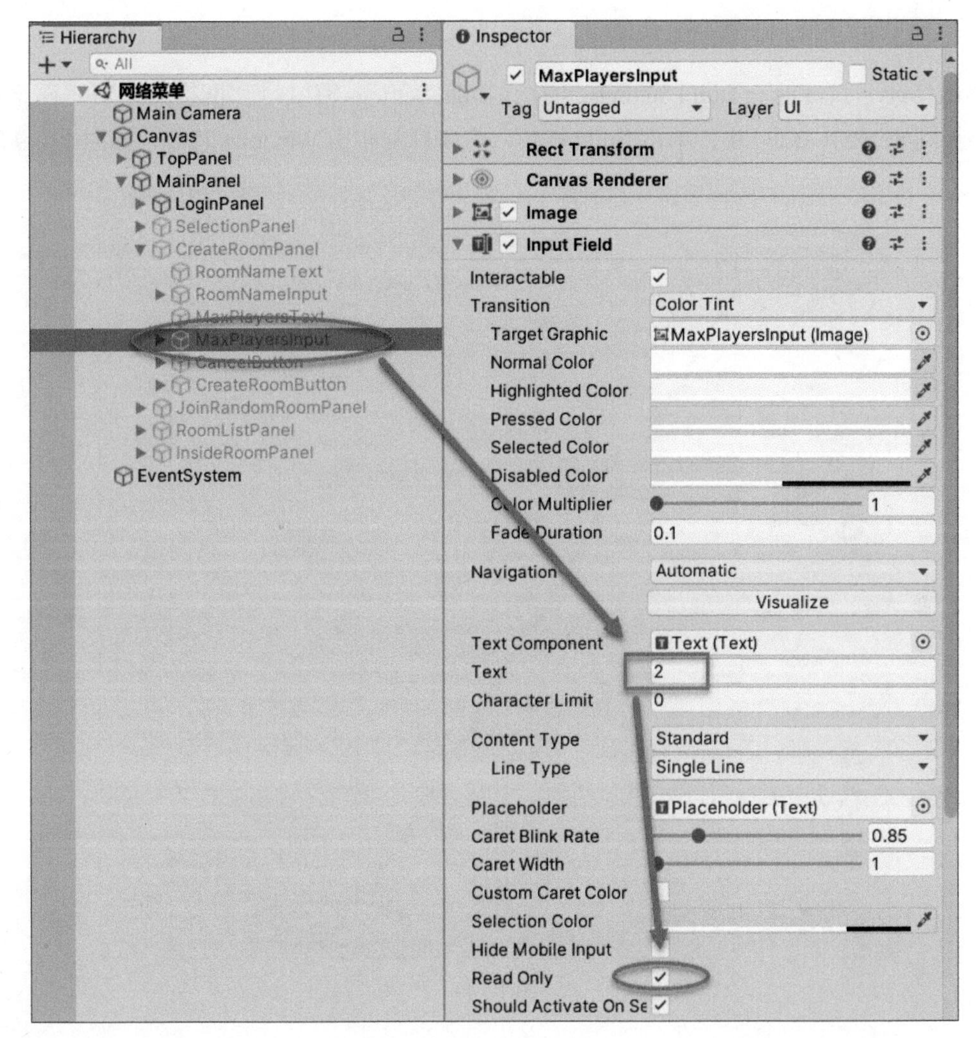

图 12-48

5. 修改加载的场景

单击打开 Photon → PhotonUnityNetworking → Demos → DemoAsteroids → Script → Lobby 目录下的 LobbyMainPanel 脚本，在第 275 行修改加载的场景名称为“网络对战”。

```
public void OnStartGameButtonClicked()
{
    PhotonNetwork.CurrentRoom.IsOpen = false;
    PhotonNetwork.CurrentRoom.IsVisible = false;

    PhotonNetwork.LoadLevel(" 网络对战 ");
}
```

6. 打包发布

单击Unity菜单File→Build Settings...，打开Build Settings窗口，把“网络菜单”和“网络对战”场景添加到Scene In Build中，单击Build按钮，将项目发布为Windows程序，如图12-49所示。

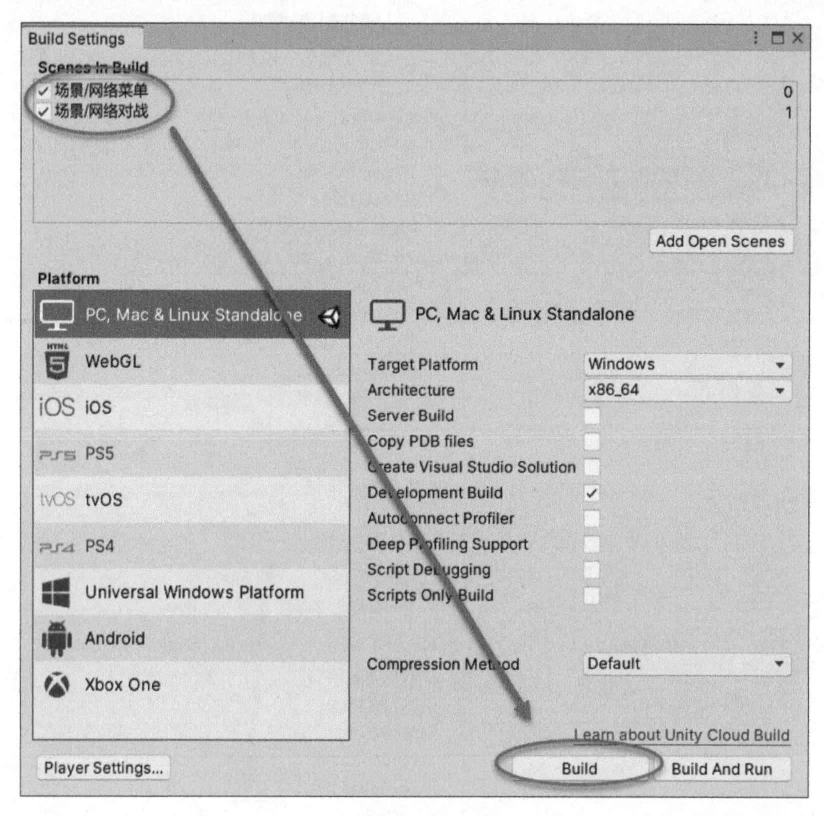

图 12-49

此时，当两个玩家都准备好以后，单击Start Game就可以进入对战的场景中，如图12-50所示。

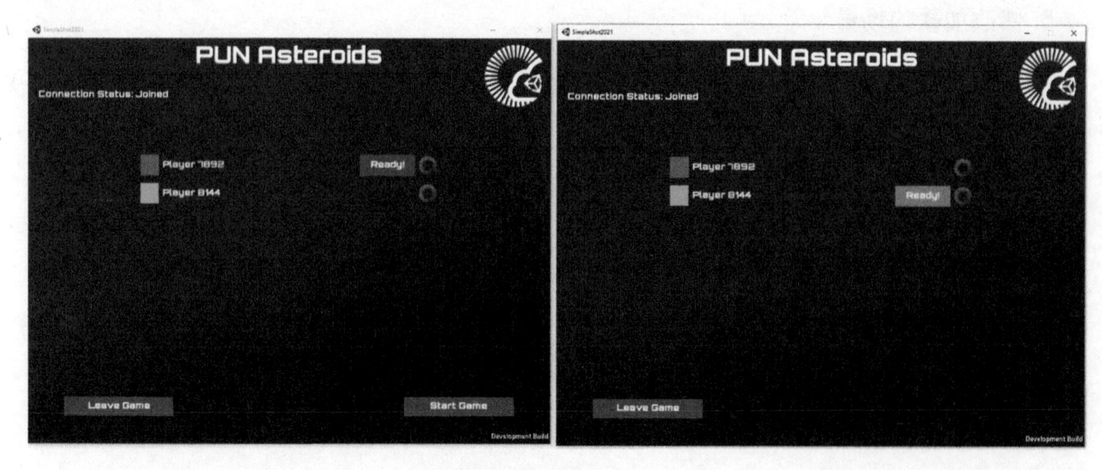

图 12-50

不过，这个时候只能看到自己，还无法和对方对战，如图 12-51 所示。

图 12-51

12.6.3 开始游戏的倒计时

光子引擎的插件自带开始游戏的倒计时功能，添加起来很简单。在场景中添加一个 Text（文本显示）。记得把 EventSystem 游戏对象设置为支持 Input System。

新建一个空的游戏对象，将 Photon → PhotonUnityNetworking → UtilityScripts → Room 目录下的 CountdownTimer 脚本拖曳到新的游戏对象上，并将前面新建的 Text 赋值给脚本的 Text 属性，如图 12-52 所示。

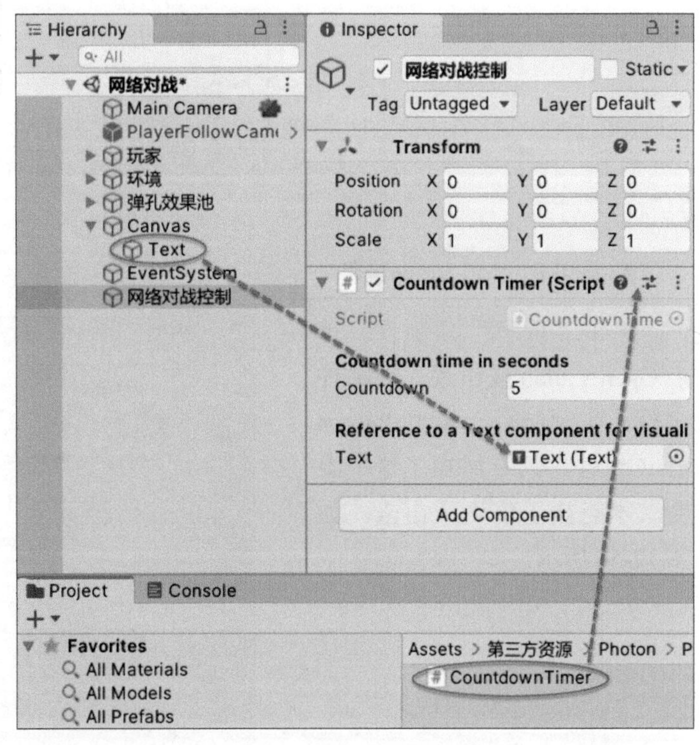

图 12-52

12.6.4 生成对战玩家预制件

光子引擎在联机时能够互动的内容（玩家、动态生成的物品等）都必须做成预制件并放置在 Resources 目录下。

1. 生成并设置预制件

在项目中新建 Resources 目录并将场景中的"玩家"游戏对象拖曳到 Resources 目录生成预制件。删除场景中原有的"玩家"游戏对象，如图 12-53 所示。

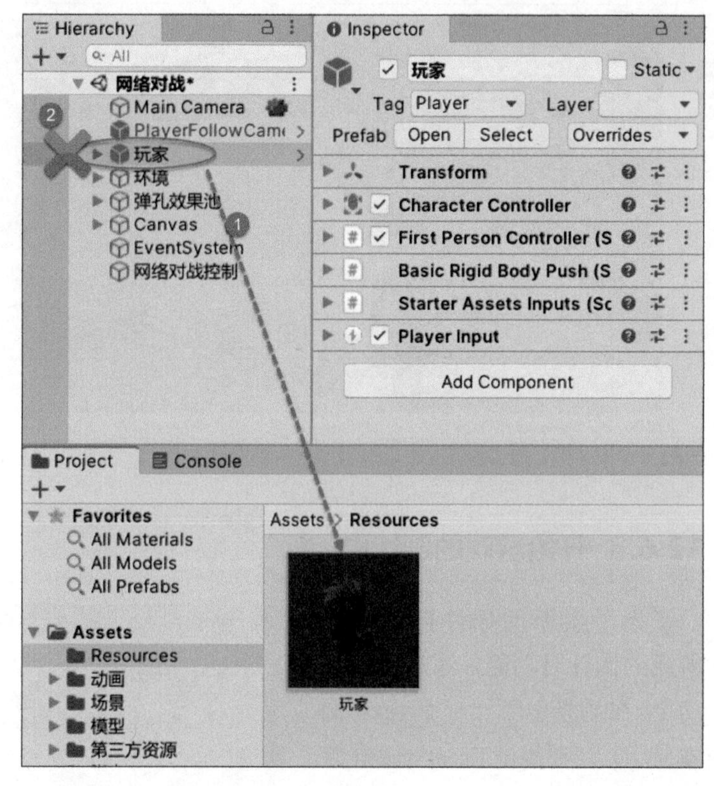

图 12-53

2. 添加 Photon View 组件

选中"玩家"预制件，单击 Open Prefab 按钮进入预制件编辑。在预制件上添加 Photon View 组件。只有添加了这个组件，才能被引擎生成出来，如图 12-54 所示。

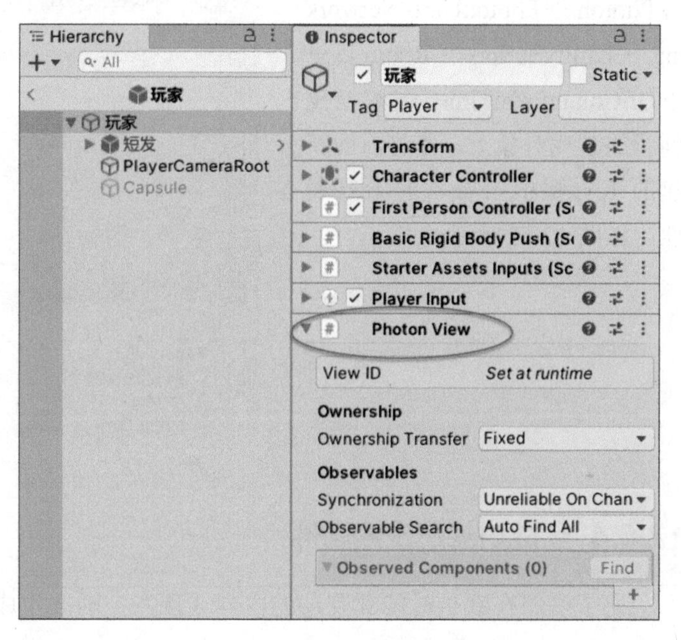

图 12-54

12.6.5 添加生成玩家功能

新建脚本并命名为“网络对战控制器”，将其拖曳到之前新建的空的游戏对象上，如图 12-55 所示。

这个脚本需要继承 MonoBehaviourPunCallbacks 类。启动的时候，调用 SetStartTime 方法开始计时。然后监听计时结束的事件。计时结束的时候生成玩家。如果是创建房间的玩家，则生成位置在“_主生成位置”。生成玩家用的方法是光子引擎提供的方法。生成的预制件是通过名称关联到 Resources 目录下的预制件。具体代码参考本书配套资源。

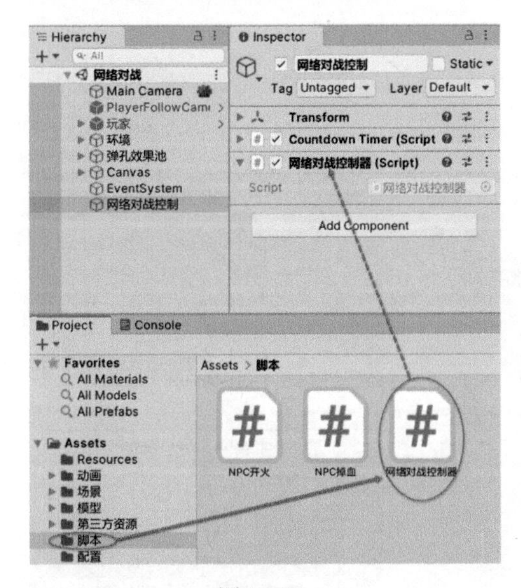

图 12-55

这个时候打包发布后联机，两个玩家都能正常生成，但是某一方做的动作并不会反馈到另一方的程序中，如图 12-56 所示。

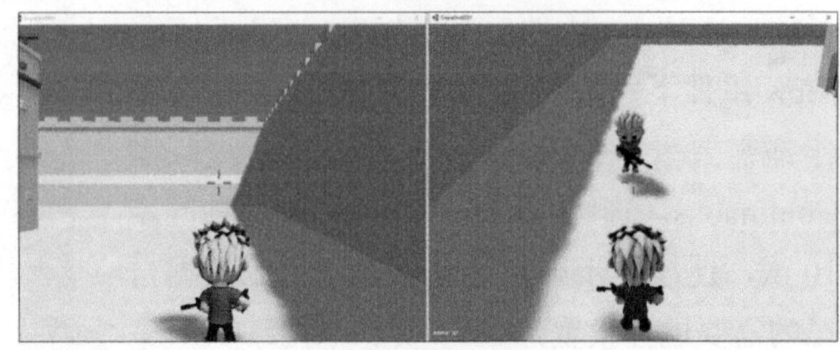

图 12-56

12.6.6 位置同步

继续打开“玩家”预制件，为预制件添加 Photon Transform View 组件。该组件可以同步玩家位置。其中可以选择同步的内容是否包含 Position（位置）、Rotation（旋转）和 Scale（缩放），如图 12-57 所示。通常选择前两个就可以了。

这个时候打包发布后联机，对战玩家的位置可以同步，即在一方可以看到另外一方的移动，但是对方玩家的动作并没有显示，如图 12-58 所示。

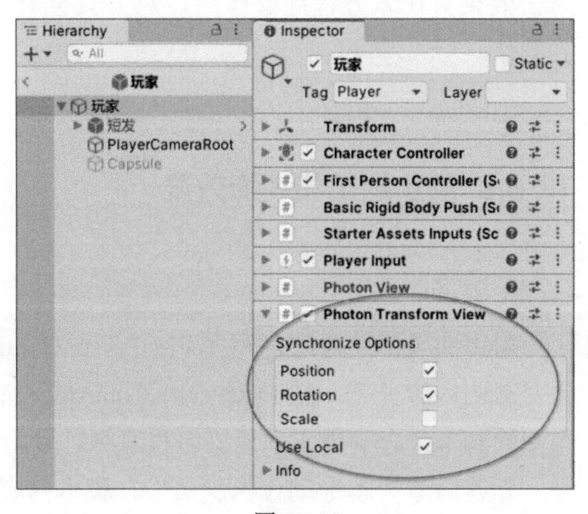

图 12-57

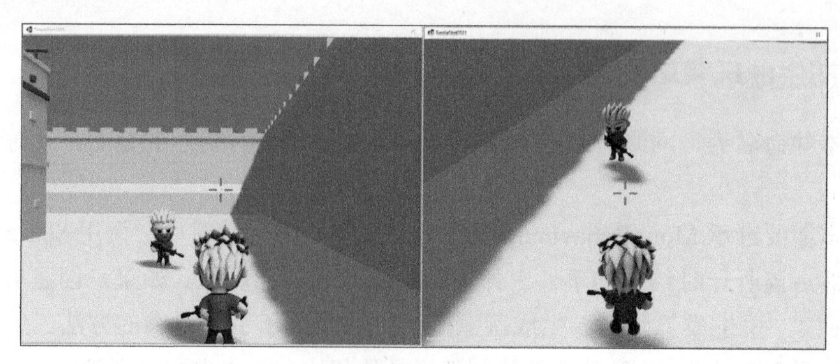

图 12-58

12.6.7 同步动作

继续打开“玩家”预制件，选中Animator动画组件所在的游戏对象，在游戏对象上添加Photon View组件和Photon Animator View组件。设置Photon Animator View组件下的层和动作，需要用到的层和动作都需要设置为Discrete（离散）同步或者Continuous（连续）同步。离散同步每秒同步10次，连续同步则是每帧同步，可以根据自己的需要进行设置，如图12-59所示。

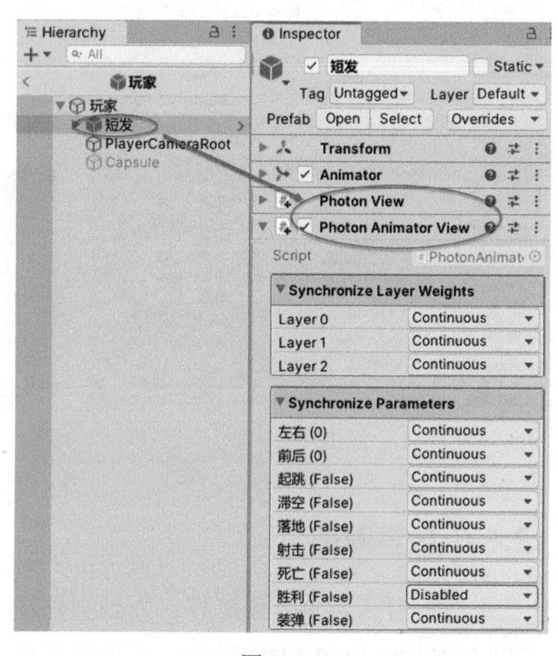

图 12-59

这个时候打包发布后联机，对战玩家的位置和动画都可以同步了，即在一方可以看到另一方的移动以及动画。但是这个时候的射击效果只在本方程序起作用，对方只会看到动作。

12.6.8 同步射击和装弹效果

1. 分离脚本

射击和装弹的方法都写在FirstPersonController脚本中，为了方便把本地练习的内容和网络对战的内容分开，把FirstPersonController脚本中关于射击和装弹的内容单独提出来成为两个新的脚本，分别用于本地练习和网络对战。

新建脚本“本地动作控制器”，脚本内容为：把FirstPersonController脚本中关键的方法复制过来，同时将FirstPersonController脚本中对应的方法删除。

将“本地动作控制器”脚本添加到“练习场景”中的“玩家”游戏对象上。这样练习场景就能保持功能不变，如图 12-60 所示。

图 12-60

2. 添加并修改网络控制

新建脚本“网络动作控制器”，代码和“本地动作控制器”一样，并将其添加到“玩家”预制件上，如图 12-61 所示。

修改“网络动作控制器”脚本，继承 MonoBehaviourPunCallbacks 类和 IPunObservable 接口。通过 PunRPC 注解和 photonView.RPC 实现方法的同步，通过 OnPhotonSerializeView 函数实现数值的同步。

图 12-61

12.6.9 添加菜单和结束过渡

游戏结束过渡用 Cinemachine 来实现。新建一个从高处看向地面的虚拟摄像机并禁用。当游戏中任何一方的血量小于 0 的时候，若激活该虚拟摄像机，则会自动切换到该摄像机视角，当视角切换到位的时候，场景跳转到最初的菜单场景。

1. 添加并设置菜单场景

添加一个“游戏菜单”场景，场景中添加“本地练习”“网络对战”和“退出游戏”按钮。

新建脚本并命名为“游戏菜单控制器”，添加场景切换和退出游戏的方法，并在 Unity 编辑器中将按钮和脚本功能绑定。要注意的是，该场景启动的时候，需要重新设置鼠标，否则无法单击。

2. 设置练习场景结束的过渡

新建脚本并命名为“本地结束”，具体代码参考本书配套资源。

将脚本拖曳到一个空的游戏对象上，将“玩家”游戏对象赋值给“玩家”属性，NPC游戏对象赋值给NPC属性，新添加的虚拟摄像机游戏对象赋值给“摄像机”属性，如图12-62所示。

图 12-62

因为脚本中设置的是5s后切换场景，选中Main Camera游戏对象，设置Default Blend属性对应的时间和脚本延迟切换时间一致，如图12-63所示。

图 12-63

3. 设置网络对战场景过渡

新建脚本“网络结束”。网络对战的时候，两个玩家都是动态生成的，所以这里需要动态获得所有玩家，再判断玩家的血量。代码参考本书配套资源。

将脚本添加到“网络对战控制”游戏对象上，并将新建的虚拟摄像机游戏对象赋值给“摄像机”属性，如图12-64所示。

把菜单场景添加到Scene In Build中，打包发布成Windows应用即可。

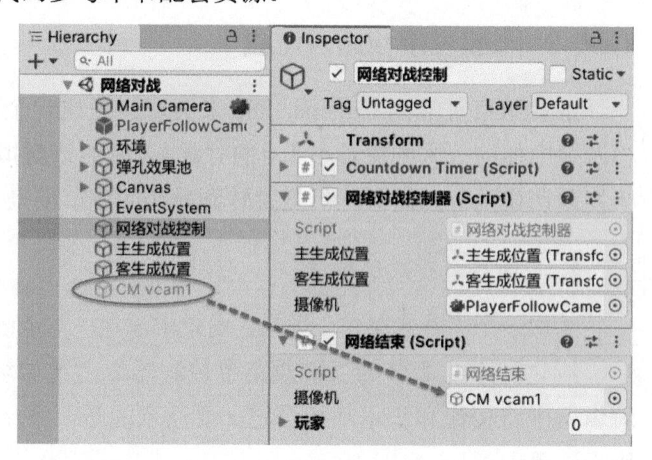

图 12-64

第 13 章 商城资源介绍

很多人选择 Unity 的原因不仅是 Unity 的易用，还有一个原因是 Unity 经营多年的商城有很多成熟的资源，可以有效减少开发工作量。像前面章节所演示的，一个 Unity 项目既可以全部自己写代码实现，也可以几乎完全靠插件来实现。当然，实际使用过程中不会那么极端。

本章将介绍各种 Unity 商城的资源，有收费的，也有免费的。如果要做项目或者游戏，有些功能可以直接使用插件。如果只是想制作某些特定类型的游戏，例如“绝地求生”之类的射击游戏和动作 RPG，只使用某款插件完全有可能完成。

关于插件的选择技巧，最关键的是看发布日期。有实力的制作团队都会定期更新插件，特别是 Unity 本身这几年更新就很频繁。如果一个插件最后的更新日期是几年前，那么有可能这个插件已经被作者抛弃了，要用也需要使用低版本的 Unity 才能正常运行。

13.1 Unity 官方资源

Unity 官方也会在商城给出资源，这些资源都很好用，而且兼容也不错，非常推荐。

13.1.1 人物移动和镜头控制资源

Starter Assets - First Person Character Controller 和 Starter Assets - Third Person Character Controller 是官方在商城提供的两个资源，如图 13-1 和图 13-2 所示。

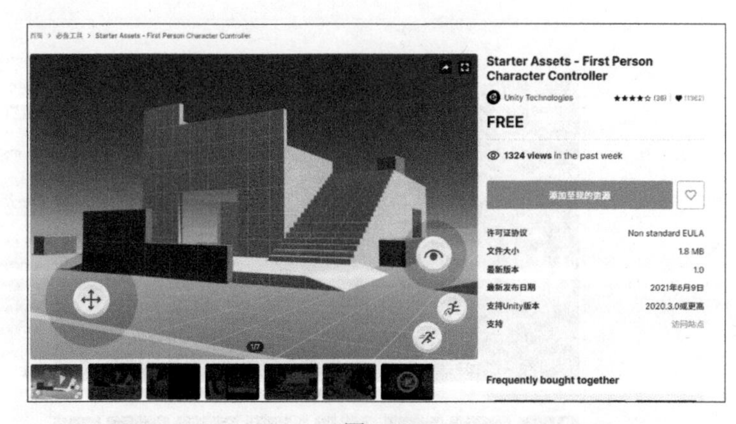

图 13-1

图 13-2

这两个资源主要提供第一人称视角和第三人称视角的操作及摄像机控制，使用起来非常方便，如果有简单的第一人称和第三人称的项目或游戏，可以直接拿来使用。

这两个资源需要项目安装 URP、Cinemachine 和 Input System 以后才能正常运行，其中 Input System 的使用方法也值得借鉴。而且，这两个资源同时支持计算机端和手机端操作，如果要开发手机端游戏可以借鉴一下。

13.1.2 常用粒子特效资源 Unity Particle Pack

粒子特效（如火焰、爆炸等效果）在很多场合都会用到，但是粒子特效的学习并不简单，涉及太多内容。对于初学者，建议使用各种现成的粒子特效，等有了一定的基础和理解后，再学习粒子特效以及其他特效的制作。

Unity Particle Pack 是官方提供的一个粒子特效资源，如图 13-3 所示，包括篝火、冰冻、爆炸、流淌、法阵等多种粒子特效，可以直接使用，对于初学者非常友好。

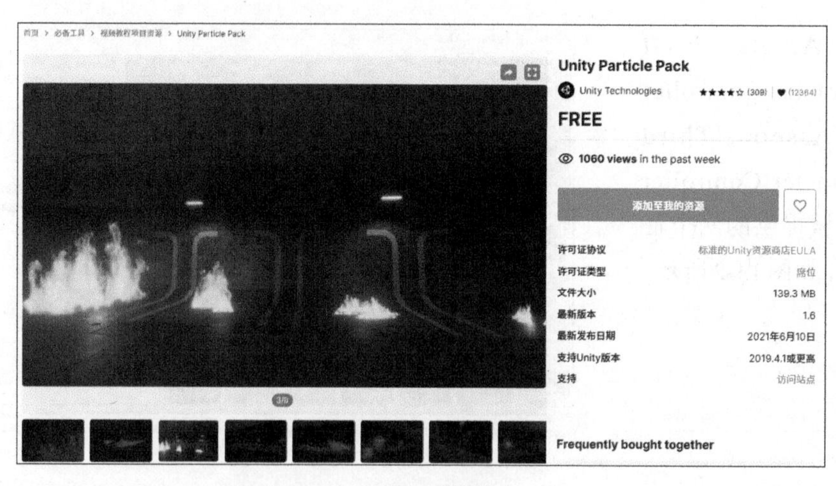

图 13-3

13.1.3 不需要写代码的游戏开发套件 Game Kit

2D Game Kit 和 3D Game Kit 是官方推出的两个游戏开发资源，主打的是不需要写代码就能做出游戏，如图 13-4 和图 13-5 所示。

图 13-4

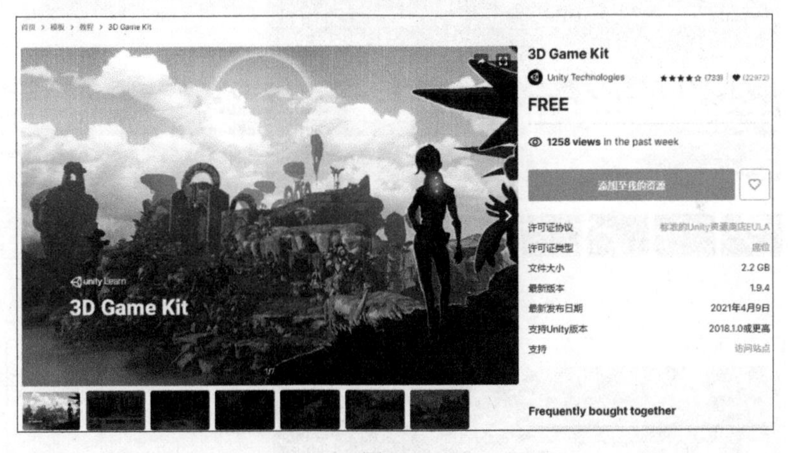

图 13-5

这两个资源只通过各种内容的配置就能完成 2D 或者 3D 游戏的制作，而且官方还配套有专门的视频教程。不过，这两个资源制作的游戏基本都是传统的动作类或者动作解谜类游戏。

13.1.4 官方其他资源

除了上面的资源外，官方还推出了一些类型游戏的资源，如果需要制作特定类型的游戏，可以用作参考和学习。

Creator Kit:RPG 是一个 2D RPG 游戏的小例子，包含对话和任务系统，如图 13-6 所示。Creator Kit:FPS 是一个 FPS 游戏的例子，如图 13-7 所示。Creator Kit:Puzzle 是解密类游戏的例子，如图 13-8 所示。

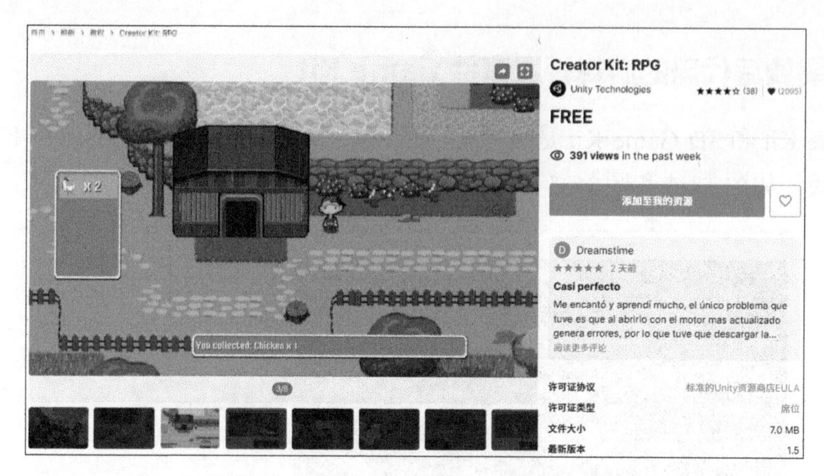

图 13-6

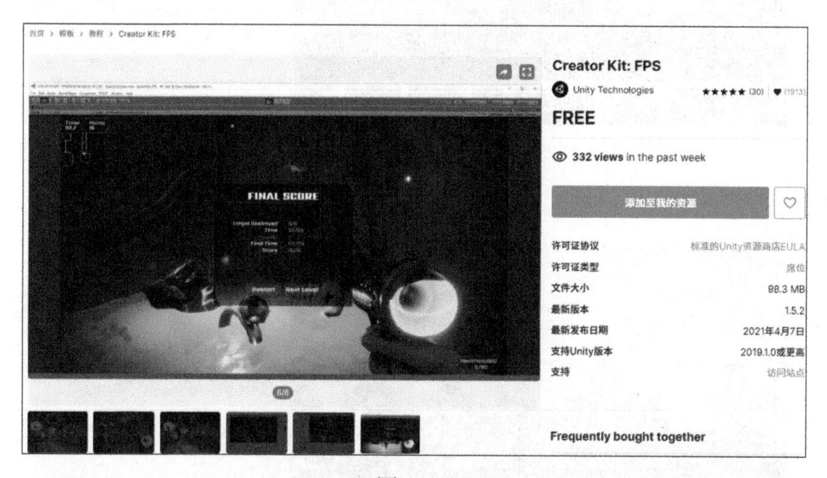

图 13-7

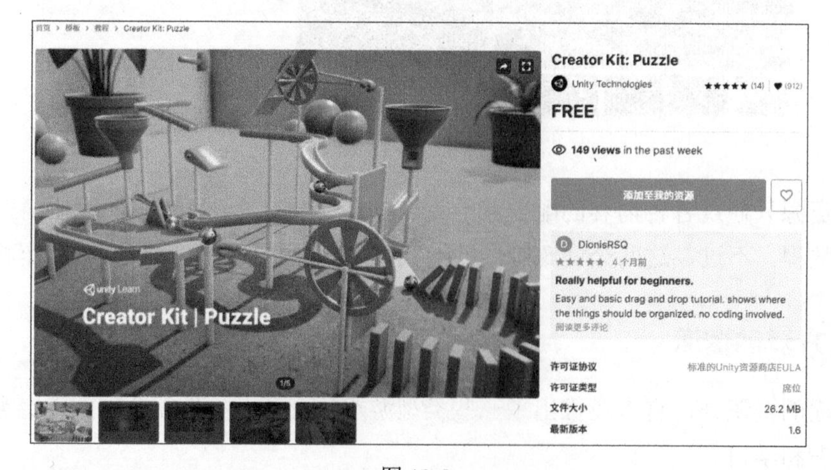

图 13-8

这 3 个资源官方都附带有教程，不仅可以学习 Unity 的操作，还可以学习类型游戏的制作，如果只是制作简单的某种游戏，可以直接拿来修改使用。

此外，如果想要学习制作塔防游戏，可以参考 Tower Defense Template，如图 13-9 所示。如果想要学习制作赛车类游戏，可以参考 Karting Microgame 系列，如图 13-10 所示。如果想要学习制作跑酷类游戏，可以参考 Endless Runner - Sample Game，如图 13-11 所示。

图 13-9

图 13-10

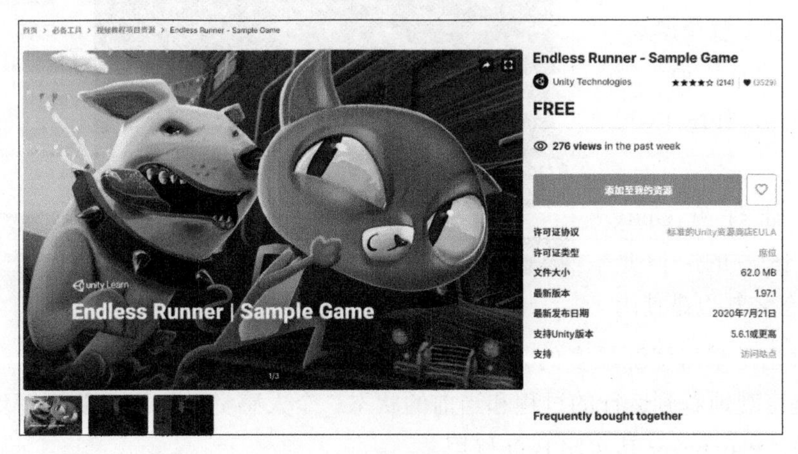

图 13-11

13.2 常用资源

13.2.1 常用的移动插件 DOTween

之前介绍过使用脚本控制游戏对象的移动和旋转，但是实际使用时通常会遇到更复杂的控制情况。这个时候有两种做法，一种是用Unity动画实现，另一种是用DOTween插件实现，如图13-12所示。

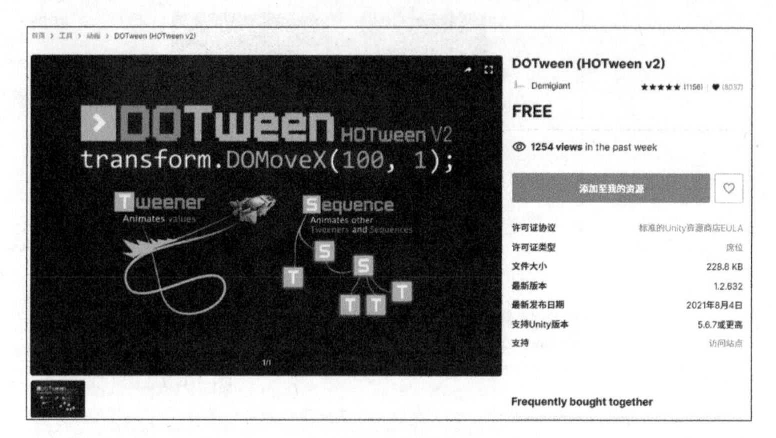

图 13-12

DOTween插件有免费版和收费版，不过免费版已经能够应付大多数的情况了。这个插件能够简单地实现游戏对象的移动、旋转和变化，还包括变换过程中的加速、减速、弹跳等。

这个插件不仅能控制游戏对象，还能控制颜色和一些着色器属性，还能对具体变量的变化进行控制。此外，还能控制文本输出，例如对话框文字依次出现的效果。

13.2.2 可视化状态机 Playmaker

Playmaker是一个可视话状态机插件，也是一个使用非常广泛的插件，可以用于做NPC的AI，甚至整个游戏。官方宣传说"炉石传说"就使用了这个插件，如图13-13所示。

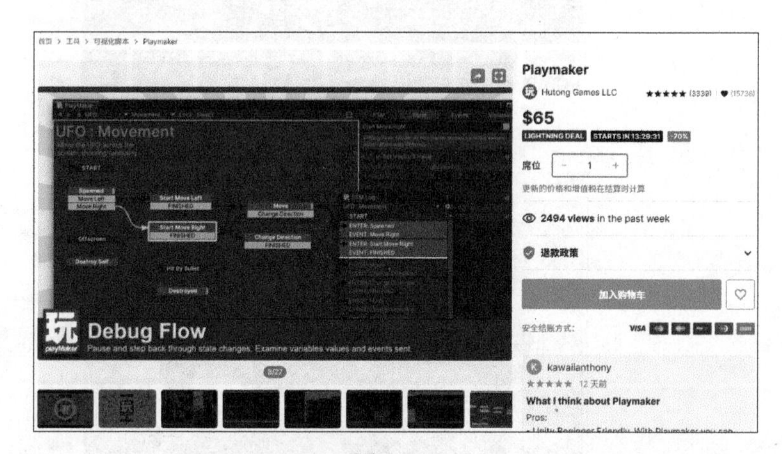

图 13-13

状态机插件在Unity商城中其实蛮多的，但是Playmaker最有名气也是使用最多的，同时也是学习资源最多的AI相关插件。可视化状态机最大的优点是在调试的时候可以非常清楚直观地看到运行的过程和当前的状态。个人感觉，如果想要不写代码实现一个项目或者游戏，Playmaker其实比Bolt好用。

13.2.3 可视化行为树 Behavior Designer

和状态机一样，行为树是实现 NPC 常用的另一种方法，Behavior Designer 插件是可视化行为树插件中用得最多的，如图 13-14 所示。

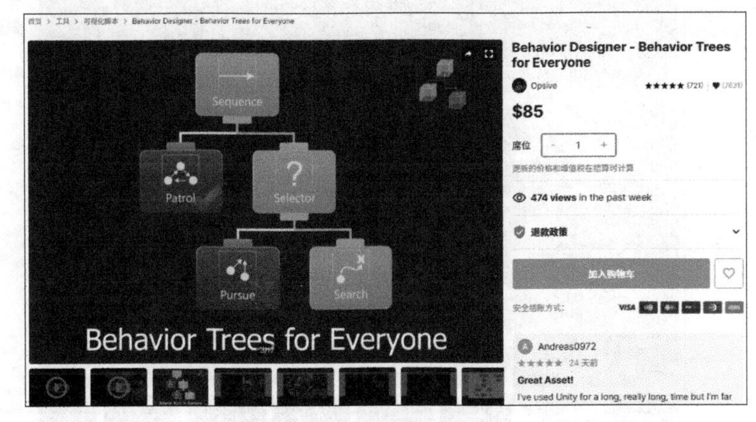

图 13-14

和其他可视化插件一样，这个插件可以清楚直观地看到运行的过程，也非常易用，只是因为行为树理解起来比状态机略微复杂，所以使用得相对少一些。但是在一些情况下，使用行为树来做 AI 比状态机更方便，适用性更好。

13.3 常用的子系统

Unity 商城中有很多功能模块或者说子系统，比如环境相关的体积雾、战争迷雾插件，实现各种 AI 的系统，如四处逛荡的 NPC AI，甚至是热门的丧尸 AI。

13.3.1 对话背包和任务系统

在很多游戏和虚拟现实项目中，对话系统、背包系统和任务系统都是必不可少的子系统。在 Unity 商城中自然少不了这三种子系统。这里列出了使用最多的几个。对话系统 Dialogue System for Unity 如图 13-15 所示，背包系统 Ultimate Inventory System 如图 13-16 所示，任务系统 Quest Machine 如图 13-17 所示。

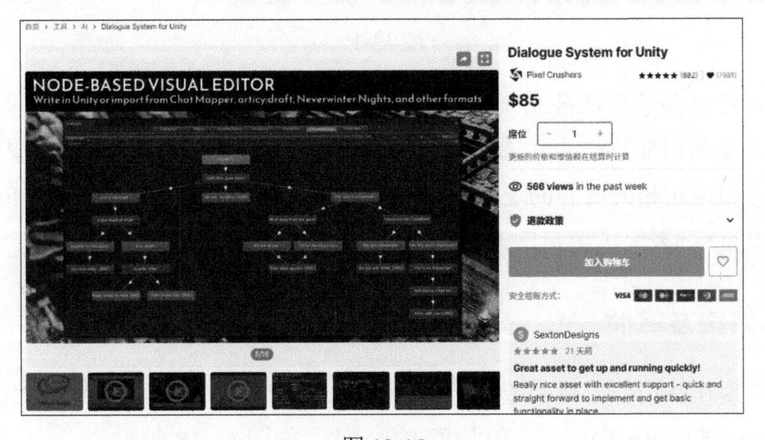

图 13-15

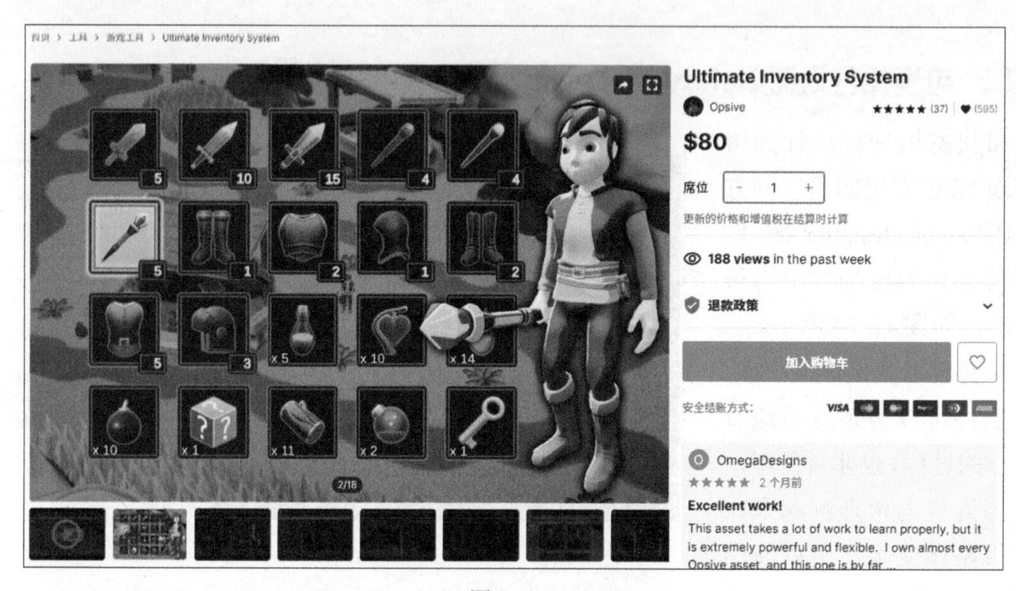

图 13-16

图 13-17

对话系统、背包系统和任务系统实现起来并不复杂。对于对话系统和任务系统，难点不是如何实现，而是如何能有一个优秀的编辑界面，如何能够方便地制作对话内容或者任务内容，如何能够方便地对相关内容的逻辑进行修改。对话系统 Dialogue System for Unity 和任务系统 Quest Machine 都采用了节点图的方式进行编辑，使用起来都很方便。

13.3.2 战斗系统及其他

射击游戏是现在热门的游戏类型之一，在 Unity 商城中收费的和免费的射击游戏都很多。射击游戏 Universal Shooter Kit 是比较受欢迎的一款，如图 13-18 所示。

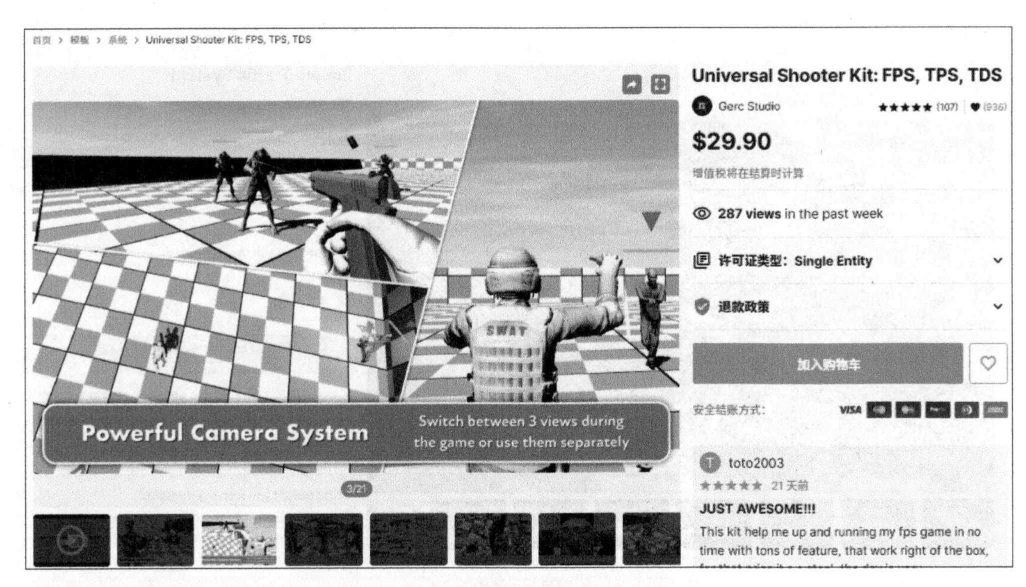

图 13-18

同样，第三人称和第一人称的战斗系统也是很多游戏中需要用到的。RPG 战斗系统 RPG Combat System 是免费的战斗系统中比较好用的一个，虽然效果一般，但是用于制作简单的战斗游戏或者学习都是不错的选择，如图 13-19 所示。

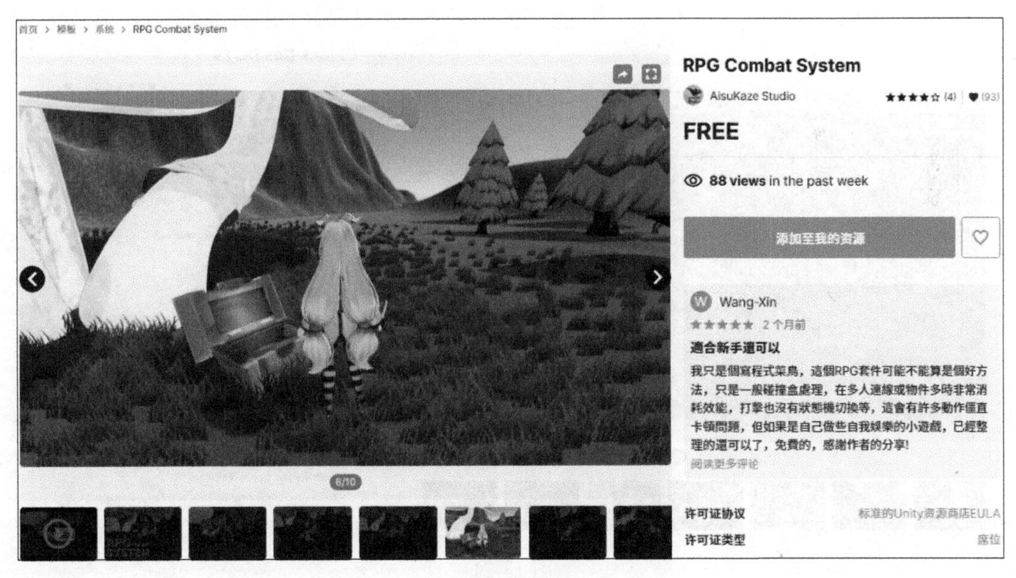

图 13-19

交通系统在游戏中使用得不多，但是在其他的项目中使用的机会多一些。Simple Traffic System 插件可以模拟车辆在公路上行驶的情况，同时还可以模拟路口以及路口的红绿灯，如图 13-20 所示。虽然自己实现一个简单的车流并不难，但是要使车辆的行为看上去更真实其实也蛮费精力的。

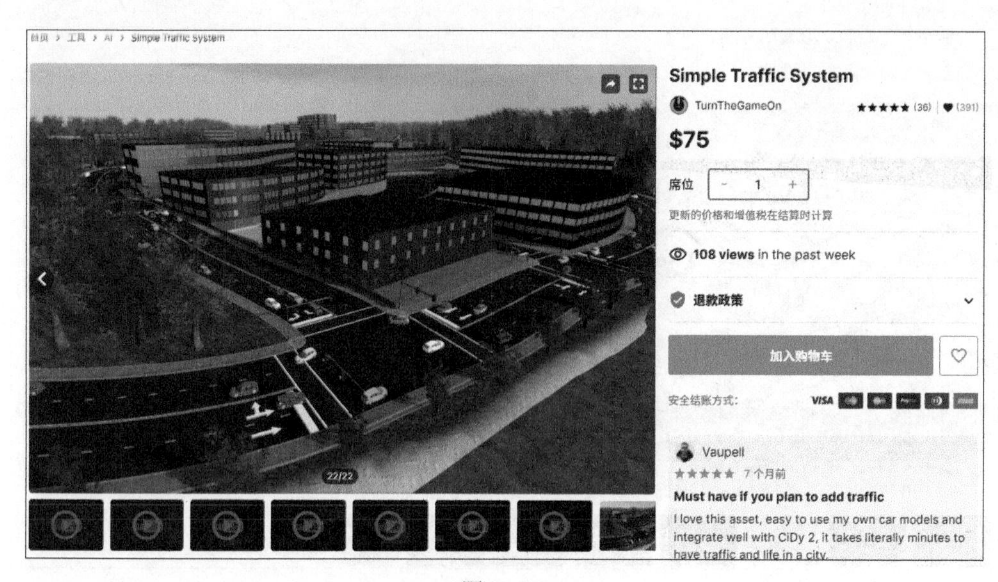

图 13-20

游戏中偶尔会出现鸟群、鱼群的情况，这个时候可以考虑集群行为插件 Flock Box DOTS，如图 13-21 所示。这个插件可以简单地实现模拟动物的集群行为，而且因为采用了 DOTS 技术，可以有效利用多核处理器，避免大量对象运动时造成的卡顿。

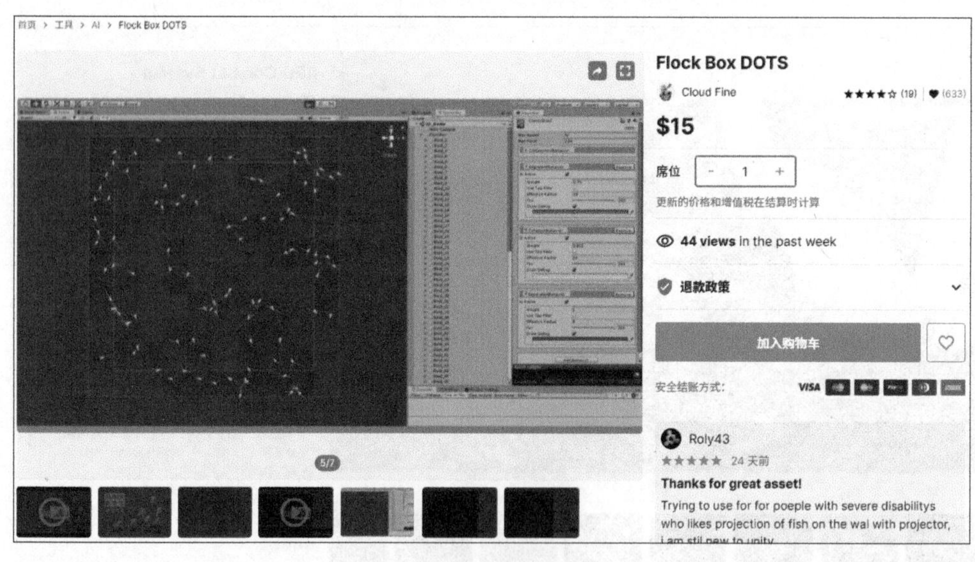

图 13-21

在有些游戏或者项目中需要模拟天气或者时间的变化，这个时候可以使用 Enviro - Sky and Weather 插件，如图 13-22 所示。这个插件可以模拟时间的变化，从早上到晚上的时间流逝，并且可以设定时间流逝的速度。同时可以模拟晴天、阴天、下雨、下雪等的天气变化。至于季节变化，更多只是设置每个季节不同天气状况出现的频率。在商城的众多天气系统中，Enviro-Sky and Weather 是比较容易上手的一个。

图 13-22

13.3.3 类型游戏制作资源

Unity 商城中还有很多类型的游戏资源，可以使用这些资源直接制作出某种类型的游戏，比如消除类游戏、棋牌游戏、跑酷游戏等。总之，常见的游戏类型都有相关的资源。

例如，RPG Builder 就是一个非常强大的动作 RPG 制作资源，如图 13-23 所示。其提供了人物动画切换、技能树、背包、对话、任务、升级等功能。简单来说，只要有模型和动画，利用这个资源就能做出一款动作 RPG 游戏。

图 13-23

接下来简单列举一些其他类型的游戏资源，如即时战略类游戏资源 RTS Engine、FPS

射击类游戏资源 Multiplayer FPS、2D RPG 游戏资源 RPG Farming Kit、赛车类游戏资源 Higway Racer、足球类游戏资源 Football Game Engine、生存类游戏资源 Survival Engine（见图 13-24）、钓鱼类游戏资源 Fishing Development Kit、回合制 RPG 游戏资源 ORK Framework 3、文字冒险类游戏资源 UTAGE3 for Unity、坦克大战游戏资源 Physics Tank Maker、回合制战棋游戏资源 Turn Based ToolKit 3（见图 13-25）。

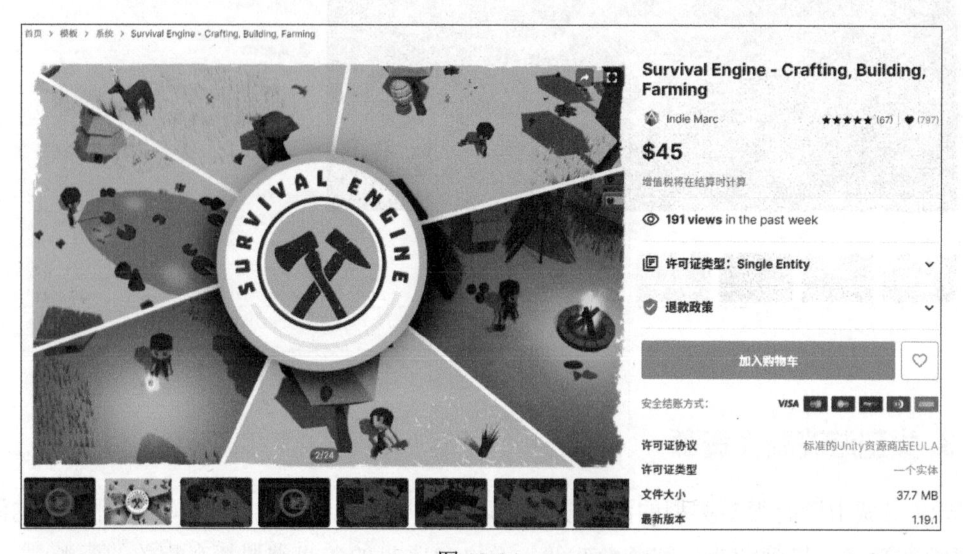

图 13-24

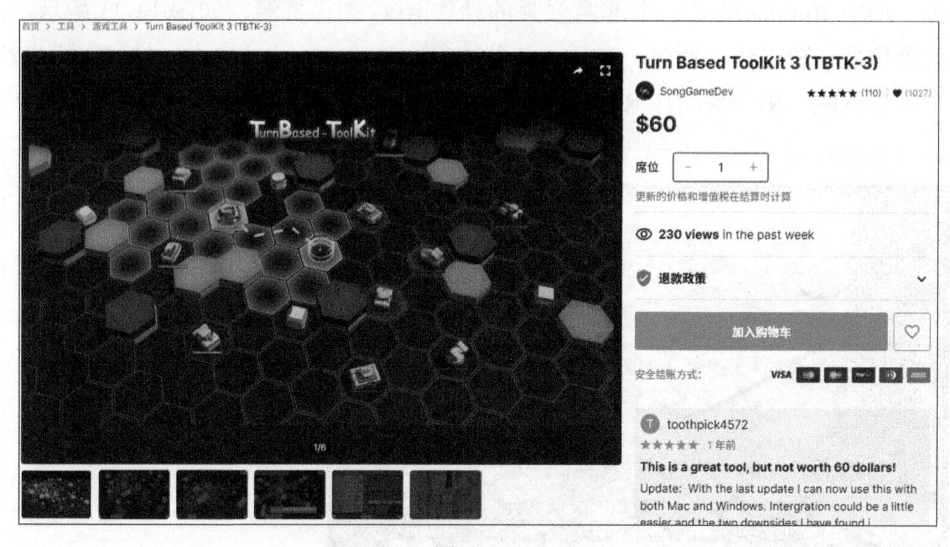

图 13-25

13.3.4 通用的游戏制作资源

Unity 商城中除了类型游戏的制作资源外，还有通用的游戏制作资源。这里介绍 Ultimate Character Controller 和 Game Creator2。

Ultimate Character Controller 是 Opsive 公司的一个通用游戏制作资源，这家公司也是可视化行为树 Behavior Designer 的制作公司，如图 13-26 所示。

图 13-26

Ultimate Character Controller 是一款偏向射击和动作类游戏的通用游戏制作资源，主要提供了第一人称视角和第三人称视角的控制和切换，不同武器的拾取、装备、切换以及乘骑功能和攻击效果。利用该公司的其他资源还可以方便地设置 NPC 的 AI。

Game Creator2 也是一款 3D 通用游戏制作资源，本身只提供了人物控制、镜头切换、人物动画控制等功能。该公司也提供了其他资源来配合这个资源，如对话系统资源、任务系统资源、战斗系统资源等，只是还要另外购买，如图 13-27 所示。这个资源的通用性更好，但是使用起来也更复杂。

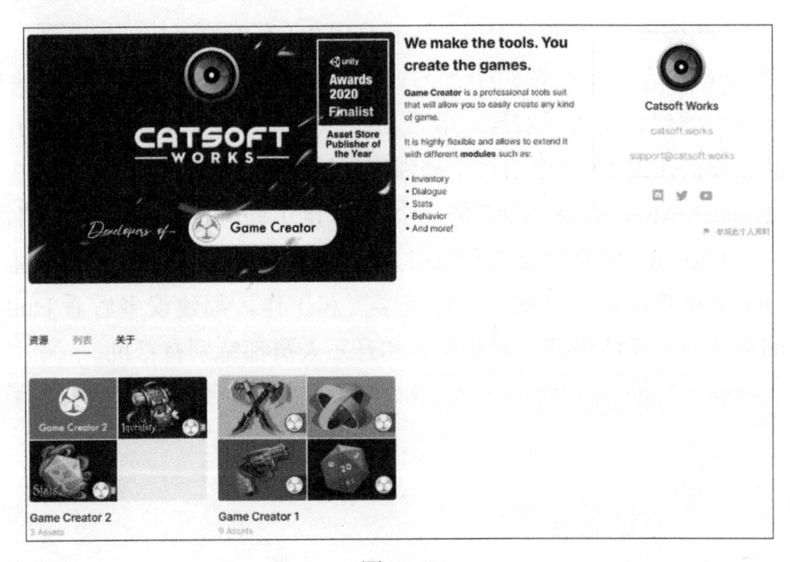

图 13-27

13.3.5 网络相关插件

越来越多的网络游戏涌现，网络相关的插件自然也不少。Unity 脚本中的 UnityWebRequest 只适合访问 API 或者下载单个资源。官方旧的 Multiplayer Networking 还能用，但是已经确定要放弃，新的 NetCode 还未正式发布，而且这两款插件主要面向联机对战。

在网络访问插件中，Best HTTP/2 是很官方的一个网络插件，如图 13-28 所示。

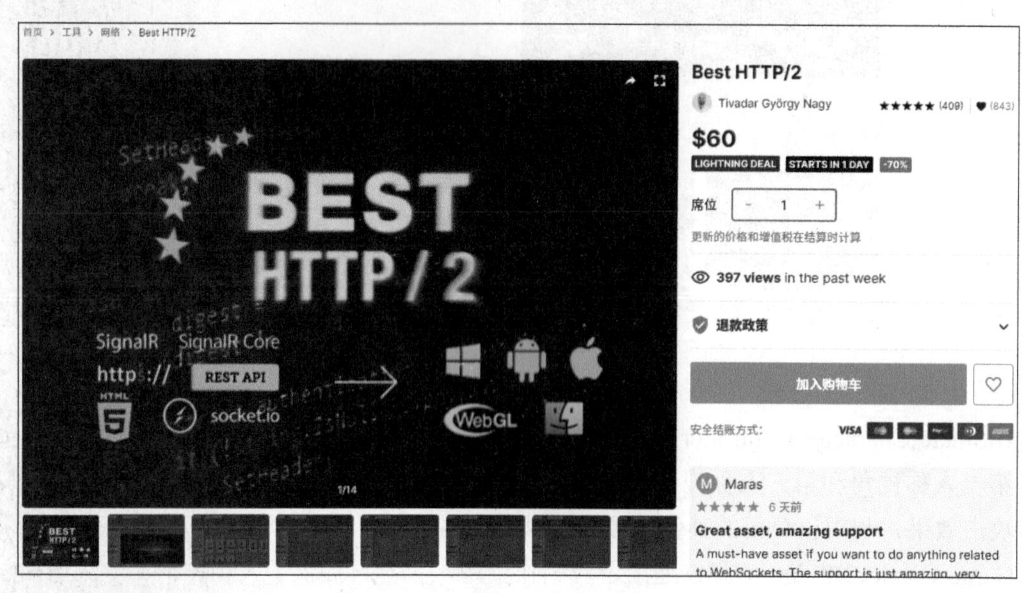

图 13-28

Best HTTP/2 主要解决的是网络访问协议的使用，无论是访问 API，还是 UPD、WebSocket 的连接，以及常用的各种网络工具都能支持。无论是在游戏中访问连接哪种服务器后台，还是在项目中访问各种网络设备，Best HTTP/2 都能简单快速地实现。

光子引擎 Photon 也是用得非常多的一个跨平台游戏网络服务器。如果想要实现简单的游戏对战，只需要很少的代码就可以实现，非常易用。光子引擎 Photon 还提供了 MMORPG 等游戏的解决方案。我们在第 12 章中用这个插件实现过射击游戏。

SmartFoxServer2X Multiplayer SDK 是一个和光子引擎 Photon 类似的网络游戏插件，影响力不如光子引擎 Photon，但是价格更有吸引力。感兴趣的读者可以下载这个插件研究一下。

无论是 Unity 游戏开发和项目制作，还是学习和工作，都建议多看看 Unity 商城，有很多可以节省时间和精力的插件资源，对初学者和开发人员都特别有帮助。